普通高等教育计算机类系列教材

C++ 程序设计基础教程

第 2 版

主编　刘厚泉　李政伟　葛　欣
参编　席景科　薛　猛　徐东红
　　　刘佰龙　赵　莹　谢红侠

机 械 工 业 出 版 社

本书作者长期从事高级语言程序设计的教学活动，在认真分析了初学者学习 C++ 语言的困难及认知规律的基础上，参阅了国内外数十种 C++ 教材，设计了易于学习的教学内容体系。本书从过程型程序设计入手，深入浅出地介绍了 C++ 语言的语法规则，并着重讲解了面向对象程序设计的思想和关键技术。在体系结构上力求重点突出，内容全面但不琐碎，讲解中注重理论结合实际，通过典型例题对语法规则、编程思想进行详尽的解释和分析，有助于读者对知识点的理解和掌握。

本书共 13 章，分别是 C++ 基础、基本数据类型与运算符、程序控制、函数、数组、指针与引用、自定义数据类型、类（I）、类（II）、运算符重载、继承与派生、虚函数与多态性、C++ 输入 / 输出流。每章附有应用实例，通过具体的实例展示本章知识点在实际中的应用；每章的小结，对本章主要内容做归纳总结；每章最后还配有相关的习题，以便读者练习和自查。

本书是学习 C++ 的入门教程，起点低，无须 C 语言的基础，可以作为高等院校电子信息类专业程序设计基础的教材，也可作为有兴趣学习 C++ 的非计算机专业学生的辅助教材，同时适合自学。

图书在版编目（CIP）数据

C++ 程序设计基础教程 / 刘厚泉，李政伟，葛欣主编. —2 版. —北京：机械工业出版社，2023.4（2024.8 重印）
普通高等教育计算机类系列教材
ISBN 978-7-111-72968-6

Ⅰ. ① C··· Ⅱ. ①刘··· ②李··· ③葛··· Ⅲ. ① C++ 语言—程序设计—高等学校—教材 Ⅳ. ① TP312.8

中国国家版本馆 CIP 数据核字（2023）第 058372 号

机械工业出版社（北京市百万庄大街22号 邮政编码100037）
策划编辑：刘丽敏　　责任编辑：刘丽敏
责任校对：梁 园 张 薇　　封面设计：张 静
责任印制：刘 媛
北京中科印刷有限公司印刷
2024年8月第2版第3次印刷
184mm×260mm · 21.5印张 · 572千字
标准书号：ISBN 978-7-111-72968-6
定价：65.00元

电话服务	网络服务
客服电话：010-88361066	机 工 官 网：www.cmpbook.com
010-88379833	机 工 官 博：weibo.com/cmp1952
010-68326294	金 书 网：www.golden-book.com
封底无防伪标均为盗版	机工教育服务网：www.cmpedu.com

前　言

作为最流行的面向对象程序设计语言之一，C++ 既支持过程化程序设计，也支持面向对象程序设计。从操作系统、设备控制到数据库、网络、数字媒体等众多的系统软件和应用软件开发领域都能看到它的身影。

为了帮助读者更好地学习 C++ 程序设计，本书作者结合多年的 C++ 教学实践和软件开发经验，从零编程基础入手，全面、系统地介绍了 C++ 语言的相关知识，并辅以大量的程序实例。

本书具有如下特色：

1. 详略得当，主次分明

C++ 中包含的内容较多，由于篇幅所限不可能面面俱到，必须有所取舍。书中对于非重点或较复杂的内容略讲，如数组部分重点是一维和二维数组，三维以上数组只介绍概念。

2. 讲解由浅入深，循序渐进

本书的编排采用循序渐进的方式，内容从易到难，讲解由浅入深，适合各个层次的读者学习。

3. 写作细致，以读者为出发点

本书的内容编排、概念表述、语法讲解、实例展示，以及源代码注释等都很细致，问题讲解清晰明了，尽量为读者扫清学习中的障碍。

4. 贯穿大量的开发实例和技巧

本书精选重点，强化主要概念，在讲解知识点时贯穿了大量的典型实例和开发技巧，以例题释含义，力求让读者获得真正实用的知识。

5. 配套资源丰富

为方便教学和自学，本书配套有"C++ 程序设计习题与上机指导"以及教学 PPT、例题源代码等，力求帮助读者通过具体实践掌握 C++ 的编程方法。

本书阅读建议：

1）建议没有基础的读者，从前向后顺次阅读，尽量不要跳跃。

2）书中的实例和习题要亲自上机动手实践，学习效果更好。

3）课后习题不仅要给出代码，最好能上机调试运行，以加强和巩固对知识点的理解和掌握。

本书由刘厚泉提出编写计划和结构安排，其中刘厚泉编写第 1、2 章，李政伟编写第 3、4 章，葛欣编写第 5、6 章，李政伟、刘佰龙编写第 7 章，薛猛编写第 8、9 章，席景科、赵莹编写第 10、11 章，徐东红、谢红侠编写第 12、13 章，最后由葛欣统稿。

本书的编写参考了大量的同类书籍。为此，我们向有关的作者和译者表示衷心的感谢。

由于 C++ 程序设计涉及的内容非常丰富，限于编者的水平，书中个别地方难免有疏漏，敬请读者批评指正，如对本书有任何建议或意见，敬请来信 bookserviceofcpp@126.com。

编者

目　录

第 1 章　C++ 基础

C++ 语言是一种广泛使用的高级程序设计语言，它继承了 C 语言全面、高效、灵活的优点，并支持面向对象程序设计风格。C++ 不仅可用于系统级程序开发，还可用于游戏、嵌入式、虚拟现实等应用程序的开发。同时，C++ 也是初学者学习面向对象程序设计较为适当的语言。本章主要介绍程序设计语言的发展概况，C++ 语言的基本特点，以及 C++ 语言程序的开发过程。

1.1　程序设计语言简介

1.1.1　程序设计语言的发展概况

计算机程序设计语言的发展，经历了从机器语言、汇编语言到高级语言的历程。

（1）机器语言

机器语言是第一代计算机语言。机器语言程序由一串串使用“0”和“1”编码的指令序列构成，计算机硬件可以直接理解这种二进制形式表示的指令，并完成相应的操作。机器语言依赖于特定型号的计算机硬件，具有很高的运行效率。虽然对机器来说理解和执行这种语言都十分简单，但是对程序员来说，程序的编写、阅读和修改都很困难。由于每台计算机的指令系统各不相同，在一台计算机上执行的程序很难移植到另一台计算机上，因此加重了程序设计者的负担。

（2）汇编语言

汇编语言是第二代计算机语言。为了减轻使用机器语言编程的不便，人们尝试用一些简洁的英文符号来替代指令中特定的二进制串，例如，用“ADD”表示加法，用“MOV”表示数据传递等。这种用英文和数字符号组成的语言称为汇编语言。与机器语言相比，汇编语言程序易于阅读和理解，方便了程序的编写和维护。计算机并不能直接理解汇编语言的指令，在程序运行之前，需要通过专门的程序将其翻译成二进制形式的机器语言程序，再交由机器执行。汇编语言同样十分依赖于机器硬件，虽然移植性不好，但是程序精炼而质量高，所以至今仍在使用。

（3）高级语言

由于使用机器语言和汇编语言开发程序效率低且易出错，人们开始寻找一种接近于数学或自然语言的编程语言，这种语言不依赖于计算机硬件，编写的程序能在不同的机器上通用。经过努力，第一个完全脱离机器硬件的高级语言 FORTRAN 于 1954 年问世。自此以来，共有几百种高级语言出现，影响较大且使用较普遍的有 FORTRAN、ALGOL、COBOL、BASIC、LISP、Pascal、C/C++、C#、PROLOG、Ada、Java、Python 等。高级语言的发展也经历了从早期的无结构语言到结构化语言，从过程型语言到面向对象语言的历程。相应地，软件的开发也由最初的个体手工作坊式的封闭式生产，发展为产业化、流水线式的工业化生产。

1.1.2　如何学好程序设计

人们使用计算机解决复杂问题时，需要通过程序表达意图和步骤，这通常包含两个阶段，第一个阶段是对问题进行分析和描述，明确做什么和怎么做，第二个阶段是使用程序设计语言编写程序，将解决问题的方法和步骤交由计算机执行。学好程序设计也包含两方面的内容，一方面要熟练掌握程序设计语言的使用方法，另一方面也要学会用计算思维分析和表达现实世界的问题。

初步学习高级语言程序设计阶段，要掌握基本的语法概念，理清设计思路，并不需要深究语言的技术细节。学习高级语言程序设计，要处理好如下几种关系：

1）语法学习与算法学习。高级语言学习必须掌握基本的语法规则，否则无法编写出完整、高效的程序。但同时要掌握程序设计的基本算法和思路，否则无法将现实问题用正确的程序表达出来。

2）理论学习与上机实践。高级语言学习是一个实践性较强的任务，既要注重理论课程的学习，又要提高上机操作能力，掌握上机调试程序的方法，运行出正确的结果。

3）借鉴他人与独立思考。在初学阶段，需要借鉴他人的程序，注意学习他人程序设计的思路和技巧，但同时要注意提高自己独立思考问题、解决问题的能力，养成良好的程序设计习惯。

1.2　C++ 语言的特点与程序结构

1.2.1　C++ 语言的特点

C++ 语言由 C 语言发展而来，它保留了 C 语言高效、灵活、便于移植等特点，又增加了对面向对象程序设计的支持。C++ 语言适合各种系统软件、应用软件的程序设计，用它编写的程序结构清晰、易于扩充、代码质量高。C 和 C++ 的主要特点是：

1）语句简练、程序结构简单。C++ 语言书写格式自由，语法结构清晰、紧凑。为了保证语言的简洁和运行高效，C++ 的绝大部分功能都由各种标准函数和类来实现。

2）数据类型丰富、齐全。C 语言提供了整数、实数、字符、字符串等基本数据类型，还提供了数组、指针、结构体等构造数据类型。C++ 还增加了类这一特殊数据类型的定义机制。

3）运算符丰富、齐全，运算能力强，具有直接的硬件处理能力。C/C++ 提供的运算符分为常规运算符和与硬件有关的运算符两部分。常规运算符包括算术运算符、逻辑运算符、关系运算符等，这类运算符各种语言一般都具备；与硬件有关的运算符包括位运算符、地址运算符等，这些运算符是 C/C++ 所独有的，体现了汇编语言的某些特征。

4）语言的通用性及可移植性强，程序执行效率高。

1.2.2　简单的 C++ 程序示例

为了使读者了解 C++ 程序的特点，下面先介绍几个简单的程序。

【**例 1-1**】输出一串字符“Hello C++ !”。

```
# include<iostream>            // 编译预处理指令
using namespace std;           // 使用命名空间 std
int main( )
{
cout << "Hello C++ !";         // 输出字符串
return 0;
}
```

运行结果如下：

```
Hello C++ !
```

程序的第 1 行“#include <iostream>”是一个“文件包含指令”。它是 C++ 的编译预处理指令之一，其作用是将文件 iostream 的内容包含到该指令所在的程序文件中，代替该指令行。该指令行以“#”开头，行末尾没有分号，以区别于普通的 C++ 语句。

程序的第 2 行“using namespace std;”的意思是使用命名空间 std。C++ 标准库中的类和函数在命名空间 std 中进行了声明。

main 是 C/C++ 的主函数的名字。每一个 C++ 程序都必须有且只有一个 main 函数。main 前面的 int 声明了函数的类型为整型。

由花括号 {} 括起来的部分为函数体。本例中主函数内包一个以 cout 开头的语句。cout 是 C++ 系统定义的对象，称为输出流对象。为便于理解和使用，把用 cout 和“<<”完成输出的语句简称为 cout 语句。注意，C++ 所有语句最后都有一个分号“;”。

return 语句的作用是向操作系统返回一个零值，表明程序正常结束。

【例 1-2】输出两个整数中的较大值。

```
#include<iostream>                  // 编译预处理指令
using namespace std;                // 使用命名空间 std
int main( )                         // 主函数头部
{                                   // 函数体开始
    int x,y,z;                      // 局部变量声明
    cin>>x>>y;                      // 输入 x 和 y 的值
    if(x<y) z=y;                    // 比较 x 和 y 的大小
    else z=x;                       // 并将较大值赋给 z
    cout<<" 较大值为 :"<<' '<<z<<endl;    // 输出 z 的值
    return 0;                       // 程序正常结束时向操作系统返回零值
}                 // 函数体结束
```

本程序比较两个整数 x 和 y 的大小，并将较大数赋给 z，然后输出 z 的值。程序中出现的以“//”开始的部分为注释，表示从它开始到本行末尾之间的全部内容都将作为注释。注释是源程序的一部分，以便提高程序的可读性。注释中包含了程序的说明信息，可以帮助程序员更好地阅读和理解程序，但在程序编译时系统会忽略所有注释，因此对程序运行不起作用。

程序中定义的变量 x，y，z 均为整型（int）变量。cin 是 C++ 系统定义的输入流对象，“>>”是提取运算符，与 cin 配合使用，其作用是从输入设备中（如键盘）提取数据送到输入流 cin 中。把用 cin 和“>>”实现输入的语句简称为 cin 语句。在执行 cin 语句时，从键盘输入的第 1 个数据赋给整型变量 x，输入的第 2 个数据赋给整型变量 y，两个数据之间需要输入空格或回车分割。第 7 行和第 8 行比较 x 和 y 的大小，并将较大的数赋给 z。第 9 行输出 z 的值，cout 语句中的 endl 是 C++ 输出时的控制符，作用是换行。

如果在运行时从键盘输入：

```
10 20↙
```

运行结果如下：

```
较大值为 : 20
```

【例 1-3】输出某整型数 x 的 n 次方。

```
#include<iostream>
using namespace std;
long pow(int x,int n)            // 定义一个长整型的子函数 pow
{
```

```
    int i=1;           // 定义局部变量 i，控制 x 自相乘的次数
    long p=1;     // 定义局部变量 p，作为 x 自相乘的结果
    while(i<=n)        // 循环计算 x 的 n 次方
    {     p=p*x;
          i=i+1;
    }
    return p;          // 子函数返回计算结果
}
int main( )     // 主函数
{
    int x,n;                   // 局部变量声明
    cin>>x>>n;                   // 输入数据
    cout<<pow(x,n)<<endl;            // 调用子函数 pow, 并输出函数的返回值
    return 0;                  // 主函数返回
}
```

本程序包括两个函数：主函数 main( ) 和被调用的函数 pow( )。程序从主函数开始执行，当需要调用子函数时，主函数暂停执行，转入子函数执行。子函数执行完后，通过 return 语句将结果值带入主函数，主函数再继续执行。

输入数据如下：（注意输入的两个数据之间可用空格或回车键间隔）

```
2 4↙
```

运行结果为：

```
16
```

【**例 1-4**】面向对象程序设计示例。

```
#include<iostream>
using namespace std;
class Point {                  // 定义一个 Point 类
public:                        // 声明公有的成员
    Point(int xx=0,int yy=0)          // 声明类的构造函数
    {     x=xx;
    y=yy;
    }
    void set(int xx,int yy)      // 声明类的成员函数 set
    {     x=xx;
    y=yy;
    }
    void print( )                  // 声明类的成员函数 print
    {     cout<<"point(x,y):"<<x<<','<<y<<endl;
    }
private:                           // 声明类的私有成员
    int x;
    int y;
```

```
};
int main( )            // 主函数 main( ) 的定义
{  int x,y;                  // 局部变量定义
   Point p(10,20);              // 对象定义
   p.print( );                 // 成员函数 print( ) 的调用
   cout<<"intput a new point:";
   cin>>x>>y;
   p.set(x,y);             // 成员函数 set( ) 的调用
   p.print( );                 // 成员函数 print( ) 的调用
   return 0;                  // 主函数返回
}
```

一个类中一般包含两种成员：数据和函数，分别称为数据成员和成员函数。或者说，类由若干数据以及对其操作的函数组成。类体现了数据的封装性和信息隐蔽。上面的程序在声明 Point 类时，把类中的数据和函数分为两大类：private（私有的）和 public（公用的）。把全部数据（x，y）指定为私有的，把全部函数（set( ), print( )）指定为公有的。具有“类”类型特征的变量称为“对象”（object）。

运行结果如下：

```
point(x,y):10,20
intput a new point: 30 40 ↙
point(x,y):30,40
```

1.2.3 C++ 程序的结构

C++ 程序的结构和书写格式归纳如下：

1）C++ 程序可以由一个或多个编译单元构成，每一个编译单元为一个文件。在程序编译时，编译系统分别对各个文件进行编译。

2）一个文件中可以包括预处理指令、全局声明（在函数外的声明部分）、函数等部分。函数是程序最基本的组成部分。每一个程序必须包括一个或多个函数，其中必须有一个而且只能有一个主函数。

3）一个函数由函数头部和函数体组成。函数头部即函数的第一行，包括函数名、函数类型、参数（包括类型及参数名）。函数参数可以省略，如 int main( )。函数体即函数头部下面的花括号及其内部的部分，一般包括局部声明部分（在函数内的声明部分）和执行语句部分。

4）C++ 语句以分号结束。语句包括两类，一类是声明语句，另一类是执行语句。C++ 对每一种语句赋予一种特定的功能。语句是实现操作的基本成分，没有语句的函数是没有意义的。

5）一个 C++ 程序总是从 main( ) 函数开始执行，而不论 main( ) 函数在整个程序中的位置如何。

6）类（class）是 C++ 新增加的重要的数据类型，是 C++ 对 C 的最重要的发展。有了类，就可以实现面向对象程序设计方法中的信息隐蔽、继承、多态等功能。在一个类中可以包括数据成员和成员函数，它们可以被指定为私有的（private）和公用的（public）。私有的数据成员和成员函数只能被本类的成员函数所使用，公用的数据成员和成员函数则可以被其他类或函数使用。

7）C++ 程序书写格式自由，一行内可以写几个语句，一个语句可以分写在多行上，C++ 程序没有行号。

8）一个好的、有使用价值的源程序都应当加上必要的注释，以增加程序的可读性。用“//”作注释时，有效范围只有一行，即本行有效，不能跨行。而用“/*……* /”作注释时有效范围为多行。只要在开始处有一个“/*”，在最后一行结束处有一个“*/”即可。一般来说，内容较少的单行注释常用“//”，内容较长的多行注释则常用“/*……*/”。

1.3　过程型程序设计

1.3.1　过程型程序设计的特点

一个过程型程序应包括以下两方面内容：

1）对数据的描述。在程序中要指定数据的类型和数据的组织形式，即数据结构（data structure）。

2）对操作的描述。即操作步骤，也就是算法（algorithm）。

即可以用下面的公式表示：程序 = 算法 + 数据结构。

过程型程序设计采用模块分解与功能抽象方法。对复杂的程序设计任务采取自顶向下分解，按功能划分为若干个基本模块，形成一个树状结构，如图 1-1 所示。各模块间的关系尽可能地简单，功能上相对独立。每一模块内部均是由顺序、选择和循环三种基本结构组成。

过程型程序设计的优点是能够有效地将一个较复杂的任务分解成许多易于控制和处理的子任务，便于开发和维护。相对于面向对象程序设计而言，过程型程序设计的缺点是可重用性差、数据安全性差、不便于开发大型软件和以图形界面为主的应用软件。

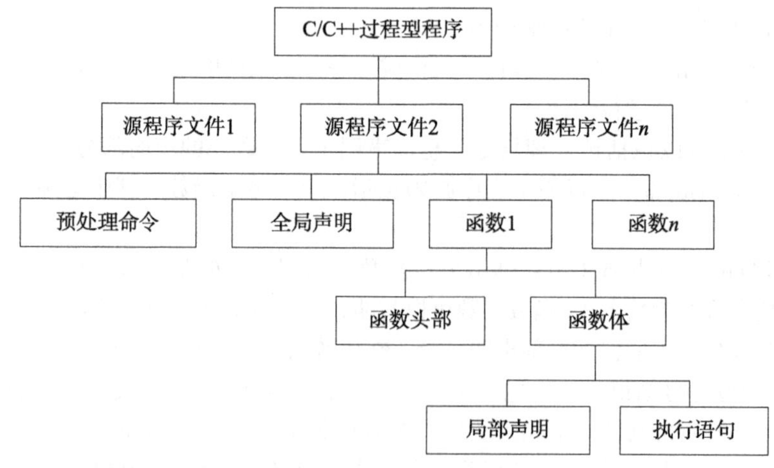

图 1-1　过程型程序的结构

1.3.2　程序设计流程图

编写程序解决问题往往需要从两个方面考虑：一是要明确问题中隐含了哪些数据，二是针对这些数据，采用什么方法完成计算。因此一个程序也应该包括两方面的内容：一方面对数据进行描述，指定数据的类型和数据之间的关系（即数据结构）；另一方面对数据的操作进行描述，根据操作步骤书写出能实现操作的语句序列（算法）。

算法描述是一个由整体到局部、由粗到精的过程。算法的描述方法有：自然语言表示法、流程图表示法、N-S 盒图表示法、伪代码表示法、计算机语言表示法等。

自然语言就是人们日常使用的语言，可以是汉语、英语或其他语言。用自然语言表示算法，虽通俗易懂，但文字冗长，容易出现歧义。自然语言所描述的内容往往不太严格，要根据上下文才能判断其正确含义。在算法分析的初始阶段使用自然语言描述算法是恰当的，尤其对于初学者来说，这是学习程序设计时迈出的第一步。

流程图表示法使用一些图形符号来表示算法中的各种操作。与自然语言相比，使用流程图来描述算法更加简洁直观，易于理解。在流程图中常用的符号如图 1-2 所示。在图 1-2 中菱形框的作用是对一个给定的条件进行逻辑判断，根据给定的条件是否成立来决定如何执行其后的操作。连接点（小圆圈）用于将画在不同地方的流程线连接起来。使用连接点，可以避免流程线交叉或者过长，使流程图更加清晰。注释框不是流程图的必要部分，不反映流程和操作，只是为了对流程图中某些操作做必要的补充说明，以帮助人们阅读和理解流程图。

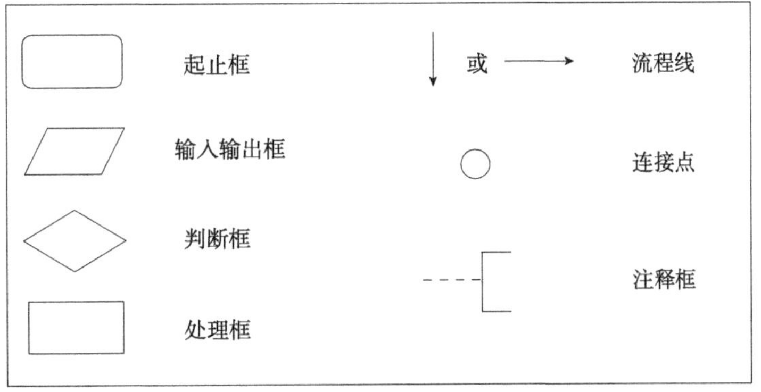

图 1-2 流程图常用的图形符号

例如，求整数 1 至 1000 的累加和。用变量 i 分步存储 1～1000 的数值，用变量 s 存储每一步累加之后的和，i 的初始值为 1，s 的初始值为 0。将 i 的数值累加到 s 中后，判断 i 的值是否大于 1000，如果大于 1000，则停止计算，否则重复相同的操作。相应算法描述如图 1-3 所示。

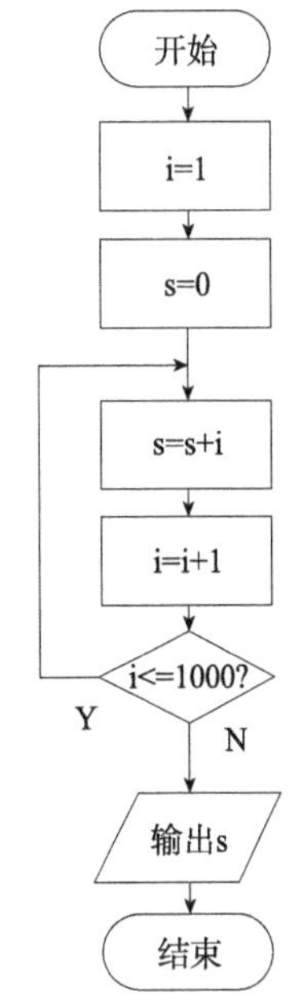

图 1-3 整数 1～1000 的累加流程图

1.4 面向对象程序设计

C++ 语言不仅支持过程型程序设计，还支持面向对象程序设计，这种更适合大、中型软件的开发，在开发时间、开发费用，以及软件的可重用性、可扩充性、可维护性和可靠性等方面，都具有很大的优越性。

面向对象的程序设计方法最基本的思想就是把客观世界看成一个个相对独立而又相互联系的实体，称为对象。例如，一个桌子、一个气球都是一个对象。类是对象集合的抽象，规定了这些对象的公共属性和方法，对象是类的一个实例。例如，钢笔是一个类，具体到一支特定的钢笔就是一个对象。

1.4.1 面向对象程序设计的特点

面向对象程序设计具有抽象、封装、继承和多态性四种基本特征。

1）抽象。抽象就是忽略一个主题中与当前目标无关的那些方面，以便充分地注意与当前目标有关的方面。“对象”就是一个提取实际事物中与问题相关的属性和方法，并能在程序设计中直接使用的抽象事物。

2）封装。封装就是把数据（属性）和函数（方法）封藏起来，当成一个有机整体。封装是面向对象的重要特征，它首先实现了数据隐藏，保护了对象的数据不被外界随意改变；其次它使得对象成为了相对独立的功能模块。

3）继承。自然界中的大部分事物之间都有很多共性，但也有不同。例如，四边形是一个类，而矩形与四边形有相同的性质，也有自已的属性。可以将事物之间的共性保留下来就是继承。例如，矩形继承四边形这个类的公共属性，但同时又进一步定义了新的特性。面向对象程序设计方法允许一个新类继承已有类（称为基类）的属性和方法，该新类称为派生类。继承是类的层次结构之间共享数据和方法的机制，实现了类的重用。

4）多态性。多态性是指不同类的对象对同一消息作出不同的响应。例如，同样是加法，把两个字符串加在一起和把两个整数加在一起的内涵是完全不同的。多态性具有灵活、抽象、行为共享和代码共享的优点。

1.4.2　如何进行面向对象程序设计

面向对象的程序设计过程包括以下几个阶段：

1）面向对象分析（Object Oriented Analysis, OOA）。按照面向对象的概念和方法，在对任务的分析中，从客观存在的事物和事物之间的关系，归纳出有关的对象（包括对象的属性和方法）以及对象之间的联系，并将具有相同属性和行为的对象用一个类（class）来表示。建立一个能反映真实工作情况的需求模型。

2）面向对象设计（Object Oriented Design, OOD）。根据面向对象分析阶段形成的需求模型，对每一部分分别进行具体的设计。首先是进行类的设计，类的设计可能包含多个层次（利用继承与派生）。然后以这些类为基础得出程序设计的思路和方法，包括对算法的设计。

3）面向对象编程（Object Oriented Programming, OOP）。根据面向对象设计的结果，用一种计算机语言把它写成程序。C++ 是面向对象编程的理想语言。

4）面向对象测试（Object Oriented Test, OOT）。在写好程序后交给用户使用前，必须对程序进行严格的测试。测试的目的是发现程序中的错误并改正它。面向对象测试是用面向对象的方法进行测试，以类作为测试的基本单元。

5）面向对象维护（Object Oriented Soft Maintenance, OOSM）。因为对象的封装性，修改一个对象对其他对象影响很小。利用面向对象的方法维护程序，大大提高了软件维护的效率。

1.5　程序设计环境

1.5.1　程序集成开发环境的功能

Dev C++ 是一个轻量级的 C/C++ 集成开发环境（Integrated Development Environment，IDE），运行在 Windows 环境下，遵循 C++ 11 标准，同时兼容 C++ 98 标准。Dev C++ 开发环境为使用者提供了程序编辑、编译、链接、执行、调试，以及工程文件管理、代码格式化显示等功能，可以满足使用者在程序开发过程中的绝大部分需求。另外，该环境具有多窗口信息交互，多种颜色加亮语法显示等功能，对初学者来说，是一款非常适合的编程环境。

1.5.2 下载与安装

可以从 https://sourceforge.net/projects/orwelldevcpp/ 下载 Dev C++ 的安装程序。双击下载后的安装包，即可开始安装 Dev C++ 。

虽然 Dev C++ 支持简体中文，但是要等到安装完成以后才能设置。在安装过程中选择英文（English），如图 1-4 所示。同意 Dev C++ 的各项条款，安装全部（Full）组件，指定安装路径。如图 1-5 所示。

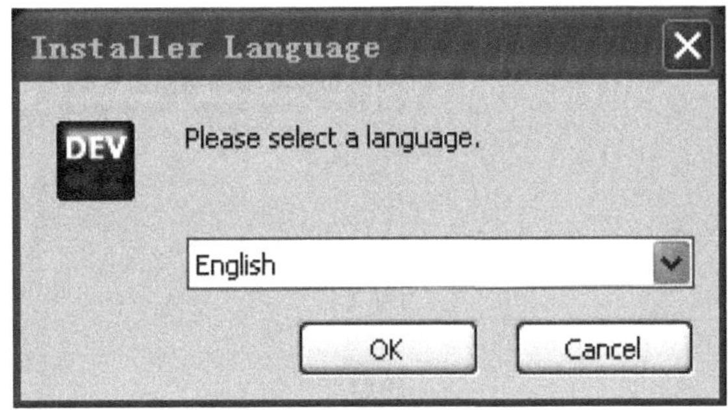

图 1-4 选择英文安装

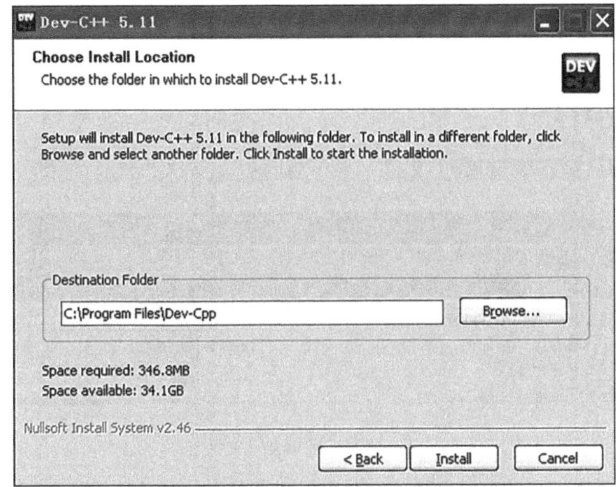

图 1-5 选择适当的安装路径

第一次使用时，如图 1-6 所示，需要简单配置 Dev C++，包括设置语言、字体和主题风格等。

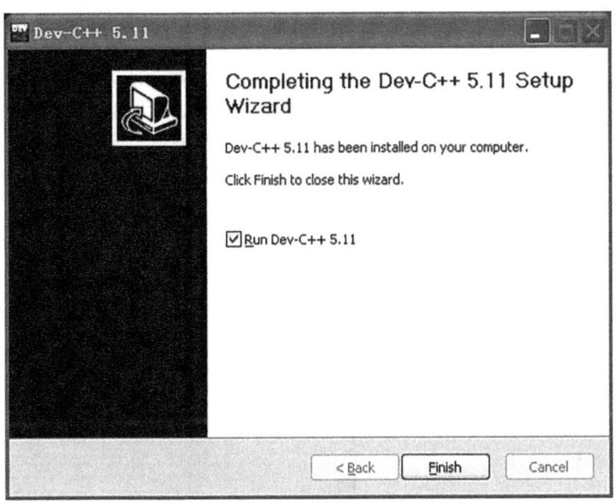

图 1-6 安装后运行系统

第一次使用时，可以选择简体中文，改变字体和主题风格，如图 1-7 所示。单击“OK”按钮，进入 Dev C++，就可以编写代码了。

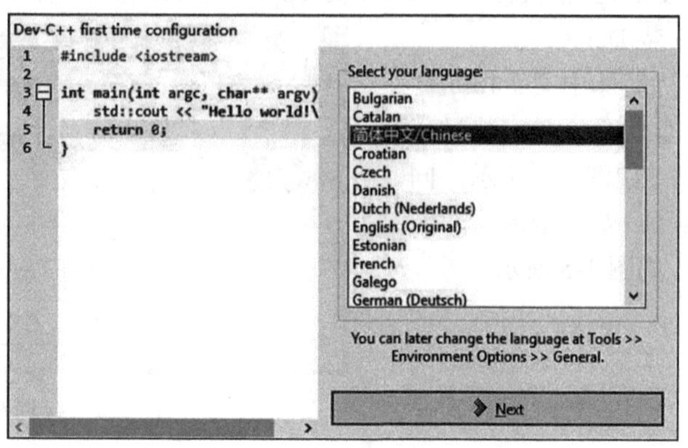

图 1-7　选择简体中文

1.5.3　程序编辑与运行

1）新建源代码。从主菜单选择“文件” -> “新建” -> “源代码”即可。如图 1-8 所示。

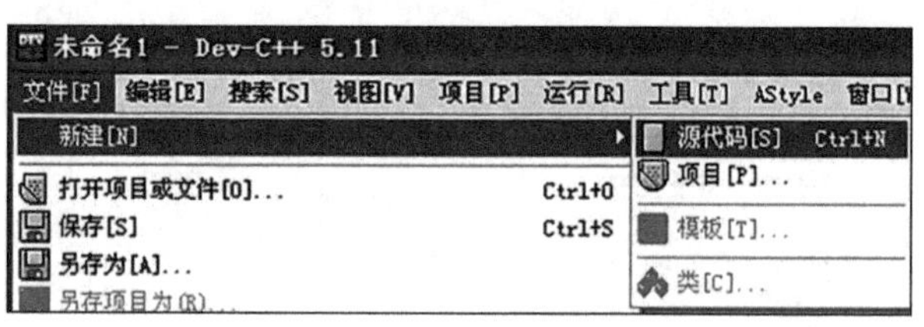

图 1-8　新建源代码

如果界面是英文的，则可以根据以下操作将界面改为中文。单击主菜单“Tools” -> “Environment Options”，在弹出的对话框中选择界面页，在 Language 下拉列表中选择“简体中文 /Chinese”，如图 1-9 所示。如果需要修改回英文界面，同样按此步骤进行。

2）输入程序源码。在程序编辑状态下，屏幕右下侧出现一片白色区域，可以在此输入程序。

注意！由于中文与英文的标点符号不一样，所以必须在英文输入状态下编辑源程序。

为解决程序运行后闪退的现象，建议在程序末尾加上 getchar( ); 这样一条语句，在输入任意键之前，程序就不会运行完毕。还可以在末尾加上 system("pause"); 用于调用 Windows 的

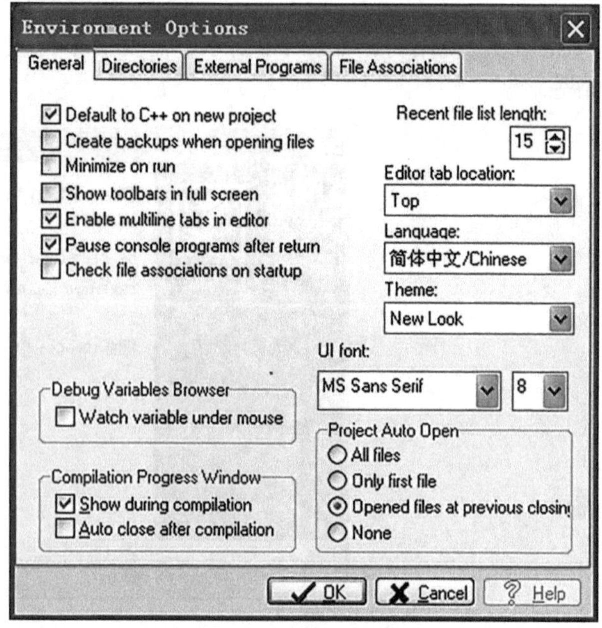

图 1-9　修改环境选项

pause 指令，这样可以暂停程序的执行。也可以通过修改环境参数，使系统在运行程序之后，仍然保持结果窗口不消失。

3）保存源程序到硬盘。创建了一个新程序后，在程序的编辑过程中，可以随时将该程序保存到硬盘的某个目录下。从主菜单选择“文件”->“保存”，或者使用快捷键“Ctr+S”，就可以将文件保存到指定的硬盘目录。

4）在主菜单下运行“AStyle”->“格式化当前文件”，可以对当前的源文件进行整理，生成格式化的代码形式。

1.5.4 编译与运行

从主菜单中选择“运行”->“编译”，可以一次性完成程序的预处理、编译和连接过程。如果没有错误，则编译结果会显示 0 错误和 0 警告信息。如图 1-10 所示。

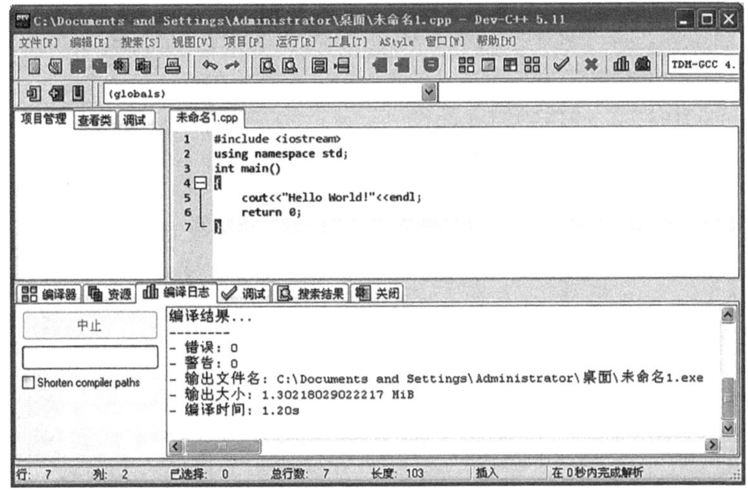

图 1-10 程序编译正确

如果程序中存在词法、语法等错误，编译器将会在屏幕右下角的“编译日志”标签页中显示错误信息，并且用底纹标出源程序中相应的错误行，如图 1-11 所示。

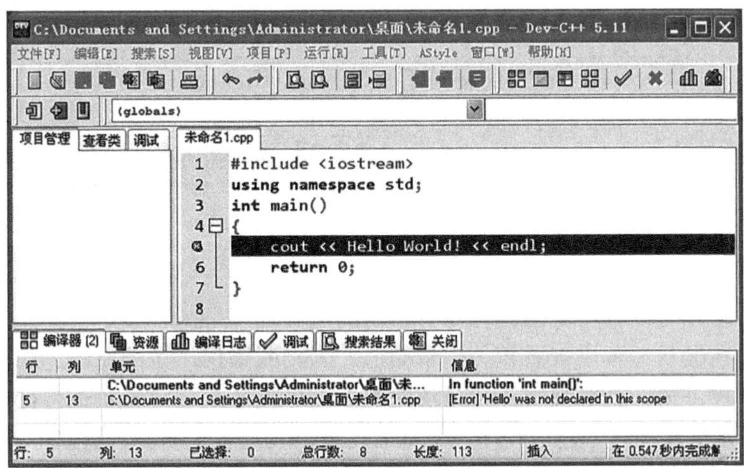

图 1-11 编译中发现错误

仔细阅读并理解“编译日志”标签页中显示的错误信息，可提高程序调试的效率。

排除了程序中存在的词法、语法等错误后，需要再次编译、连接，成功后会在源文件所在目录下出现一个同名的扩展名为 .exe 的可执行文件（如 test.exe）。

有两种方法运行程序。①双击生成的 .exe 文件；②直接在 Dev C++ 环境下从主菜单选“运行”->“运行”或使用快捷键“Ctrl+F10”。

1.5.5　单步调试

当程序在运行阶段出错时，需要找出错误的原因。此时需要借助程序调试（Debug）来发现程序中隐藏的错误。

在主菜单中打开“工具”->“编译器选项”，将“设定编译器配置”选项修改为“debug”，同时将“代码生成 / 优化”->“连接器”->“产生调试信息”选项设置为“Yes”。如图 1-12 所示。

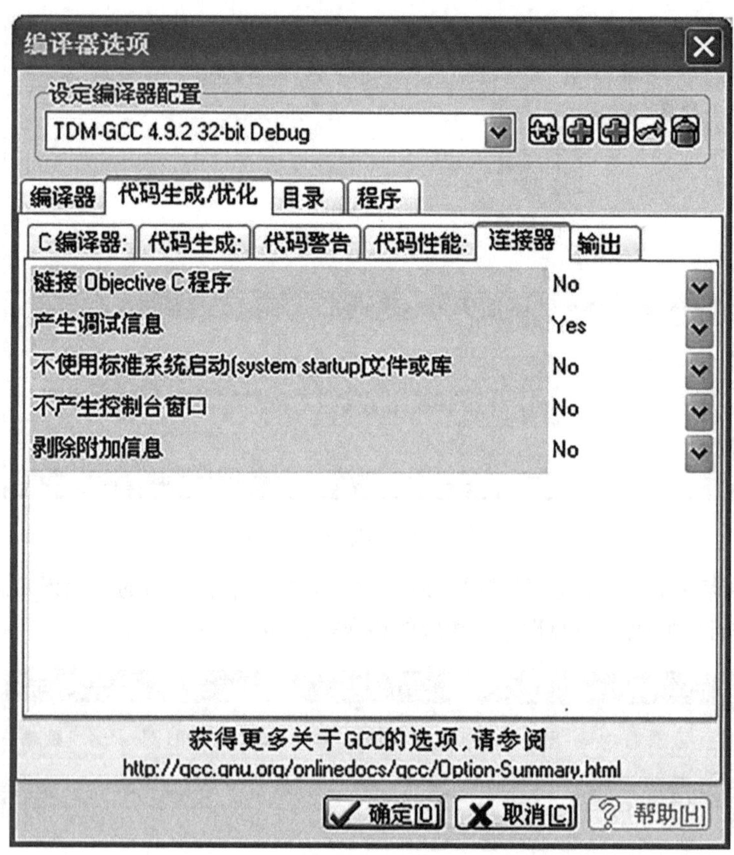

图 1-12　设定编译器的配置选项

（1）设置程序断点

调试的基本思想是让程序运行到可能有错误的代码前停下来，然后在程序员的控制下逐条执行语句，通过在运行过程中查看相关变量的值，来判断错误产生的原因。如果想让程序运行到某一行前能暂停下来，就需要将该行设成断点。具体方法是在代码所在行行首单击，该行将被加亮，默认的加亮颜色是红色。程序中根据需要可以设置多个断点，例如将 cin>>a>>b; 语句，cout<<c<<endl; 语句设成断点，则程序运行到这些语句时，将会暂停。如果想取消不让某行代码成为断点，则在代码行首再次单击即可。如图 1-13 所示。

（2）运行程序

设置断点后，此时程序运行进入 debug 状态。要想运行程序，就不能使用主菜单“运行”->“运行”，而是需要用主菜单“运行”->“调试”。程序将运行到第一个断点处，此时断点处加亮色由红色变成蓝色，表示接下去将运行蓝色底色的代码。

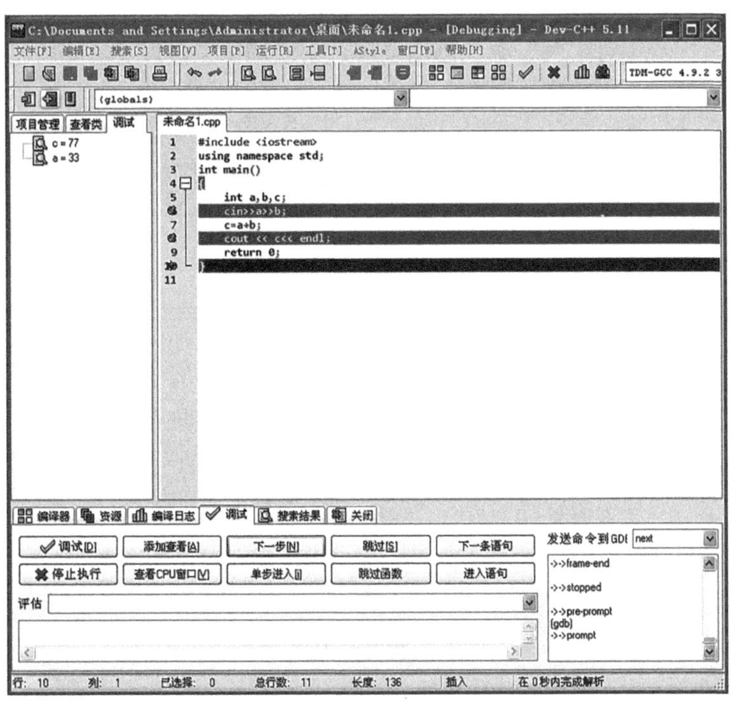

图 1-13　设置调试执行断点

（3）单步执行程序

要想运行蓝色底色的代码，可以使用图 1-13 所示的“下一步”“单步进入”“跳过”“跳过函数”等。

和单步运行相关的菜单项说明如下：

> 下一步：运行下一行代码；如果下一行是对函数的调用，不进入函数体。
>
> 单步进入：运行下一行代码，如果下一行是对函数的调用，则进入函数体。
>
> 跳过：运行到下一个断点处或程序结尾。
>
> 跳过函数：运行到当前函数的尾部。
>
> 下一条语句和进入语句针对的是汇编语句。

（4）添加查看变量

在调试程序时，可能要看程序运行过程中变量的值，以检测程序对变量的处理是否正确，可以在调试时通过调试菜单下的添加查看（Add Watch）窗口来增加变量，新增的变量将会显示在最左边的调试页中。

1.6　小结

计算机语言经历了机器语言、汇编语言及高级语言的发展阶段，而高级语言的发展也经历了从过程型语言到面向对象语言的过程。C++ 是在 C 语言的基础上扩充了面向对象机制而形成的面向对象程序设计语言，它除了继承 C 语言的全部优点和功能外，还支持面向对象程序设计。与其他程序设计语言相比较，C++ 语言简洁、紧凑，功能丰富，表达能力强，使用灵活方便，运行效率高，可移植性好。同时 C++ 程序设计采用面向对象的程序设计思想，把握了程序设计的发展潮流与方向，有利于方便、灵活、高效地解决实际问题。

Dev C++ 是一个集源程序编辑、代码编译和调试于一体的可视化开发环境。它包含文本编辑器、资源编辑器、工程编译工具、源代码浏览器、集成调试工具以及一套联机文档。程序员可以使用 Dev C++ 来完成应用程序的创建、调试、修改等各种操作。

习　题

1. 选择题

（1）关于 C++ 与 C 语言的关系描述中，错误的是（　　）。

A. C 语言与 C++ 是兼容的　　B. C 语言是 C++ 的一个子集

C. C++ 和 C 语言都是面向对象的　　D. C++ 对 C 语言进行了一些改进

（2）C++ 对 C 进行了很多改进，从面向过程成为面向对象的主要原因是（　　）。

A. 增加了一些新的运算符　　B. 允许函数重载，并允许设置参数默认值

C. 规定函数必须用原型　　D. 引进了类和对象的概念

（3）下列说法中，正确的是（　　）。

A. C++ 程序总是从第一个定义的函数开始执行

B. C++ 程序总是从主函数开始执行

C. C++ 函数必须有返回值，否则不能调用此函数

D. C++ 程序中有调用关系的所有函数必须放在同一个源程序文件中

（4）C++ 程序的基本单位是（　　）。

A. 字符　　B. 程序行　　C. 语句　　D. 函数

（5）注释的目的主要是用来提高（　　）。

A. 可读性　　B. 可移植性　　C. 运行效率　　D. 编码效率

（6）程序中的注释部分（　　）。

A. 参加编译，并会出现在目标程序中

B. 参加编译，但不会出现在目标程序中

C. 不参加编译，但会出现在目标程序中

D. 不参加编译，也不会出现在目标程序中

（7）在一个 C++ 程序中（　　）。

A. main( ) 函数必须出现在所有函数之前

B. main( ) 函数可以在任何地方出现

C. main( ) 函数必须出现在所有函数之后

D. main( ) 函数必须出现在固定位置

（8）将高级语言编写的源程序翻译成目标程序的是（　　）。

A. 解释程序　　B. 编译程序　　C. 汇编程序　　D. 调试程序

2. 程序阅读题（写出各程序的输出结果）

（1）
```
#include <iostream>
using namespace std;
int main( )
{
cout<<"***"<<endl;
cout<<"**";
cout<<"* "<<endl;
return 0;
}
```

（2）
```
#include<iostream>
using namespace std;
int main( )
{
    int a,b,c;
    cout<<"input a,b: ";
    cin>>a>>b;
    if(a<b)
    {   c=a;
        a=b;
        b=c;
    }
cout<<a-b<<endl;
return 0;
}
```

（3）
```
#include<iostream>
using namespace std;
double calc_area(double R)
{   double s;
    s=3.14*R*R;
    return s;
}
int main( )
```

```
{       double r;
        cin>>r;
        cout<<calc_area(r)<<endl;
        return 0;
}
```

3. 编程题

（1）编写程序，输入两个数，按由大到小的顺序输出这两个数。

（2）编写程序，输入某一年份，计算 5 月 1 日是该年份的第几天。

第 2 章　基本数据类型与运算符

C++ 程序中所用到的数据都需要被声明成特定的类型，例如，将学生姓名声明为字符数组型，年龄声明为整型，成绩声明为实型。数据类型规定了数据在计算机内存中存放的格式以及对这些数据所能施加的操作，这样不仅能够有效地提高数据管理的高效性，而且能够减少数据操作中发生的错误。运算符用于连接数据，实现对数据的运算。本章主要介绍 C++ 基本数据类型，不同数据类型之间的转换，以及运算符的运算规则等。

2.1　基本数据类型

2.1.1　数据类型的作用

计算机处理的对象是数据，而数据是以某种特定的类型存在的，如整数、浮点数、字符等。简单的数据类型还可以组合起来，形成更加复杂的数据类型，例如，由若干个整数组成一个整型数组。数据类型主要有两方面的作用，其一是在数据存储时为不同类型的数据准确地分配合适的存储空间（例如，对 32 位机来说，整型数据需要分配 4 个字节）；其二是在运算时依据数据类型检查数据操作的合法性（不同类型的数据所允许的运算种类和运算规则也不尽相同）。C++ 的数据类型，如图 2-1 所示。

图 2-1　C++ 的数据类型

2.1.2　常用的 C++ 数据类型

布尔型又称为逻辑型。空类型数据主要用在两种情况：一是在函数定义或声明时指出函数无返回值或无参数；二是在定义指针时说明指针的目标类型不确定。

基本数据类型的前面还可以加各种类型修饰符。类型修饰符可以改变基本数据类型的含义，便于更精确地适应实际应用的需求。C++ 中的类型修饰符共有四种：signed（有符号，修饰字符型和整型）、unsigned（无符号，修饰字符型和整型）、long（长型，修饰整型和双精度浮点型）、short（短型，修饰整型）。

表 2-1 所示为 32 位机常用的数值型、字符型数据的字节数和数值范围。

表 2-1　32 位机常用的数据类型的字节数和数值范围

名称	字节数	数值范围
短整型（short int）	2	-32768～+32767
无符号短整型（unsigned short int）	2	0～+65535
整型（int）	4	-2147483648～+2147483647
无符号整型（unsigned int）	4	0～+4294967295
长整型（long int）	4	-2147483648～+2147483647
无符号长整型（unsigned long int）	4	0～+4294967295
字符型（char）	1	-128～+127
无符号字符型（unsigned char）	1	0～+255
单精度实型（float）	4	$-3.4*10^{38}$～$3.4*10^{38}$
双精度实型（double）	8	$-1.7*10^{308}$～$1.7*10^{308}$
长双精度实型（long double）	8	$-1.7*10^{308}$～$1.7*10^{308}$

2.2　常量

2.2.1　常量的特点

常量一旦被声明（声明的同时被赋值）就不能再改变，也就是说不允许在程序中通过赋值等方式改变它的数值。常量可以是纯数值型的数据，如 100、3.14 等，也可以是字符或字符串型的数据，如字符型常量 'A'、'a'（包含在两个单直撇之间），字符串型常量 "Hello"、"c++"（包含在两个双直撇之间）。

2.2.2　数值常量的表示

（1）整型常量

整型常量的数值分为十进制、八进制和十六进制三种表示方式。例如，20 可以写成下列三种形式之一。

十进制：20

八进制：024

十六进制：0x14

十进制整型常量由 0～9 这 10 个数字组成，且第一个数字不能为 0；八进制整型常量的每一位由 0～7 这 8 个数字组成，且其左端第一个数字必须为 0；十六制整型常量必须以 0x（或 0X）开头，其后数值的每一位由数字 0～9 及字母 a～f（分别表示 10～15）组合而成，其中的字母既可以大写也可以小写。

这三种进制的整型常量前面都可以加正负号（+/-）来表示其数值的正负，正号可以省略不写。

一般来说，整型常量的类型默认为 int，当字面数值超出 int 型的表示范围时，就用 long 类型表示。可以在整型常量的末尾添加后缀符号，强制将字面值整数常量的类型转换为 unsigned int、long 或 unsigned long 类型。在数值后面加 L（或者 l，注意小写时不要与数字 1 混淆）可指定常量为 long 类型，在数值后面加 U（或 u）可指定常量为 unsigned 类型，在数值后面同时加 LU 可指定常量为 unsigned long 类型。例如：

```
128u        // unsigned
1024UL      // unsigned long
1L          // long
8Lu         //unsigned long
```

注意，数值与后缀符号之间不能有空格。

（2）实型常量

实型常量就是浮点数，分为十进制小数形式和指数形式两种。小数形式如 3.1415，-2.03 等，一般由整数部分和小数部分组成，也可以省略其中的一部分（如 3. 表示 3.0，.1415 表示 0.1415），但是二者不能同时省略。C++ 编译系统把用这种形式表示的浮点数按双精度常量处理，在内存中占 8B。如果在实数的数字之后加字母 F 或 f，表示此数为单精度浮点数，例如，3.1415F 占 4B。如果加字母 L 或 l，表示此数为长双精度数（long double），在 32 位机器中占 8B。

以下不是合法的实数：

```
E7      // 阶码标志 E 之前无数字
53.-E3      // 负号位置不对
2.7E     // 无阶码
```

实型常量的指数形式一般为：

< 数符 > 数字部分 E 指数部分

例如，0.31415E1 表示 0.31415*10^1，其中 0.31415 为数字部分，1 是指数部分。C++ 用字母 e（或 E）表示其后的数是以 10 为底的幂。

由于指数部分的存在，同一个实型数可以用不同的指数形式来表示，数字部分中小数点的位置是浮动的。例如：

```
a=3.1415e0;
b=0.31415e1;
```

以上两个赋值语句中，用了不同形式的实型数，但其值是相同的。

在程序中写成 0.31415e1，3.1415e0，31.415e-1，314.15e-2 等形式的数据，在内存中都是以规范化的指数形式存放的，如图 2-2 所示。

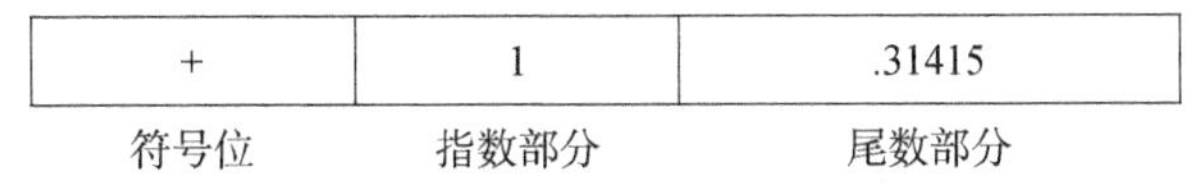

图 2-2 实型常量存储格式示意图

所谓规范化的指数形式，数字部分必须小于 1，同时小数点后面第一个数字必须是一个非 0 数字，例如不能是 0.031415。存储单元分为三部分，其一为符号位（0 表示正，1 表示负）；其二用来存放指数部分；其三用来存放尾数部分。为了便于理解，在图 2-2 中是使用十进制表示的，实际上在存储单元中使用二进制数来表示数字部分和指数部分，并且指数部分用 2 的幂次来表示。对于以指数形式表示的数值常量，都作为双精度处理。

2.2.3 字符常量

（1）普通字符的表示

用一对单撇号括起来的单个字符就是字符型常量。如 'a'，'A'，'@'，'9' 都是合法的字符常量。

字符常量在内存中占 1B。需要注意的是，普通的字符常量只包含一个字符，例如，'10' 并不代表任何字符，是错误的表示方式。由于 C++ 将大写字母和小写字母作为不同的符号处理，因此 'a' 和 'A' 也表示不同的字符常量。

（2）转义字符的表示

在表示字符常量时，需要用一对单撇号将字符括起来。而需要表示单撇号这个字符本身时，却不能写成 ''' 这样的形式。C++ 对一些特殊的字符，提供了特殊的表示方法，即通过转义字符来表示。转义字符表示法是在一对单撇号里加上以“\”开头的若干个字符，用以表示特定的字符。常用的以“\”开头的转义字符见表 2-2。

\ddd（或 \xhh）是通过字符的八进制（或十六进制）ASCII 编码来表示字符的方式，利用这种方式可以表示 ASCII 码表中的任意字符。例如，'\n' 也可以表示成 '\012'（八进制）或 '\x0a'（十六进制）。

表 2-2　转义字符表

字符形式	含义	ASCII 代码
\a	响铃	7
\n	换行，将当前位置移到下一行开头	10
\t	水平制表（跳到下一个 tab 位置）	9
\b	退格，将当前位置移到前一列	8
\r	回车，将当前位置移到本行开头	13
\f	换页，将当前位置移到下页开头	12
\v	竖向跳格	8
\\	反斜杠字符“\”	92
\'	单引号（撇号）字符	39
\"	双引号字符	34
\0	空字符	0
\ddd	1～3 位八进制数所代表的字符	
\xhh	1～2 位十六进制数所代表的字符	

转义字符只代表一个字符，在内存中只占 1B。

每个字符常量被分配 1B 的内存空间，字符值是以 ASCII 码的形式存放在内存单元之中的。例如，字符 'x' 和 'y' 在内存中存放的是 120 和 121 的二进制代码，如图 2-3 所示。因此，也可以把一个字符常量看成是整型量，或者说每个字符常量都对应一个整型数值，即它的 ASCII 码值。

x:	0	1	1	1	1	0	0	0
y:	0	1	1	1	1	0	0	1

图 2-3　字符型数的存储格式

（3）字符串常量

字符串常量是用一对双撇号括起来的若干个字符序列，其中可以包含用转义字符表示的字符，也可以不包含任何字符，即空字符串常量。

```
"Hello World!"                // 简单的字符串常量
```

""　　　　　　　　　　　　　　　// 空字符串常量
"\nCC\toptions\tfile.[cC]\n"　　// 使用换行和制表符的字符串常量

在存储字符串常量时，除了组成字符串常量的字符序列本身外，系统还自动在该字符串的结尾处添加一个结尾字符 '\0'，用于标识一个字符串的终结。因此字符串实际所占据的内存单元比该字符串的长度多一个字节。例如，空字符串的长度为 0，但在内存中却占据 1B 的空间，用于保存结尾符 '\0'。注意区分如图 2-4 所示的常量的不同。

字符常量 '0'：以单撇号括起来，具有整型数值 48（ASCII 码值），占据 1B 空间。

字符串常量 "0"：以双撇号括起来，没有整型数值，占据 2B 空间。

字符常量 '\0'：以单撇号括起来，具有整型数值 0（ASCII 码值），占据 1B 空间。

字符串常量 "\0"：以双撇号括起来，没有整型数值，占据 2B 空间。

整型常量 0：不用任何符号括起来，具有整型数值 0，占据 4B 空间。

'0':				48
"0":			48	0
'\0':				0
"\0":			0	0
0:	0	0	0	0

图 2-4　字符串常量的存储格式示意图

（4）符号常量与常变量

为了使程序中各常量的含义更加明确，增加程序的可读性，可采用预处理宏替换指令 #define 对常量进行标识，以便在程序中通过该标识符来访问常量。

利用宏替换指令对符号常量进行说明的形式为：

#define　　符号常量 标识符常量值

例如：

```
#define    PI    3.1415
```

注意，该条指令后面不需要分号作为结束符。通过如上说明，如果在其后的程序代码中出现 PI，都可视为实数 3.1415。

此外，C++ 还提供了类型修饰符 const，用于定义常变量。形式为：

const　　数据类型 常变量标识符 = 常量值 ;

例如：

```
const int bufsize=1024;
```

用 const 定义的常变量，必须在定义的时候就给予赋值，并且在其后的程序中不能再改变其值。

2.3 变量

2.3.1 变量的概念

与常量相反，在程序运行期间其值可以改变的量称为变量。变量具有变量类型、变量名称、变量值和变量地址等多个属性。一个变量以变量名标识，并在内存中占据一定的存储空间，在该存储空间中存放变量的值。C++ 中的每一个变量都有特定的类型，该类型决定了变量的内存大小、能够存储的值的取值范围以及可应用在该变量上的操作。变量属性如图 2-5 所示。

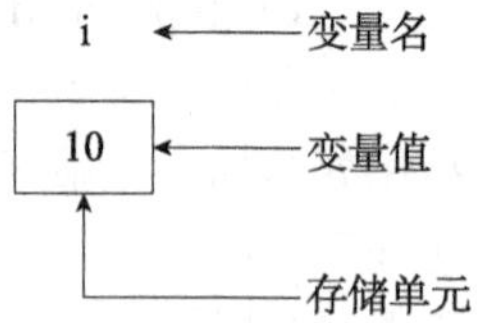

i ← 变量名
10 ← 变量值
存储单元

图 2-5　变量属性

2.3.2　变量的定义

任何变量都必须先声明后使用，一是便于编译程序为变量分配空间，二是便于编译时进行相关的语法检查。定义变量的一般形式为：

[存储类型]　数据类型　变量名 1[= 初值 1] [，变量名 2=[初值 2]，…];

格式中用“[ ]”括起来的部分表示可选项，省略号“…”表示可以多次重复。例如：

int a;　　// 定义整型变量 a，没有进行初始化

float b=3.0;　　// 定义单精度浮点变量 b 的同时并对其进行初始化

存储类型即为 auto、regiester、static、extern 中之一（参见后续章节相关内容）。变量必须先定义后引用，变量的定义可以出现在程序的任何位置，但其作用域和生存期有所不同。定义变量时，可同时对其进行初始化。若定义非静态局部变量时不赋初始值，则变量初值不确定；若定义全局变量时不赋初始值，则变量初始值为 0。

2.3.3　标识符的命名规则

变量名是一种标识符，后续章节中的函数名、数组名、类名等都是标识符。在 C++ 中，标识符可以由字母、数字和下划线 3 种字符组成，必须以字母或下划线开头，后面接若干个字母、下划线或数字，字母区分大小写，除此之外不能包含其他类型的字符。下面列出的是合法的标识符，也是合法的变量名：

```
SUM, average6, priceofProduct, day, Student_n, _CPP
```

下面是不合法的标识符和变量名：

```
M.D.Betty        // 包含非法字符‘.’
#45              // 包含非法字符‘#’
3A               // 不是以字母或下划线开头
Ling-Wu          // 包含非法字符‘-’
C++              // 包含非法字符‘+’
$35              // 包含非法字符‘$’
```

有关变量名的说明需要注意以下几点：

1）一般用小写字母表示变量名。由于区分大小写字母，因此，sum 和 Sum 是两个不同的变量名。

2）C++ 本身并没有限制变量名的长度，但考虑到阅读和修改代码的方便性，变量名不应太长。有的系统取 32 个字符，超过的字符不被识别。

3）变量名不可以使用 C++ 中的关键字。

4）为提高可读性，应选择有意义的单词作为变量名。

C++ 保留了一些词用作关键字，它们不能再作为标识符使用。表 2-3 列出了 C++ 的关键字。

表 2-3　C++ 的关键字

asm	auto	bool	break	case
catch	char	class	const	const_cast

（续）

continue	default	delete	do	double
dynamic_cast	else	enum	explicit	export
extern	false	float	for	friend
goto	if	inline	int	long
mutable	namespace	new	operator	private
protected	public	register	reinterpret_cast	return
short	signed	sizeof	static	static_cast
struct	switch	template	this	throw
true	try	typedef	typeid	typename
union	unsigned	using	virtual	void
volatile	wchar_t	while		

2.3.4 变量的初始化与赋值

C++ 允许在定义变量时对它赋予一个初值，称为变量初始化。初值可以是常量，也可以是一个有确定值的表达式。例如：

```
float a=3.0,b=a*2.5;
char c='n';
```

上面的语句定义了 a，b 为单精度浮点型变量，c 为字符型变量。对 a 初始化为 3.0，b 初始化为 3.0*2.5，对 c 初始化为 'n'。

如果没有对非静态局部变量进行初始化，系统并不会对其分派数值，这时该变量的值是不确定的。

变量也可以先定义然后再赋值。这两种方式虽然很相似，但在本质上是不一样的，特别对于局部静态存储类型的变量意义特殊。

定义后赋初值：

```
int a,b,c;    // 定义整型变量 a,b,c
a=3;      // 赋值语句，将 3 赋给 a
b=4;      // 赋值语句，将 4 赋给 b
```

对于普通的局部变量来说，初始化不是在编译阶段完成的，而是在程序运行时执行赋以初值的，这与先定义然后再赋值没有区别。例如：

```
int a=3;
相当于以下两个语句：
int a;   // 指定 a 为整型变量
a=3;     // 赋值语句，将 3 赋给 a
```

对多个变量赋予同一初值，必须分别指定，不能写成：

```
float a=b=c=3.0;
而应该写成：
float a=3.0,b=3.0,c=3.0;
```

或：

```
float a,b,c=3.0;
a=b=c;
```

2.4　赋值与算术运算符

2.4.1　赋值运算符与赋值运算表达式

赋值运算符“=”的作用是将右边操作数的值（右值）赋给左边操作数（左值），其结果是将一个新的数值存放在左操作数所占用的内存空间中。例如“a=3”的作用是执行一次赋值运算，把常量 3 赋值给变量 a，即放在 a 所占据的内存空间中。也可以将一个复杂表达式的值赋给一个变量。

赋值运算有返回值，也可以作为一个表达式使用。赋值运算首先将右值赋予左值，然后再将左值作为表达式的数值。

赋值运算的运算次序是从右到左进行的，采用多个赋值运算符可以将多个操作数连接起来，其运算结果是将表达式最右端操作数的值赋给其左边的各个操作数。例如：

```
int  var1,var2,var3;
var1=(var2=var3=10)+20;
```

结果是 var1 的值为 30，var2、var3 的值为 10。

2.4.2　算术运算符

算术运算符用于操作变量或表达式的算术运算，需要注意 C++ 中算术运算规则的特殊性。表 2-4 按优先级对算术运算符操作符进行了分组。一元操作符优先级最高，其次是乘、除操作，接着是二元的加、减法操作。这些算术操作符都是左结合，意味着当操作符的优先级相同时，这些操作符从左向右依次与操作数结合。

表 2-4　算术运算符

操作符	功能	用法
+	正值运算符（单目）	+expr
–	负值运算符（单目）	– expr
*	乘法运算符	expr* expr
/	除法运算符	expr/ expr
%	模运算符	expr% expr
+	加法运算符（双目）	expr + expr
–	减法运算符（双目）	expr – expr

对于表达式 5+10*20/2，考虑优先级与结合性，可知先做乘法（*）操作，其操作数为 10 和 20，然后以该操作结果除以（/）2，最后与操作数 5 做加法（+）操作。

负值运算符具有直观的含义，它对其操作数取负。

```
int i = 1024;
int k = -i; //k 的值为 -1024
```

正值运算符则返回操作数本身，对操作数不作任何修改。

值得注意的是，两个整数相除的结果仍然是整数。若被除数不能被除数整除，则相除的结果将被取整，其小数部分将被略去。例如，34/7，结果保留整数值为 4。如果除数或被除数之一为实数，则结果也为实数。

模运算也称为整除运算，要求操作数都为整型数，结果为整型数，值为两数相除的余数。

例如，35%7 结果为 0，13%3 结果为 1。

在某些情况下，算术表达式会产生某些问题，计算的结果将给出错误或没有定义的数值，这些情况称为运算异常。对不同的运算异常，将产生不同的后果。在 C++ 中，除数为零和实数溢出被视为严重的错误而导致程序运行的异常终止。而整数溢出则不被认为是一个错误（尽管其运算结果有可能与预期值不同）。

2.4.3 自增与自减运算符

自增（++）和自减（--）操作符为变量加 1 或减 1 操作提供了简洁的实现方式。它们有前置和后置两种形式。当使用后置用法时，程序首先使用该变量的原值参与表达式的运算，然后再将该变量的值加 1（减 1）；当使用前置用法时，程序首先将变量的值加 1（减 1），然后再使该变量的新值参与表达式的计算。例如：

```
int i = 1, j;
j = ++i;
```

因为 ++i 是前置，所以 i 先自己加 1 后，然后再赋给 j。因此 i 的值是 2，j 的值也是 2。

```
int i = 1, j;
j = i++;
```

因为 i++ 是后置，所以 i 先使用自己的原值 1 赋给 j，再自己加 1。因此 i 的值是 2，j 的值是 1。

前置运算符和后置运算符和其他的运算符组合在一起，在求值次序上就会产生以下根本的不同。

1）前置自增或自减表达式的结果是返回对象本身，所以仍为一个左值，而后置自增或自减表达式的结果则是右值。

2）自增或自减运算符是两个“+”或两个“-”的一个整体，中间不能有空格。如果有多于两个“+”或两个“-”连写的情况，编译时会首先识别自增或自减运算符。

3）cout 语句中的自增或自减运算，在不同编译器的处理方式可能不一样。

2.5 逻辑运算符和关系运算符

2.5.1 逻辑常量和逻辑变量

C 语言没有提供逻辑型数据，关系表达式的真或假分别用数值 1 和 0 代表。C++ 增加了逻辑型数据，逻辑型常量有两个，即 true（真）和 false（假）。逻辑型变量要用类型标识符 bool 来定义，它的值只能是 true 和 false 之一。例如：

```
bool found,flag=false; // 定义逻辑变量 found 和 flag，并使 flag 的初值为 false
found=true; // 将逻辑常量 true 赋给逻辑变量 found
```

由于逻辑变量是用关键字 bool 来定义的，因此又称为布尔变量。同理，逻辑型常量又称为布尔常量。

虽然 C++ 设立了逻辑类型，但是在编译系统处理逻辑型数据时，仍将 false 处理为 0，将 true 处理为 1。因此，逻辑型数据可以与数值型数据进行算术运算。如果将一个非零的整数赋给逻辑型变量，则按“真”处理，例如：

```
flag=108; // 赋值后 flag 的值为 true
```

```
cout<<flag;
```

屏幕输出结果为数值 1。

2.5.2　逻辑运算符和逻辑表达式

表 2-5 列出了 C++ 中的逻辑运算符，逻辑运算符用来表示操作数的逻辑关系，其运算结果是整数 1 或 0。逻辑运算的结果也可以作为一个整数用在算术运算中。

表 2-5　C++ 中的逻辑运算符

运算符	运算操作	使用例子	运算结果
!	逻辑非	!expr	将 expr 的逻辑值取反
&&	逻辑与	expr1&&expr2	若 expr1, expr2 同时为真，则结果为真
||	逻辑或	expr1||expr2	若 expr1, expr2 之一为真，则结果为真

📖 注意：在 C++ 中 0 被看作逻辑假，而其他的非零值均被视为逻辑真。

在一个逻辑运算中如果包含多个逻辑运算符，按以下的优先次序：

!（非）→ &&（与）→ ||（或）

即“!”为三者中最高的。

逻辑表达式的值是一个逻辑量“真”或“假”。前面已说明，在给出逻辑运算结果时，以数值 1 代表“真”，以 0 代表“假”，但在判断一个逻辑量是否为“真”时，采取的标准是如果其值是 0 就认为是“假”，如果其值是非 0 就认为是“真”。例如：

1）若 a=4，则 !a 的值为 0。因为 a 的值为非 0，被认作“真”，对它进行“非”运算，结果为“假”（0）。

2）若 a=4，b=5，则 a && b 的值为 1。因为 a 和 b 均为非 0，认为是“真”。

3）若 a=4，b=−5，则 a−b||a+b 的值为 1。因为 a−b 和 a+b 的值都为非零值。

4）若 a=4，b=5，则 !a || b 的值为 1。

在 C++ 中，整型数据可以出现在逻辑表达式中，在进行逻辑运算时，根据整型数据的值是 0 或非 0，把它作为逻辑量假或真，然后参加逻辑运算。通过这几个例子可以看出：逻辑运算结果不是 0 就是 1。而在逻辑表达式中作为参加逻辑运算的运算对象可以是 0（“假”）或任何非 0 的数值（按“真”对待）。如果在一个表达式中的不同位置上出现数值，应区分哪些是作为数值运算或关系运算的对象，哪些是作为逻辑运算的对象。实际上，逻辑运算符两侧的表达式不但可以是关系表达式或整数（0 和非 0），也可以是其他类型的数据，如字符型、浮点型或指针型等。系统最终以 0 和非 0 来判定它们是“真”或者“假”。

逻辑运算符 && 和 || 存在着所谓的短路问题。

如果在进行前面的表达式的运算时，通过判断已经明确知道整个表达式的结果，则不会进行后面表达式的运算判断。例如：

表达式 1 || 表达式 2 || 表达式 3 ||…|| 表达式 n，如果表达式 1 的运算结果为 true，则整个表达式的结果为 true，同时不会再对后面的表达式进行运算判断。如果表达式 1 的运算结果为 false，则根据表达式 2 的运算结果继续判断。

表达式 1 && 表达式 2 && 表达式 3&&…&& 表达式 n，如果表达式 1 的运算结果为 false，则整个表达式的结果为 false，同时不会再对后面的表达式进行运算判断。如果表达式 1 的运算结果为 true，则根据表达式 2 的运算结果继续判断。

例如：

```
int a=1,b=2,c=3;
a<b||++b==c;
```

执行完如上的表达式后，b 不会自增为 3。这是因为 a<b 为真，则后面的操作被短路，不再继续执行。

由于含有逻辑运算符 && 和 || 的表达式存在短路运算现象，所以含有逻辑运算符 && 和 || 的表达式最好不要进行变量的赋值和运算操作，可以先计算好每个表达式的结果，直接用结果进行逻辑运算符 && 和 || 的运算，以免运算结果与预期不同。

2.5.3 关系运算符和关系表达式

表 2-6 列出了 C++ 的关系运算符及其含义和功能。注意：

1）前 4 种关系运算符的优先级相同且比后面两种运算符的优先级高。

2）在 C++ 中，通常将“真”表示为 1，将“假”表示为 0，而任何非 0 的数都被认为是“真”，0 被认为是“假”。

3）千万不要把赋值运算符“=”当作关系运算符“==”使用。

4）关系运算符的两个操作数可以是任何基本数据类型。

在进行相等及不相等的关系运算时，如果两个操作数不是整数（或字符），由于计算机的存储方式及计算误差，运算结果常常会与预期结果相反。因此，在比较两个实数（浮点数或双精度数）相等或不相等的时候，常用判断这两个操作数的差值的绝对值大于或小于某一给定的小数值来代替（可靠性高一些）。例如，用 fabs(f1−f2)<1.0e−6 来代替 f1==f2。

表 2-6 关系运算符

运算符	含义	功能
<	小于	若左操作数小于右操作数结果为真，否则结果为假
<=	小于等于	若左操作数小于等于右操作数结果为真，否则结果为假
>	大于	若左操作数大于右操作数结果为真，否则结果为假
>=	大于等于	若左操作数大于等于右操作数结果为真，否则结果为假
==	等于	若左操作数等于右操作数结果为真，否则结果为假
!=	不等于	若左操作数不等于右操作数结果为真，否则结果为假

【**例 2-1**】判断输入的浮点数是否约等于零。

```
#include <iostream>
#include <cmath>
using namespace std;
int main( )
{
    float f_test;
    cout<<" 请输入一个接近零的实型数 :";
    cin>>f_test;
    if(fabs(f_test)<=1e-6)       // 判断是否约等于零
      cout<<" 输入的数据约等于零 ";
```

```
        if(fabs(f_test)>1e-6)        // 判断是否大于零
            cout<<" 输入的数据大于零 ";
        return 1;
    }
```

运行结果如下：

```
请输入一个接近零的实型数 :0.0000001↙
输入的数据约等于零
```

可以用逻辑表达式和关系表达式的混合来表示复杂的条件，例如，判别某一年 (year) 是否为闰年。闰年的条件是符合下面两者之一：（1）能被 4 整除，但不能被 100 整除。（2）能被 100 整除，又能被 400 整除。例如 2004、2000 年是闰年，2005、2100 年不是闰年。

判断是闰年的表达式为：

```
(year % 4 == 0 && year % 100 != 0) || year % 400 == 0
```

当给定 year 为某一整数值时，如果上述表达式值为真（1），则 year 为闰年；否则 year 为非闰年。可以加一个“!”用来判别非闰年：

```
!((year % 4 == 0 && year % 100 != 0) || year % 400 == 0)
```

若表达式值为真（1），year 为非闰年。

【**例 2-2**】计算某一年是否为闰年。

```
#include<iostream>
using namespace std;
int main( )
{
    int year,leapyear;
    cout<<"Please intput a year:";
    cin>>year;
    leapyear=(year%4 == 0&&year %100 != 0) || year % 400 == 0;
    if(leapyear==1)
        cout<<year<<" is a leapyear"<<endl;
    else
        cout<<year<<" is not a leapyear"<<endl;
    return 0;
}
```

运行结果如下：

```
Please intput a year:2020↙
2020 is a leapyear
```

2.6　其他运算符

2.6.1　逗号运算符

逗号运算符用于构建逗号表达式。逗号表达式是一组由逗号分隔的表达式，这些表达式从左向右计算。逗号表达式的结果是其最右边表达式的值。如果最右边的操作数是左值，则逗号表达式的值也是左值。逗号表达式的一般形式如下：

```
表达式 1, 表达式 2, 表达式 3, …, 表达式 n
```

例如：

```
a=3,b=a+5,c=9
```

整个表达式的值为 9。

逗号运算符“,”的优先级是最低的，必要时要加上圆括号，以使逗号表达式的运算次序先于其他表达式。

2.6.2 复合赋值运算符

赋值运算符可以与某些算术操作符、关系操作符或位操作符进行复合，产生一个新的双目操作符，其功能是将该操作符的左、右操作数作为相应操作符的左、右操作数进行相应的操作，再将运算的结果赋给复合操作符的左操作数。例如：

```
a+=10;
```

等价于：

```
a=a+10;
```

在 C++ 中可以使用 10 种复合操作符，它们分别为：+=、-=、*=、/=、%=、<<=、>>=、&= 、^= 和 |= 。

复合赋值运算符简洁优美，运算直截了当。复合赋值运算先求出右操作数的值，然后将结果直接作用到左操作数上，左操作数仅计算一次，有较高的运行效率。

2.6.3 sizeof( ) 运算符

sizeof 并不是函数，而是一种单目操作符。操作数可以是一个表达式或类型名，它给出操作数在内存中所占空间的字节数。例如：

```
sizeof(int) // 结果为 4，即整型数据的字节数。
sizeof(35.0) // 结果也为 8，即 double 型数据的字节数。
```

2.7 运算符的优先级和结合性

当一个表达式中包含多种运算符时，需要规定运算符的优先级和结合性。C++ 规定了各种运算符的优先级和结合性（结合方向）。在求解表达式时，先按运算符的优先级别高低次序执行，例如，先乘除后加减。如果在一个运算数两侧的运算符的优先级别相同，例如，a-b+c，则按规定的结合性（从左至右）处理。

算术运算符的结合性为“从左至右”，即先左后右。从左至右的结合性又称“左结合性”，即运算对象先与左面的运算符结合。有些运算符（如赋值运算符）的结合向为“从右至左”，即右结合性。表 2-7 列出了 C++ 运算符的操作规则。

表 2-7 C++ 运算符的操作规则

优先级	运算符	含义	结合性
1	::	域运算符	自左向右
2	( ) [ ] -> . ++ --	圆括号 下标运算符 指向类（结构体）成员运算符 类（结构体）成员运算符 自增、自减运算符（后置）	自左向右
3	! ~ ++ -- (类型关键字) + - * & sizeof( ) new delete	逻辑非运算符 按位取反运算符 自增、自减运算符（前置） 强制类型转换 正、负号运算符 指针运算符 地址运算符 长度运算符 内存分配、清除	自右向左
4	* / %	乘、除、求余运算符	自左向右
5	+ -	加、减运算符	自左向右
6	<< >>	左移运算符 右移运算符	自左向右
7	< <= > >=	小于、小于等于、大于、大于等于	自左向右
8	== !=	等于、不等于	自左向右
9	&	按位与运算符	自左向右
10	^	按位异或运算符	自左向右
11	|	按位或运算符	自左向右
12	&&	逻辑与运算符	自左向右
13	||	逻辑或运算符	自左向右
14	? :	条件运算符	自右向左
15	= += -= *= /= %= <<= >>= &= ^= |=	赋值运算符	自右向左
16	,	逗号运算	自左向右

2.8 数据类型的转换

不同数据类型在进行混合运算时，必须先转换成同一类型，然后再进行运算。C++ 采取两种方法对数据类型进行转换：隐式转换（也称自动转换）和显式转换（也称强制转换）。

2.8.1 隐式转换

隐式转换是指不需要进行转换声明，系统自动就可以进行的转换。

（1）赋值时的类型转换

例如：

```
char ch='A';
int i=ch;
```

C++ 编译器自动将字符型变量 ch 的值（65，占 1B）转换成整型值（65，占 4B）。

下面几种赋值情况会存在潜在的数值转换问题：

1）将较大的浮点数赋值给较小的浮点数，例如，将 double 型转换成 float 型，精度降低，转换后的值可能超出目标类型的取值范围导致结果错误。

2）将浮点类型数赋值给整型数，例如，将 float 型转换为 int 型，转换后的值丢失小数部分，原来的值也可能超出了目标类型的取值范围导致结果错误。

3）将较大的整型赋值给较小的整型，例如，将 long 型转换为 short 型，原来的值可能超出目标类型的取值范围，通常只复制右边的字节导致结果错误。

例如：

```
int n;
n=23.56;
```

上面的例子中，由于变量 n 是 int 型变量，编译器先把 23.56 转换成 int 型数 23（不是 4 舍 5 入），再赋值给变量 n。

（2）表达式中的类型转换

当一个表达式中出现两种不同的数据类型时，C++ 将级别低的数据类型自动转换成级别高的数据类型（即“向高看齐”），或将占用字节数少的数据类型转换成占用字节数多的数据类型。当一个表达式中既有 int 型数据又有 double 型数据时，则将 int 型数据先转换成 double 型数据再进行计算。需要注意的是，在没有特定说明的情况下，即使表达式中没有更高级别的数据，短整型数和字符型数也会被转换成整型数参加运算，而单精度实型数则会被转换成双精度实型数参加运算。数据类型转换规律如图 2-6 所示。

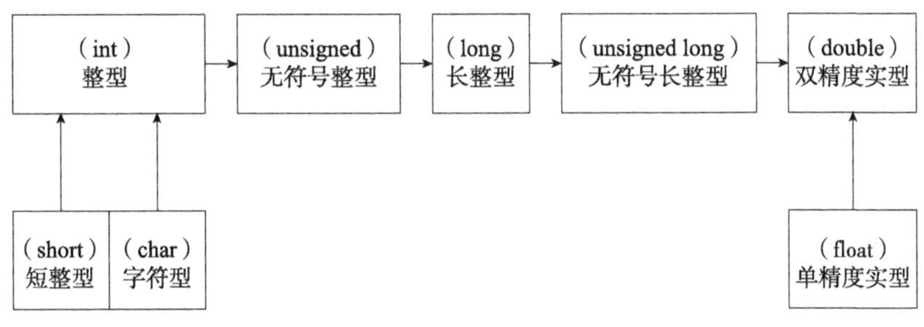

图 2-6　数据类型转换规律

注意：表达式中的类型转换规则与编译器有关。

C++ 在对表达式求值过程中，采用边转换边计算的方式，并不是全部转换成同一类型之后，再进行计算。

求表达式 5*2.0+('A'-10)+20.8/4 的值，计算过程如下：

1）根据运算符的优先级，先计算 5*2.0，先将 5 转换成 double 型 5.0，然后计算 5.0*2.0，计算结果为 double 型的 10.0。

2）计算 'A'-10，先将 'A' 转换成 int 型的 65 后再相减的结果为 int 型的 55。

3）将 int 型的 55 与 double 型的 10.0 相加，先将 55 转换成 double 型 55.0 后再相加的结果

为 double 型的 65.0。

4）计算 20.8/4，先将 4 转换成 double 型 4.0 后再相除的结果为 double 型 5.2。

5）最后计算 double 型 65.0 与 5.2 的和，计算结果为 double 型的 70.2。

2.8.2　显式转换

在运算过程中，由用户将一个表达式从其原始的数据类型强制转换成另一种数据类型。显式转换有以下两种声明格式：

```
(类型) 表达式
```

或：

```
类型 ( 表达式 )
```

例如：

```
int x=20,y;
float z=float(3.5);       //将 double 型的 3.5 显式转换成 float 型
double w=5.5;
y=x/(int)w;      // 将 w 的值 5.5 显式转换成整型数 5
double m=11.11/w;           //w 仍用原值 5.5 参与运算，得到 m 的值 2.02
```

需要注意的是，变量 w 在计算完成后，其值并没有发生变化，仍然是 5.5。

2.9　小结

数据类型有整型、实型、字符型等简单数据类型，也有数组、指针、结构体、类等其他数据类型。C++ 具有丰富的运算符，如算术运算符、关系运算符、逻辑运算符等，其中包含许多 C++ 特有的运算符。表达式是由运算符和操作数串接起来组成的符号序列。在对一个表达式进行求值时，要按运算符的优先顺序从高向低进行，同级的运算符则按照结合性进行。当表达式中的数据类型不一致时，需要按照类型转换规则对操作数进行处理。

习　题

1. 选择题

（1）常量 3.14 的数据类型是（　　）。

A. double　　B. float　　C. void　　D. 字符串

（2）设有定义：char ch;，以下赋值语句正确的是（　　）。

A. ch='123';　　B. ch='\xff';　　C. ch='\08';　　D. ch='\\';

（3）字符串 "\ t \ n \ \ \ 045 \"" 的长度为（　　）。

A. 4　　B. 10　　C. 5　　D. 说明不合法

（4）不能用于组成 C++ 程序标识符的是（　　）。

A. 连接符　　B. 下画线　　C. 大小写字母　　D. 数字字符

（5）在 C++ 语言中，自定义的标识符（　　）。

A. 能使用关键字并且不区分大小写　　B. 不能使用关键字并且不区分大小写

C. 能使用关键字并且区分大小写　　D. 不能使用关键字并且区分大小写

（6）下列变量名中，合法的是（　　）。

A. CHINA　　B. byte-size　　C. double　　D. A+a

（7）'\060' 和 "\060" 在内存中占用的字节数分别为（　　）。

A. 2 2　　B. 2 1　　C. 1 2　　D. 4 4

（8）能正确表示“大于 10 且小于 20 的数”的 C++ 表达式是（　　）。

A. 10<x<20　　B. x>10||x<20　　C. x>10&x<20　　D. !(x<=10||x>=20)

（9）若有如下语句：

int a,b,c; a=b=c=5;

则执行语句 b+=++a&&++c>b; 后 a、b、c 的值分别为（　　）。

A. 6,7,6　　B. 6,6,6　　C. 6,6,5　　D. 6,1,6

（10）设整型变量 a 的值为 5，使整型变量 b 的值不为 2 的表达式是（　　）。

A. b=a/2　　B. b=6-(--a)　　C. b=a%2　　D. b=a>3?2：1

（11）下列表达式的值为 false 的是（　　）。

A.1<3 && 5<7　　B.!(2>4)　　C.3&&0&&1　　D.!(5<8)||(2<8)

（12）下列运算符中优先级最高的是（　　）。

A. =　　B. &&　　C. >=　　D. +

2. 程序阅读题（写出各程序的输出结果）

（1）
```
#include <iostream>
using namespace std;
int main( )
{
cout<<"abc\"abc"<<endl;
cout<<"abc\\abc"<<endl;
return 0;
}
```

（2）
```
#include <iostream>
using namespace std;
int main( )
{
int i=1;
cout<<"i="<<++i<<endl;
cout<<"i="<<i++<<endl;
return 0;
}
```

（3）
```
#include <iostream>
using namespace std;
Int  main( )
{
int a;
a=7*2+-3%5-4/3;
```

```
double b;
b=510+3.2-5.4/0.03;
cout<<a<<"\t"<<b<<endl;
int m(3),n(4);
a=m++ - --n;
cout<<a<<"\t"<<m<<"t"<<n<<endl;
return 0;
}
```

（4）

```
#include <iostream>
using namespace std;
int main( )
{
int x,y,z;
x=y=z=1;
--x && ++y && ++z;
cout<<x<<'\t'<<y<<'\t'<<z<<'\n';
++x && ++y && ++z;
cout<<x<<'\t'<<y<<'\t'<<z<<'\n';
++x && y--||++z;
cout<<x<<'\t'<<y<<'\t'<<z<<'\n';
return 0;
}
```

（5）

```
#include <iostream>
using namespace std;
int main( )
{
        char x('m'),y('n');
        int n;
        n=x<y;
        cout<<n<<endl;
        n=x==y-1;
        cout<<n<<endl;
        n=('y'!='Y')+(5>3)+(y-x==1);
        cout<<n<<endl;
return  0;
}

#include <iostream>
using namespace std;
int main( )
{
```

```
double a=3.3, b=1.1;
int i=a/b;
cout << i << endl;
return 0;
}
```

结果与你预期的是否相符？如果不符，请解释它的原因。

3. 填空题

（1）数学式 x^2*(a+b)/(a−b) 写成 C++ 语言表达式是________。

（2）若已知 a=1，b=2，则表达式 !a<b 的值为________。

（3）假设 m 是一个三位数，百位、十位、个位的数值分别为 a、b、c，则 a、b、c 的表达式是________。

（4）下面的表达式计算时结果值和数据类型分别是什么？

（a）3/5*12.3 值________，类型________。

（b）'a'+10*5.2 值________，类型________。

（c）12U+3.0F*24L 值________，类型________。

4. 编程题

（1）编写程序，输入整型数 a、b 的值，分别计算并输出 (a++)+b、a+(++b) 和 a+++b 的值。

（2）编写程序，对输入的一个三位正整数，分离出个位、十位和百位，并输出各位数之和。

第 3 章　程序控制

语句执行的先后次序即为流程。所谓程序控制，其实就是控制程序的执行流程。程序总是按照语句的顺序从前往后执行，此为顺序结构。但是这种简单的顺次执行方式能够解决的问题非常有限。事实上，C++ 提供了多种控制结构支持更为复杂的执行方式，如选择、循环和跳转等。其中，可用 if 和 switch 语句构成选择结构，用 while、do-while 和 for 语句构成循环结构，用 break、continue、goto 和 return 语句等构成跳转结构。

3.1　顺序结构

如前所述，一般情况下程序依据语句出现的顺序从前往后顺次执行，一条语句执行结束后会自动转移到下一条语句执行，这样的结构称为顺序结构。顺序结构反映了程序“按部就班”的执行规律。

顺序结构的语句次序很重要。例如，计算圆的面积，应该按照图 3-1 所示的次序执行。

图 3-1　计算圆面积的执行顺序

显然，颠倒 3 个步骤中任意一个次序，结果都不会正确。

【**例 3-1**】使用顺序结构计算圆的面积。

```
#include <iostream>
using namespace std;
int main( )
{
    double radius, area;              // 定义圆的半径和面积
    const double PI=3.1415926;        // 定义常变量 PI，代表圆周率
    cout<<" 请输入半径：";
    cin >> radius;      // 输入半径 radius
    area = PI * radius * radius;      // 计算圆面积 area
    cout<<" 圆面积 ="<<area;          // 输出圆面积 area
    return 0;
}
```

运行结果如下：

```
请输入半径：2↙
圆面积 =12.5664
```

3.2　选择结构

在实际问题中，经常需要先对给定的条件进行判断，并根据判断的结果采取不同的解决方

法。例如，计算三角形的面积。对于给定三条边的长度，首先需要判断这三条边能否构成三角形。若能构成三角形，则计算其面积；否则，显示“不能构成三角形”的提示信息。C++ 支持两种类型的选择语句：if 和 switch。另外，在某些特定情况下，条件运算符“? :”被看作是 if 语句的一种简洁表达。

3.2.1 if 语句

if 语句的动机是根据指定的表达式是否为 true，有条件地执行一条语句。if 语句支持单分支、双分支这两种基本形式。

（1）单分支 if 语句

语句形式为：

```
if ( 表达式 )
   语句
```

其中：

1）表达式：是判断条件，一般为逻辑表达式，也可为其他类型的表达式。无论表达式为何种类型，均将其值按逻辑值处理，这里只关心是 true 还是 false。

2）语句：又称内嵌语句，可以是一条简单语句，也可以是一条复合语句。如果是由多条语句构成的复合语句，一定记得使用一对花括号“{}”将这些语句括起来（以便形成一条复合语句），否则编译器只将第一条语句视为 if 语句的内嵌语句（而其他剩余语句均和 if 语句没有从属关系，被视为 if 语句的后续语句）。

3）if 语句首先计算“表达式”的值，如果值为非 0（视为 true）时就执行其内嵌“语句”；否则，就转向执行后续语句。执行流程如图 3-2a 所示。

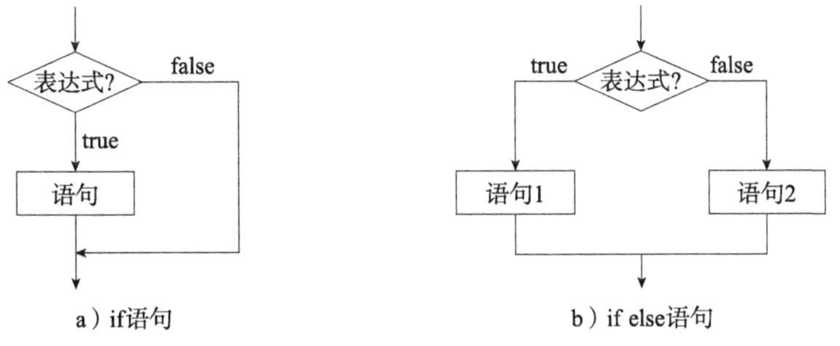

图 3-2　if 语句的两种形式

例如，可以对【例 3-1】的代码增加条件判断：

```
if (radius >= 0)
{
    area = PI * radius * radius;
    cout<<" 圆面积 ="<<area;
}
```

首先判断半径 radius 的值是否大于或等于 0，若是，则计算并输出圆面积；否则程序什么也不做。

📖 编译器必须在 if 语句后面找到一个作为语句结束符的分号“;”或者右花括号“}”，以标志其结束。除非使用复合语句，否则 if 或 else 的条件只能影响到紧随其后的一条语句（哪怕是一条空语句）。

对于下面的代码：

```
if( 表达式 );         // 空语句（即 ; ）成了 if 的内嵌语句
语句 1;         // 语句 1 不再是 if 的内嵌语句
```

当表达式值为 true 时，将执行空语句，而当表达式值为 false 时，不执行空语句。实际上，无论表达式值为何值，总是执行 if 语句的后续语句（即语句 1）。这样看来，语句 1 仅仅是位于 if 语句之后的一条语句，其本身并不从属于 if 语句。可将上述代码与下面的代码进行比较：

```
if( 表达式 )
{
    ;                // 空语句
语句 1;      // 空语句和语句 1 共同构成复合语句，作为 if 的内嵌语句
}
```

📖 初学者使用 if 语句的一个普遍的错误是当条件为 true 并且需要执行多条语句时，往往忘记使用花括号对构建复合语句。

（2）双分支 if-else 语句

语法形式为：

```
if( 表达式 )
    语句 1
else
    语句 2
```

其中，有关表达式的解释同单分支 if 语句。而“语句 1”和“语句 2”同样可为一条简单语句（甚至空语句）或一条复合语句。执行流程如图 3-2b 所示。

【例 3-2】使用双分支 if-else 语句计算圆的面积。

```
#include <iostream>
using namespace std;
int main( )
{
    double radius, area;          // 分别代表半径和圆面积
    const double PI=3.1415926; // 常变量 PI，代表圆周率
    cout<<" 请输入圆半径：";
    cin >> radius;
    if(radius >= 0)
    {
    area = PI * radius * radius;
    cout<<" 圆面积 ="<<area;
    }
    else
    cout<<" 半径不能为负值！ ";
    return 0;
}
```

运行结果如下：

```
请输入圆半径：-2↙
半径不能为负值!
```

3.2.2 嵌套 if 语句

当需要判断的条件不止一个时，可以使用嵌套 if 语句。所谓嵌套 if 语句是指其中一个 if 语句作为另一个 if 语句或者 else 语句的内嵌语句。在实际程序设计中，嵌套 if 语句是很常见的。例如：

```
int i = 1, j = 2, k = 3;
if(i > j)
    if(j > k)
        cout << "i 和 j 均大于 k";
else
    cout << "？ ";
```

但是，程序的输出结果是什么呢？这里有两种可能的解释：

解释一：

```
int i = 1, j = 2, k = 3;
if(i > j)
{
    if(j > k)
        cout << "i 和 j 均大于 k";
}
else
    cout << "？ ";
```

其中，else 语句与第一个 if 语句匹配。输出结果为“？ ”。

解释二：

```
int i = 1, j = 2, k = 3;
if(i > j)
{
    if(j > k)
        cout << "i 和 j 均大于 k";
    else
        cout << "？ ";
}
```

其中，else 语句与第二个 if 语句匹配。很明显，这样将没有任何屏幕输出。

这就是著名的 if 语句的二义性问题。那么，编译器又是如何判断呢？其实，编译器并不关心程序的缩进格式。为消除歧义，C++ 规定：else 语句总是与在同一块内离它最近且没有 else 语句配对的 if 语句相结合。照此看来，解释二才是编译器的唯一选择！实际上，当你对嵌套 if 语句混淆不清时，可以通过添加花括号对“{}”来解决，正如上述两种解释所示。

【**例 3-3**】使用嵌套 if 语句实现考试成绩判定。

```
#include <iostream>
using namespace std;
```

```
int main( )
{
    int score;        // 考试成绩
    cout << " 请输入考试成绩：";
    cin >> score;
    if(score >= 90)        //90 分及以上
    cout << " 优秀！ \n";
    else
    {
    if(score >= 80)        // 相当于 score >=80 && score < 90
        cout << " 良好！ \n";
    else
    {
        if(score >= 70)        // 相当于 score >= 70 && score < 80
            cout << " 中等！ \n";
        else
        {
            if(score >= 60)        // 相当于 score >= 60 && score < 70
                cout << " 及格！ \n";
            else
                cout << " 不及格！ \n";
        }
    }
    }
    return 0;
}
```

运行结果如下：

```
请输入考试成绩：75↙
中等
```

上述程序中嵌套 if 语句的执行流程如图 3-3 所示，但是上述写法过于复杂，实际上，上述嵌套 if 语句部分可简写为下述形式：

```
if(score>=90)       //90 分及以上
   cout<<" 优秀！ \n";
else if(score>=80)          // 相当于 score>=80 && score<90
   cout <<" 良好！ \n";
else if(score>=70)          // 相当于 score>=70 && score<80
   cout <<" 中等！ \n";
else if(score>=60)          // 相当于 score>=60 && score<70
   cout<<" 及格！ \n";
else
   cout <<" 不及格！ \n";
```

每个 else 和前面的 if 构成 if else 结构。实际上，对于某些多分支情况采用 switch 语句实现的可读性会更好。

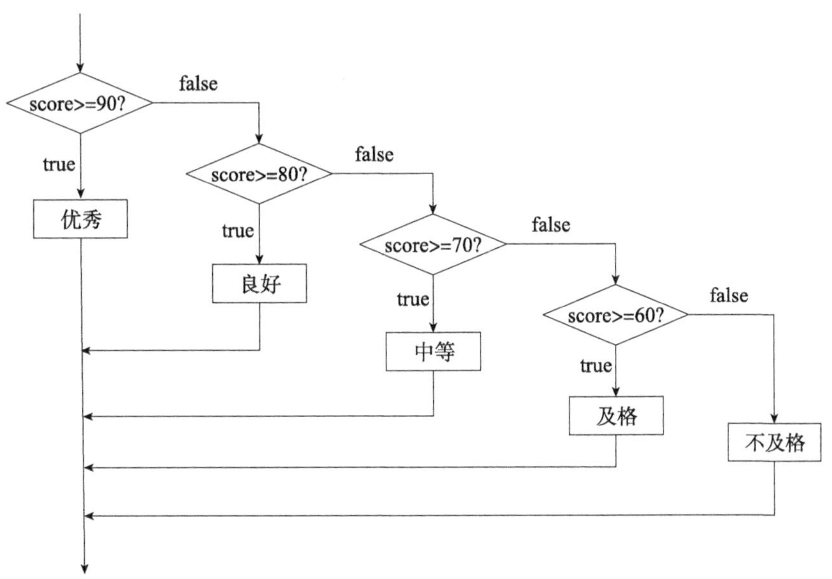

图 3-3 使用嵌套 if 语句实现考试成绩判定的流程图

3.2.3 条件运算符 ? : 的替代

条件运算在程序设计中经常遇到。对于有些比较简单的二分支 if 语句，可直接用条件运算符来代替。

条件运算符 ? : 的语法为：

```
表达式 1 ? 表达式 2 : 表达式 3
```

条件运算符是 C++ 中唯一的三目运算符，它们之间用 “?” 和 “:” 隔开。条件运算符的运算规则是：先计算表达式 1 的值，如果表达式 1 的值为 true，那么表达式 2 被求值；否则表达式 3 被求值。整个条件表达式的值就是被求值表达式（表达式 2 或表达式 3）的值。

例如，人工神经网络中常用的 ReLU（Rectified Linear Unit）激活函数为$y = f(x) = \max(0, x)$。即对于来自上一层神经元的输入 x，ReLU 函数会输出

$$y = \begin{cases} x & x \geqslant 0 \\ 0 & x < 0 \end{cases}$$

对应的实现代码为：

```
double x = −0.6, y;
y = x >= 0 ? x: 0;
```

赋值号的右侧是一个条件表达式（由条件运算符连接而成的式子）。按照运算规则，先计算表达式 1（? 之前的部分，即 x>=0），由于 x 的值为 −0.6，所以 x>=0 的值为 false，因此计算表达式 3（即 0），并把 0 作为整个条件表达式的值返回，最终 y 被赋值 0。而如果 x 的初值为 0.8，按照运算规则得知 y 被赋值为 x（0.8）。若用 if-else 语句改写，则对应的代码为：

```
double x = − 0.6, y;
if (x>= 0) y = x;
```

```
else  y = 0;
```

可以看出，实现同样的功能，采用条件运算符显得更为简洁。

3.2.4 switch 语句

深层嵌套的 if-else 语句常常在语法上是正确的，但逻辑上却没有正确地表达程序员的意图。例如，个别 if-else 语句可能会因为没有被注意到而被遗漏，修改这些语句非常困难。C++ 提供了 switch 语句，作为一种“在一组互斥的项目中做选择”的替代方法。

switch 语句的一般形式为：

```
switch ( 表达式 )
{
    case 常量表达式 1:
        语句 1
    case 常量表达式 2:
        语句 2
    ...
    case 常量表达式 n:
        语句 n
    default:
        语句 n+1
}
```

其中，switch、case 和 default 都是关键词。switch 后表达式值的类型只能是整型、字符型或枚举型。例如，下面程序错误地使用了 float 型。

```
float f = 4.0;
switch(f)      // 错误，变量 f 的类型与 switch 不匹配
{
    …
}
```

程序首先计算 switch 后括号内表达式的值，然后将其依次与 case 后的常量表达式（注意：一定是常量！）的值进行比较。当表达式的值等于某个常量表达式 i 的值时，就执行对应的语句 i，直到遇到 break 语句退出 switch 结构或者继续执行后续语句。若表达式值与所有常量表达式的值都不相等，就执行 default 后的语句 n+1。default 子句为可选项。

1）每个 case 后的常量值必须与表达式类型兼容，且所有常量值均不相等（互斥）。不过，switch 语句允许嵌套，一个 switch 语句中 case 后的常量，可以和内嵌 switch 语句中的 case 后的常量相同。

2）各个 case（包括 default）子句的出现次序无限制。在每个 case 子句都带有 break 语句的情况下，各个 case 语句的不同顺序不影响执行结果。

3）case 子句中包含多条语句时，可以不使用花括号对“{}”。

【例 3-4】根据考试成绩的五级制得分（ABCDE）输出对应的百分制分数段。

```
#include <iostream>
using namespace std;
int main( )
```

```
{
    char grade; // 五级制得分
    cout << " 请输入五级制得分：";
    cin >> grade;
    cout << " 对应百分制分数段为：\n";
    switch (grade)
    {
    case 'A': cout << "90～100\n";
    case 'B': cout << "80～89\n";
    case 'C': cout << "70～79\n";
    case 'D': cout << "60～69\n";
    case 'E': cout << "<60\n";
    default: cout << " 出错啦！ \n";
    }
    return 0;
}
```

运行结果如下：

```
请输入五级制得分：A↙
对应百分制分数段为：
90～100
80～89
70～79
60～69
<60
出错啦！
```

可以看出，case 子句只起语句标号的作用，并不改变控制流程。显然，这样的输出结果不是我们期望的。虽然 break 语句是可选的，但是由于这里省略了它，当执行完一个 case 子句后，流程控制转移到下一个 case 子句继续执行。

在大多数情况下，case 子句的最后一条语句是 break。当遇到 break 语句时，switch 语句被终止（即“跳出”switch 语句）。例如，改写上例使得输出某个成绩等级对应的分数段后跳出整个 switch 结构：

```
switch(grade)
{
    case 'A' : cout << "90～100\n"; break;
    case 'B' : cout << "80～89\n"; break;
    case 'C' : cout << "70～79\n"; break;
    case 'D' : cout << "60～69\n"; break;
    case 'E' : cout << "<60\n"; break;
    default: cout << " 出错啦！ \n"; break;
}
```

则对于同样的输入，程序运行结果为：90～100。这才是我们所期望的结果。

另外，多个 case 子句可以共用一组执行语句。例如：

```
//…
caae 'A' :
case 'B':
case 'C':
case 'D':  cout << " 合格 \n"; break;
case 'E' :  cout << " 不合格 \n"; break;
```

当 grade 的值为 'A'、'B'、'C' 和 'D' 时，都输出 " 合格 "。

注意，即使几个 case 子句均执行同一组语句，也不能简化成如下表达形式。例如：

```
case 'A', 'B', 'C', 'D': cout << " 合格 \n";break;        // 错误，每个 case 后只能带一个常量
```

【例 3-5】根据年份和月份计算对应的满月天数。

分析：根据天文知识，每年的 1、3、5、7、8、10 和 12 月，满月有 31 天；每年的 4、6、9 和 11 月，满月有 30 天；若为闰年，则 2 月份有 29 天；若为平年，则 2 月份有 28 天。能被 4 整除，但不能被 100 整除，或者能够被 400 整除的年份为闰年，否则为平年。

```
#include <iostream>
using namespace std;
int main( ) {
    int year, month, days;
    cout << " 请输入年份：";
    cin >> year;
    cout << " 请输入月份：";
    cin >> month;
    switch (month)
    {
    case 1: case 3: case 5: case 7: case 8: case 10: case 12:
        days = 31; break;
    case 4: case 6: case 9: case 11:
        days = 30; break;
    case 2: if ((year % 4 == 0 && (year % 100 != 0) || (year % 400 == 0)))  days = 29;
     else  days = 28;
     break;
    }
    cout << " 对应满月有 " << days << " 天 " << endl;
    return 0;
}
```

运行程序，输入和输出结果如下：

```
请输入年份：2025↙
请输入月份：2↙
对应满月有 28 天
```

3.3 循环结构

循环结构是指当某个特定的条件为true时，重复执行一条语句（简单语句/复合语句）。这个条件可以是居前定义（如在while和for循环中），也可以是居后定义（如在do-while循环中）。C++中循环控制语句主要有while、do-while和for。

3.3.1 while语句

while语句的一般格式为：

```
while (表达式)
语句
```

其中的语句称为内嵌语句，又称为循环体。圆括号里面的表达式称为循环条件。

while语句的执行过程（如图3-4a所示）为：

1）计算表达式的值，无论表达式为何种类型，均按逻辑值处理。

2）如果值为true，则执行循环体，然后回到步骤1）。

3）如果值为false，则结束while循环（执行后续语句）。

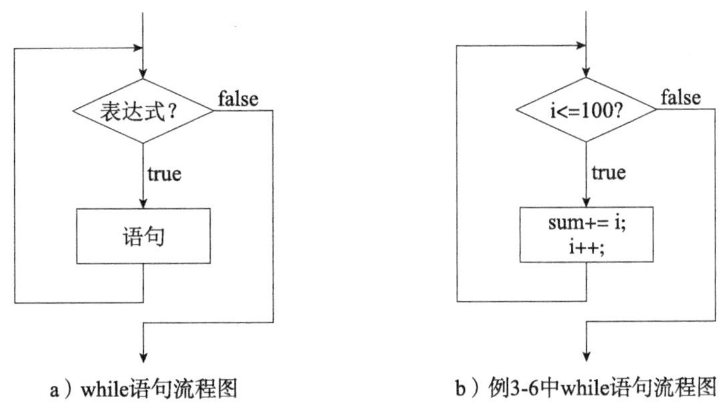

图3-4 while语句执行流程

【例3-6】用while语句计算1+2+3+⋯+100。

```
#include <iostream>
using namespace std;
int main( )
{
    int i=1, sum=0; // 定义变量并初始化
    while (i <= 100)
    {
    sum += i; // 累加求和
    i++; //i 自增 1
    }
    cout << "sum=" << sum << endl; // 输出加和结果，该语句是 while 语句的后续语句
    return 0;
}
```

运行结果如下：

```
sum=5050
```

上述程序中 while 语句的执行流程如图 3-4b 所示。在上述程序中，先做循环前的初始化，分别用 1 和 0 对变量 i 和 sum 初始化；然后判断条件 i<=100 是否为 true，如果为 true 则执行循环体；循环体为一条复合语句，先对 sum 累加求和，再自增 i。然后不断重复地判断循环条件和执行循环体，则 i 值越来越趋近于 100，i<=100 越来越趋近于 false，sum 逐渐累加为 0+1+2+…的结果。当 i 为 100 时，i<=100 仍然为 true，这时 sum 为 0+1+…+100 的结果。而当 i 为 101 时，i<=100 为 false，while 循环结束。可以看出，尽管这里只编写了含有两行语句的循环体，却被重复执行了 100 次。实际上，由于计算机的运算速度很快，上述执行过程瞬间即可完成。

注意：

1）while 语句是在循环开始时检查测试条件（表达式），因此被称为“当型循环”。这就意味着，如果一开始测试条件就为 false，循环体一次也不会被执行。

2）只要“表达式”的值为 true（非 0），就执行循环体。要结束循环，循环体内应该有修改循环条件的语句，或其他终止循环的语句，否则就会形成死循环。

3）如果循环体包含一条以上的语句，必须用花括号对“{}”把它们括起来，以复合语句的形式出现。如果不加花括号，则 while 语句只将第一条语句作为其循环体，这一点与 if 语句类似。

4）如果循环体仅有一条语句，花括号对“{}”不是必须的，但使用它们可以增加程序的可读性，并避免混淆（这里的混淆是对读者而言，与编译器无关）。

注意：初学者经常犯的一个错误就是在 while 的圆括号后面加“;”。例如：

```
while(i <= 100); // 空语句
    sum += i++;
```

当 i<100 时，程序会重复执行空语句而陷入无限循环！这时候 C++ 编译器不会报错，初学者可能会花费很多精力去排错！所以养成良好的编程习惯非常重要。

3.3.2　do-while 语句

在 while 语句中，对循环条件的测试是在循环开始处进行的。而 do-while 语句却不同，它对循环条件的检查放在了循环的末尾。这意味着 do-while 语句的循环体至少被执行一次。其语法格式为：

```
do
        语句
while( 表达式 );
```

该循环结构的执行流程为：先执行一次语句（即循环体），然后判断表达式的值，当表达式的值为 true 时，返回循环开头重新执行循环体，如此反复，直到表达式的值为 false 时停止。do-while 循环又称为“直到型循环”，对应的执行流程如图 3-5a 所示。

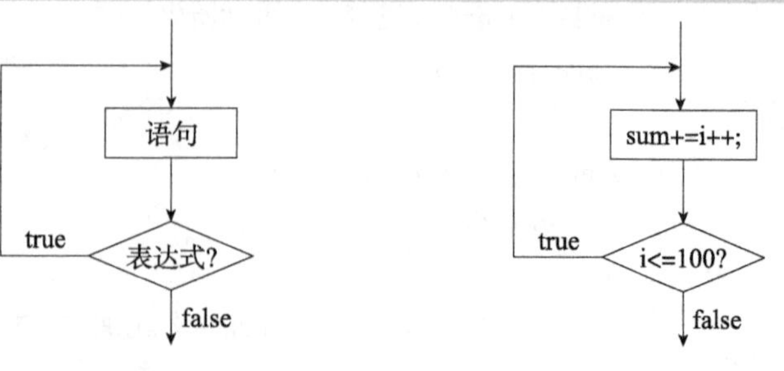

a）do-while语句流程图　　b）例3-7中do-while语句流程图

图 3-5　do-while 语句的执行流程

【例 3-7】用 do-while 语句计算

1+2+3+…+100。

```
#include <iostream>
using namespace std;
int main( )
{
    int i = 1, sum = 0;
    do
    {
        sum +=i;
        i++;
    }while (i <= 100);        // 该分号可不是空语句
    cout<< "sum=" << sum << endl;
    return 0;
}
```

运行结果如下：

```
sum=5050
```

上述程序中 do-while 语句的执行流程如图 3-5b 所示。在 do-while 循环中，不要遗忘 while 后面的分号 “;”（该分号不是空语句），也不要把它与 while 循环使用空语句作为循环体的形式相混淆。

```
while(i++ < 100);      //while 的循环体为空语句
```

当不清楚循环会被重复执行多少次时，可以选择 while 循环和 do-while 循环。

3.3.3　for 语句

在 C++ 语言中，for 语句是最灵活的一种循环语句，它特别适合循环次数固定的情形。for 语句的一般形式为：

for(表达式 1; 表达式 2; 表达式 3)

语句

其参数说明见表 3-1。for 语句的执行过程（如图 3-6a 所示）如下：

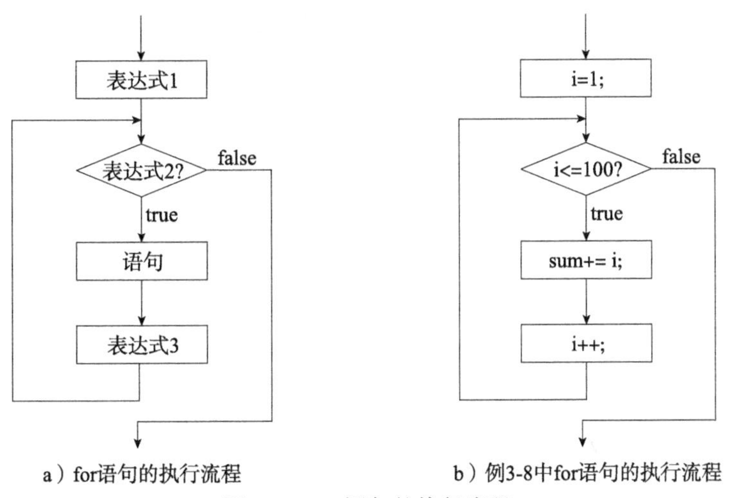

a）for语句的执行流程　　b）例3-8中for语句的执行流程

图 3-6　for 语句的执行流程

1）求解表达式 1。

2）求解表达式 2，若值为 true，则执行 for 语句中的内嵌语句（即循环体），然后执行第 3）步；若值为 false，则结束循环，转到第 5）步。

3）求解表达式 3。

4）转回上面第 2）步骤继续执行。

5）循环结束，执行紧接 for 语句的后继语句。

表 3-1　for 循环语句的参数说明

参数	说明
表达式 1	可选参数。不是循环体的执行部分，它仅仅在进入循环之前被执行一次，通常用于循环控制变量的初始化，所以也称为初始化表达式
表达式 2	可选参数。是循环控制表达式，其值为 true（非 0）时执行循环体，为 false（0）时结束循环
表达式 3	可选参数。跟在“循环体”执行之后执行，也可以看做是循环体的最后一条执行语句，通常用来修改循环控制变量
语句	可以是一条简单语句或复合语句（称为循环体），当满足条件时执行

从 for 语句的执行过程可以看到，它等价于：

```
表达式 1;
while( 表达式 2)
{
    循环体
    表达式 3
}
```

【例 3-8】用 for 语句计算$\sum_{i=1}^{100} i$。

```
#include <iostream>
using namespace std;
int main( )
{
    int i;  // 对 i 的赋值放在了 for 语句中，因此此处无需初始化
    int sum=0;
    for(i=1; i <= 100; i++)
        sum += i;
    cout << "sum=" << sum << endl;
    return 0;
}
```

运行结果如下：

```
sum=5050
```

上述程序中 for 语句的执行流程如图 3-6b 所示。在上述 for 循环中，i 被赋值为 1。测试条件是 i <= 100，满足则执行循环体 sum += i（循环体只含有一条语句，故此省略了花括号对），然后 i++，再次测试条件 i <= 100。重复进行上述过程，直到 i > 100（为 101）时循环结束。在这个例

子中，i 是循环变量，每执行一次循环，i 都发生变化并重新进行检查。

另外，for 语句的一个有趣的特性是循环定义式的三部分是可选的。事实上，其中的任一部分都可以省略，但是它们之间的两个分号均不能省略。

1）表达式 1 可以省略。此时应在 for 语句之前给循环变量赋初值。不过，即使省略表达式 1，其后的分号也不能省略。例如，上面求和运算可等价改写为：

```
i=1;
for(; i<= 100; i++)        // 注意：括号里面的两个分号都不能省略
    sum += i;
```

2）表达式 2 可以省略。即不判断条件（认为表达式 2 始终为 true）。当然，这时候需在循环体中添加跳出循环的控制语句。

例如，求和运算可等价改写为：

```
for(i = 1; ; i++)        // 两个分号不能省略
{
    sum += i;
    if(i >= 100)  break;        // 注意条件表达式中的边界控制，不能是 i>100
}
```

又等价于：

```
for(i = 1; true; i++)        // 两个分号不能省略
{
    sum += i;
    if(i >= 100)   break;        //break 用于退出循环
}
```

此处 break 语句表示退出循环，有关详细解释参见 3.4.1 节。

3）表达式 3 也可以省略，此时程序设计者应另外设法保证 for 循环能正常结束。

例如，求和运算可等价改写为：

```
for(i = 1; ;)        // 两个分号均不能省略
{
    sum += i;
    if(i >= 100) break;
    i++;
}
```

4）三个表达式都可省略。即不设初值，不判断条件，循环变量不增值。

例如，求和运算可等价改写为：

```
i = 1;              // 初始化置前
for(; ;)
{
    sum += i++;        // 循环变量增量
    if(i > 100) break; //break 用于退出循环，注意条件表达式的变化“i>100”
}
```

5）通过使用逗号运算符，for 语句允许两个或两个以上的变量控制循环。

例如，定义 i 和 j 两个循环变量，上面的加和程序又可改写为：

```
int i, j;
for(i = 1, j = 100; i < j; i++, j--)
    sum += i + j;
```

这里，用逗号将两个变量的初始赋值操作隔开，并作为表达式 1。每循环一次，i 自增 1，j 自减 1。当 i 增大到大于或等于 j 时（此时 i=51, j=50），循环退出。不过需要注意的是这种实现方式不具有普遍性（只适合偶数个连续数的求和）。

3.3.4　循环嵌套

所谓循环嵌套，就是在一个循环语句的循环体内又包含了另一个完整的循环语句。

【**例 3-9**】使用两层循环嵌套输出九九乘法表。

```
#include <iostream>
using namespace std;
int main( )
{
    int i, j;
    for (i = 1; i <= 9; i++)        // 外层循环，共执行 9 趟，用于控制行输出
    {
        for (int j = 1; j <= i; j++) // 内层循环，每趟执行 i 次，用于控制列输出
          cout<<j<<"*"<<i<<"="<<j*i<<"\t";
        cout<<endl;
    }
    return 0;
}
```

运行结果如下：

```
1*1=1
1*2=2  2*2=4
1*3=3  2*3=6  3*3=9
1*4=4  2*4=8  3*4=12 4*4=16
1*5=5  2*5=10 3*5=15 4*5=20 5*5=25
1*6=6  2*6=12 3*6=18 4*6=24 5*6=30 6*6=36
1*7=7  2*7=14 3*7=21 4*7=28 5*7=35 6*7=42 7*7=49
1*8=8  2*8=16 3*8=24 4*8=32 5*8=40 6*8=48 7*8=56 8*8=64
1*9=9  2*9=18 3*9=27 4*9=36 5*9=45 6*9=54 7*9=63 8*9=72 9*9=81
```

实际上，3 种循环结构（while 循环、do-while 循环和 for 循环）的表达能力相同，它们可以相互嵌套。

3.4　跳转结构

跳转语句是程序流程控制的补充。C++ 中跳转语句主要有 break、continue、goto 和 return。其中，break 和 continue 可用于循环语句中（break 亦可用于 switch 语句中）。return 语句实现函数返回，而 goto 语句一般情况下不推荐使用。

3.4.1 break 语句

如前所述，break 语句有两种用途：①在 switch 中终止所在 case 子句，跳出 switch 结构，如 3.2.4 节所述；②终止当前所在层的循环，继续执行循环结构的后续语句。

【例 3-10】渔夫的一周，用 break 语句终止循环。

```
#include <iostream>
using namespace std;
int main( )
{
    int day;
    for (day = 1; day <= 7; day++)
    {
        if (day % 3)        // 等价于 day % 3!=0
            break;      // 终止整个 for 循环
        cout <<" 第 "<< day << " 天打渔 !\n";
    }
    return 0;
}
```

请问渔夫在一周时间里有几天在打渔？很明显，该程序运行时无任何输出！这一周时间里渔夫用于打渔的天数为 0。这是因为第一次执行循环体时（变量 day 为 1）break 语句使程序从 for 循环中立即退出，并转到后续语句（return 所在语句）执行，而循环条件 day<=7 没有起到退出循环的作用。

切记，一个 break 语句只能终止所在层的循环！

【例 3-11】青蛙与井，用 break 终止所在循环。井深 5m，青蛙每次跳 2m 高，它有两次机会，每次可以连跳两回，两回所跳的高度可以累加，但跳不出来就会被清零，请问青蛙能否跳出深井？

```
#include <iostream>
using namespace std;
int main( )
{
    int height; // 青蛙所跳的累计高度
    for (int times = 0; times < 2; times++) // 外层 for 循环，青蛙的尝试次数
    {
        int round= 0; // 每一次执行循环时重新初始化为零
        height=0; // 高度清零
        while(1) // 内层 while 循环，条件永远为真
        {
            height += 2;
            cout<< " 当前高度：" << height  << "m" << endl;
            if (++round == 2) break; // 只能终止所在层的循环（while 循环）
        }
```

```
    }
    return 0;
}
```

运行结果如下：

```
当前高度：2m
当前高度：4m
当前高度：2m
当前高度：4m
```

显而易见，根据规则，青蛙将无法从井里跳出来！因为每当连跳两次后（round 为 2 时）就会执行 break 语句，程序将终止所在内层循环的执行而回到外层循环，所跳高度被清零。可以看出，外层循环的执行丝毫不受内层循环中 break 语句的影响。

3.4.2　continue 语句

continue 语句只能用在循环语句中跳出本次循环，即当程序执行到 continue 语句时，将跳过本次循环（尚未执行）的剩余语句，重新回到循环开头。至于下一次循环能否执行，取决于循环条件是否得到满足。【例 3-10】程序中，只把 break 换成 continue，所有其他代码不变，看下渔夫在新一周的表现。

【**例 3-12**】渔夫的新一周，用 continue 终止本次循环。

```
#include <iostream>
using namespace std;
int main( )
{
    int day;
    for (day = 1; day <= 7; day++)
    {
        if (day % 3)        // 等价于 day % 3!=0
            continue; // 终止本次循环，即跳过循环体的剩余语句，重新回到循环的开头
        cout <<" 第 "<< day << " 天打渔 !\n";
    }
    return 0;
}
```

运行结果如下：

```
第 3 天打渔!
第 6 天打渔!
```

可以看到，当用关键词 continue 替换 break 后，渔夫在新的一周不再无所事事，而是有 2 天在打渔！当变量 day 的值为 1、2、4、5、7 时，if 的条件为真，程序执行 continue 语句，终止当次循环，即跳过 continue 之后的语句，回到循环的开头，重新测试循环条件。而每当变量 day 的值为 3 和 6 时，渔夫才“打渔”！。

这里主要是为了演示 continue 的使用。实际上，本例可以有更简洁的解决方案，即将 for 的循环体改写成如下形式：

```
        if (day % 3==0)  //day 能够被 3 整除
```

```
cout <<" 第 "<< day << " 天打渔 !\n";
```

总之，在循环语句里，continue 语句只终止本次循环，而 break 语句则是终止所在层的整个循环。此外，break 语句和 continue 语句很少单独出现在循环语句中，绝大多数情况下都是与选择语句配合使用。

3.4.3　goto 语句

在程序设计时，并不推荐使用 goto 语句。这是因为 goto 语句容易造成程序混乱，降低可读性，另外它还阻止某些编译器的优化。但由于 C++ 可用作替代汇编语言，所以 goto 语句还是不可或缺的。

goto 语句要求有一个标号。标号是一个后面跟有冒号的有效标识符。标号必须与使用它的 goto 语句在同一函数中，即不能在不同函数之间跳转。goto 语句的一般形式为：

```
goto label;
label: 语句
```

其中，label 为标号，既可以放在 goto 语句的前面，也可以放在 goto 语句的后面。例如，利用 goto 语句配合标号也可以实现计算 1+2+…+100：

```
i = 1; sum = 0;
looplabel:      // 标号，其命名遵从标识符命名规则
sum += i++;
if(i <= 100) goto looplabel;
```

当要从多重循环内部直接跳转到循环之外时，如果用 break 语句，则需要使用多次，而且可读性差，这时 goto 语句可以发挥作用。

3.4.4　return 语句

return 语句用来明确从函数中的返回。C++ 将它归入跳转结构，因为它使程序返回到（即跳回到）调用函数（主调函数）的地方继续执行。return 带回的数值即为函数的返回值。有关 return 的详细讨论请参见第 4 章。

3.5　应用实例

【**例 3-13**】百钱买百鸡。已知公鸡一只 5 钱，母鸡一只 3 钱，小鸡 3 只一钱，现在要用 100 钱购买 100 只鸡，问公鸡、母鸡、小鸡各为多少？

解决这个问题无法使用代数方法，可以使用“枚举法”来求解。所谓枚举法，就是把问题的解的各种可能组合全部罗列出来，并判断每一种可能组合是否满足给定条件。若满足给定条件，就是问题的解。

假定用整型变量 cocks、hens 和 chickens 分别表示公鸡、母鸡和小鸡的数量。根据题意可知，cocks 的取值范围为 [0, 20]，hens 的取值范围为 [0, 33]，chickens 的取值范围为 [0, 100]。所以可以用第一次层循环控制 cocks 从 0 到 20 变化，第二层循环控制 hens 从 0 到 33 变化，第三层循环控制 chickens 从 0 到 100 变化，然后在最内层循环中判断三个条件是否同时满足，若满足就输出 cocks、hens 和 chickens 的组合。需要注意 chickens 一定要是 3 的倍数，否则就不满足题意。

程序代码如下：

```
#include <iostream>
```

```
using namespace std;
int main( )
{
    int cocks, hens, chickens;
    cout << " 公鸡 \t 母鸡 \t 小鸡 \n";
    for(cocks = 0; cocks <= 20; cocks++)  // 枚举公鸡的数量，最多 20 只
        for (hens = 0; hens <= 33; hens++)   // 枚举母鸡的数量，最多 33 只
            for(chickens = 0; chickens <= 100; chickens++)  // 枚举小鸡的数量，最多 100 只
                if (chickens % 3 == 0      // 小鸡的数量是 3 的倍数
                    && cocks + hens + chickens == 100  // 加起来是 100 只鸡
                    && 5 * cocks + 3 * hens + chickens / 3 == 100) // 加起来 100 钱
                    cout << cocks << "\t" << hens << "\t" << chickens << endl;
    return 0;
}
```

运行结果如下：

```
公鸡      母鸡      小鸡
 0        25        75
 4        18        78
 8        11        81
12         4        84
```

循环体执行了（21 × 34 × 101）次 =72114 次。

在枚举法中，枚举对象的选择非常重要，它将直接影响算法的时间复杂度。选择适当的枚举对象可以获得更高的效率。同样，约束条件的确定也非常重要，如果约束条件不对或者不全面，就枚举不出正确的结果。

在本题中，由于 3 种鸡的总和是固定的（100），因此只要枚举两种鸡的数量（cocks, hens），第三种鸡的数量（chickens）就可以依据约束条件直接求得（chickens=100−cocks−hens），这样就缩小了枚举范围使得程序从三重循环减少到两重循环。之所以选择 chickens 是因为其变化范围大，优化效果好。

第一次改进后的程序代码如下：

```
#include <iostream>
using namespace std;
int main( )
{
    int cocks, hens, chickens;
    cout << " 公鸡 \t 母鸡 \t 小鸡 \n";
    for(cocks = 0; cocks <= 20; cocks++) // 枚举公鸡的数量，最多 20 只
        for (hens = 0; hens <= 33; hens++) // 枚举母鸡的数量，最多 33 只
        {
            chickens = 100 - cocks - hens; // 依据约数条件，计算得到小鸡的数量
            if (chickens % 3 == 0 && 5 * cocks + 3 * hens + chickens / 3 == 100) // 满足两个约束条件
                cout << cocks << "\t" << hens << "\t" << chickens << endl;
```

```
    }
    return 0;
}
```

循环体执行了（21×34）次=714 次。

实际上，如果能从数学角度进一步优化算法，则程序的效率还能继续提高。根据题意，约束条件 5*cocks+3*hens+chickens/3=100，cocks+hens+chickens=100 可以消去未知数 chickens，得到 7*cocks+ 4*hens=100，cocks+hens+chickens=100。于是，只需要枚举公鸡数量 cocks（最多 14 只），根据约束条件就可以求得 hens 和 chickens。

第二次改进后的程序代码如下：

```
#include <iostream>
using namespace std;
int main( )
{
    int cocks, hens, chickens;
    cout << " 公鸡 \t 母鸡 \t 小鸡 \n";
    for(cocks =0; cocks <=14; cocks++) // 枚举公鸡的数量，最多为 14 只
    {
        if ((100-7*cocks) % 4 ==0)  // 100-7*cocks 是 4 的倍数
        {
            hens = (100 - 7 * cocks) / 4; // 求得母鸡的数量
            chickens = 100 – cocks - hens;
            if (chickens % 3 == 0)  // 小鸡的数量是 3 的倍数
                cout << cocks << "\t" << hens << "\t" << chickens << endl;
        }
    }
    return 0;
}
```

循环体执行了 15 次，优化效果明显。

枚举法的特点是思路简单，但运算量大。当问题的规模变大，循环嵌套层数增多，执行速度就会变慢。如果枚举范围太大，在时间上可能就难以忍受，所以应尽可能对枚举法进行优化。

【例 3-14】判断（正）整数是否为素数。

分析：所谓素数，就是除了 1 和它本身之外没有其他约数的正整数。要判断正整数 m 是否为素数，最简单的方法是根据定义进行测试，即用 2、3、…、m-1 逐个去除 m。若其中没有一个数能整除 m，则 m 为素数；否则，m 不是素数。

数学上可以证明，若所有小于等于$\sqrt{m}$的正整数都不能整除 m，则大于$\sqrt{m}$的数也一定不能整除 m。因此，判断一个数 m 是否为素数时，可以缩小测试范围，只需在$2\sim\sqrt{m}$之间检查是否存在 m 的约数。如果所有$\left[2,\sqrt{m}\right]$区间内的整数都不是 m 的约数，则 m 就一定是素数。否则，只要找到一个约数，就说明 m 肯定不是素数。

```
#include <iostream>
```

```
#include <cmath> // 数学库头文件
using namespace std;
int main( )
{
    int i, k, num;
    cout << " 请输入一个正整数：\n";
    cin >>num;          // 第 7 行
    k = int(sqrt(double(num))); // 计算 num 的二次方根作为测试上界
    i = 2;
    while (num % i && i <= k)  //num 不能被 i 整除，并且 i 小于等于 k
        i++;
    if (i > k)
        cout <<num<< " 是素数 ";
    else
        cout <<num<< " 不是素数 ";
    return 0;  // 第 15 行
}
```

运行结果如下：

```
请输入一个正整数：23↙
23 是素数
```

如果 while 循环发现某个 i 能够整除 num，则其条件表达式的值为 false，就退出 while 循环，此时 i 的值一定小于等于 k。紧随其后的 if 语句通过判断变量 i 与 k 的大小关系来确定 num 是否为素数。

注意，上述代码对大于或等于 2 的整数的测试结果都是正确的，但是当输入的整数是 1 时，程序运行结果的是“1 是素数”，这显然是错误的。做法之一是在第 7 行之后加入如下判断代码：

```
if(num == 1)
{
    cout<<x<<" 不是素数 ";
    return 0;
}
```

当然，一般情况下不会判断 1 是否是素数（很显然不是！）。但是从本例可以看出，要想测试程序的绝对正确性是一件很困难的事情，需要穷尽所有的可能情况，这在现实应用中往往很难做到。一种常用的测试方法就是多找一些极端的边界数据进行广泛测试。

【**例 3-15**】使用循环语句输出 300～500 范围内的所有素数。

```
#include <iostream>
#include <cmath>
using namespace std;
int main( )
{
    int num, k, i, counter = 0;   // num 为待测试的数，在 300～500 范围内，counter 为素数计数器
    for (num = 301; num < 500; num += 2)       // 除 2 以外的其他偶数都不是素数，因此这里只测
```

```
                                                    试奇数
        {
            k = int(sqrt(double(num)));        // 计算 num 的算术二次方根
            i = 2;
            while (num % i && i <= k)
                i++;
            if (i > k)
            {
                cout << num<< "\t";
                counter++; // 计数器增 1
                if (counter % 10 == 0) // 控制每行输出 10 个素数
                    cout << endl;
            }
        }
        return 0;
    }
```

运行结果如下：

```
307  311  313  317  331  337  347  349  353  359
367  373  379  383  389  397  401  409  419  421
431  433  439  443  449  457  461  463  467  479
487  491  499
```

本例中使用了循环嵌套（两重循环）。外层循环变量 num 扫描 300～500 之间的所有奇数。在内层 while 循环结束之后，使用 if 语句判断内层循环是否正常终止，如果是正常终止，则变量 i 的值大于 k（实际上等于 k+1），说明当前 num 是素数，这时将 num 输出，同时素数计数器 counter 自增 1；否则，变量 i 的值会小于等于 k，说明当前 num 不是素数。可以看出，外层循环的循环体来自于【例 3-14】。这可以看做是简单的“代码复用”，后续第 4 章将把判断素数操作封装成一个单独的函数。

【例 3-16】用公式$\frac{\pi}{4}=1-\frac{1}{3}+\frac{1}{5}-\frac{1}{7}+\cdots$计算圆周率π的近似值，直到最后一项的绝对值小于$10^{-8}$为止。

分析：

1）分析数列的通项：数列的第 1 项是 1，第 2 项是$-\frac{1}{3}$，…，第 n 项是$(-1)^{n-1}\frac{1}{2n-1}$。发现规律：第n项与第$n-1$项的关系为符号相反，分母加 2。

2）依据给定的公式，先求$\frac{\pi}{4}$，然后求π（乘以 4 即可）。

根据前后项的关系，可以设计一个循环结构，每次将前项的分母加 2，符号取反，即可求得后项。第一项的分母是 1，符号变量是 1（代表正号）。根据该思路，先求出$\frac{\pi}{4}$，再计算 π 的值。

```
#include <iostream>
#include <cmath>
#include <iomanip>      // 格式控制头文件，请参见第 13 章
using namespace std;
int main( )
{
    double sum = 0;          // 初始化为 0
    double x = 1;            // 代表其中的通项
    doublek = 1;        // 通项的分母
    int sign = 1;            // 通项的符号变量，在正负 1 之间交替变化
    while (fabs(x) > 1e-8) //fabs 是计算绝对值的库函数
    {
        sum += x;          // 累加求和
        k += 2;          // 分母加 2
        sign *= -1;          // 符号取反
        x = sign/k;          // 新的通项
    }
    sum *= 4;          // 计算 π 值
    cout << " π ="
    << setiosflags(ios::fixed) // 固定精度
    << setprecision(8)          // 显示到小数点后 8 位数字
    << sum << endl;
    return 0;
}
```

运行结果如下：

```
π =3.14159265
```

3.6　小结

选择结构包括 if 和 switch 语句。在 if 语句中，else 子句为可选项，其不能单独出现。if 和 if-else 语句可以组成嵌套的 if 语句。switch 语句适合处理多分支情况。一般情况下，分支不多时使用 if 语句，分支较多时考虑使用 switch 语句。

循环结构包括 while、do-while 和 for 语句。三种语句在表达能力上完全等价，只是在使用形式上有差异，一般情况下都可以互相替代。while 属于前测试循环语句，因为它要先判断循环的条件是否成立，而 do-while 属于后测试循环语句，因为它是先执行一次循环体，然后才判断循环的条件是否成立。for 循环语句又称为计次循环语句，多用于循环次数已知的情况，在实际应用中使用的最为广泛。

广义的跳转结构包括分支和选择结构，狭义的跳转结构有 break、continue、goto 和 return 等语句。其中，break 用于终止所在的循环或者退出 switch 语句；continue 用于中止本次循环剩余语句的执行，并开始下一次循环的判断。goto 语句一般不推荐使用，而 return 语句主要用于函数返回，将在下一章对其进行详细介绍。

习 题

1. 选择题

（1）已知 int i = 0, x = 1, y = 0;，在下列选项中，使 i 的值变为 1 的语句是（　　）。

A. if(x && y) i++　　B. if(x == y) i++;

C. if(x | y) i++;　　D. if(!x) i++;

（2）假设 i=1，执行下列语句后 i 的值为（　　）。

```
switch (i)
{
case 1: i++;
case 2: i--;
case 3: ++i; break;
case 4: --i;
default: i++;
}
```

A. 1　　B. 2　　C. 3　　D. 4

（3）已知 int i = 0, x=0;，在下面的 while 语句执行时循环次数为（　　）。

```
while(!x && i < 3) {x++; i++;}
```

A. 1　　B. 2　　C. 3　　D. 4

（4）C++ 语言中 while 和 do-while 循环的主要区别是（　　）。

A. do-while 的循环体至少无条件执行一次

B. while 的循环控制条件比 do-while 的循环控制条件更严格

C. do-while 允许从外部转到循环体内

D. do-while 的循环体不能是复合语句

（5）下面 for 语句执行的循环次数为（　　）。

```
int i, j;
for (i = 0, j = 5; i = j)
{cout << i <<j << endl; i++; j--;}
```

A. 0　　B. 5　　C. 10　　D. 无限

2. 编程题

（1）编程计算数学上的符号函数：

$$y=\begin{cases}1 & x>0\\ 0 & x=0\\ -1 & x>0\end{cases}$$

（2）编写一个程序，通过输入的年份，判断是否为闰年。

（3）编程求三个数中最小数，要求用户输入三个数，显示其中的最小值。

（4）编程计算一元二次方程 $ax^2+bx+c=0$ 的解，考虑各种可能情况。

（5）编写程序，输入月份（1～12），输出其英文名称和天数。

（6）输入一个百分制成绩（double 型），要求输出成绩等级 'A'，'B'，'C'，'D'，'E'。90 分以

上为 'A'，80～90 分为 'B'，70～79 分为 'C'，60～69 分为 'D'，60 分以下为 'E'。

（7）编程计算 n!。n 由用户输入，输入的 n 不合法时给出错误提示。

（8）输入 n（$n<13$），计算 $1!+2!+\cdots+n!$。

（9）求 100 以内能同时被 3 和 5 整除的奇数。

（10）给出一个不多于 5 位的正整数，（1）求它是几位数，（2）分别打印出每位数字，（3）按逆序打印出各位数字。

（11）对于一个整数 num，逆向输出其各位数字，同时求出其位数以及各位数字之和。

（12）分别使用 while，do-while 语句打印输出九九乘法表。

（13）求正整数 n 的阶乘 $n!$，其中 $1<=n<=13$。

（14）使用循环语句，对 cos(x) 多项式求和。

$$\cos(x)=1-\frac{x^2}{2!}+\frac{x^4}{4!}-(-1)^{n+1}\frac{x^{2n-2}}{(2n-2)!}+\cdots$$

（15）一个整数如果是另一个整数的完全二次方，那么就称该数为完全二次方数，如 0、1、4、9、16、…。要求不允许使用开二次方函数 sqrt( )，计算输出 100 以内的所有完全二次方数。

（16）回文数的概念：即是给定一个数，这个数顺读和逆读都是一样的。例如：121，1221 是回文数，123，1231 不是回文数。编程实现回文整数的判断。

（17）输出所有的“水仙花数”。所谓“水仙花数”是指一个 3 位数，其各位数字的三次方之和等于该数本身。例如，153 是一个水仙花数，因为$153=1^3+5^3+3^3$。

（18）求 1000 之内所有的“完数”。所谓的“完数”是指一个数恰好等于它的所有因子之和。例如，6 是完数，因为 6=1+2+3。

（19）猴子吃桃问题。猴子第 1 天摘了若干个桃子，当即吃了一半，还不解馋，又多吃了一个；第 2 天，吃剩下的桃子的一半，还不过瘾，又多吃了一个；以后每天都吃前一天剩下的一半多一个，到第 10 天想再吃时，只剩下一个桃子。问第一天共摘了多少个桃子？

（20）盒子中放有 12 个球，其中 3 个红球，3 个白球，6 个黑球，从中任取 6 个球，问其中至少有一个球是红球的取法有多少种？输出每一种具体的取法。

（21）张三说李四说谎，李四说王五说谎，王五说张三和李四都说谎。判断 3 人中到底谁真谁假。

（22）两个乒乓球队进行比赛，各出三人。甲队为 a、b、c 三人，乙队为 x、y、z 三人。已抽签决定比赛名单。有人向队员打听比赛的名单。a 说他不和 x 比，c 说他不和 x、z 比，请编程找出三对赛手间的对阵情况。

第 4 章　函数

在程序中引入函数是软件技术发展史上重要的里程碑之一，它标志着软件模块化和软件重用的真正开始。在设计程序时把一个复杂问题按照功能划分为若干个相对独立的功能模块，每个模块完成一个确定的功能，在这些模块间建立必要的联系，互相协作共同完成整个程序的功能，这种方法称为模块化程序设计。在 C++ 中，可以用函数体现这些功能模块。函数编制好之后，就可以被重复使用。使用时只关心函数的功能和对外接口，而不必关心其内部实现，这样不仅有利于代码重用，提高开发效率，增强程序的可靠性，也便于分工协作和调试维护。

本章主要讲述函数的定义与调用，函数的参数传递和返回值，函数的嵌套调用和递归调用，函数重载，函数模板，变量的存储类别与作用域以及预处理指令等内容。

4.1　模块化程序设计

4.1.1　函数的概念

函数是程序设计的重要工具。C++ 中的函数是封装好的带有名字的一段程序，该段程序能够完成一定的功能。函数定义好之后，可以通过函数名字来使用，称为函数调用。调用者只关心函数能做什么，而不关心其内部实现。函数有两个重要作用：一是任务划分，即把一个大而复杂的任务划分为若干个简单的小任务，便于分工和处理，也便于验证程序的正确性；二是软件重用，即把一些功能相同或相近的程序段独立编写成函数，实现一次定义，多次调用，有效减少代码冗余，提高编程效率。

4.1.2　模块化程序设计引例

假定需要计算 1～10、20～35、66～99 的所有整数和，当然可以创建一个程序来累加这三个整数集合，如下所示。

【例 4-1】三个整数集中元素的总和，基本实现。

```
#include <iostream>
using namespace std;
int main( )
{
    int sum = 0; // 存放总和
    int i; // 循环变量，没有被初始化
    for(i=1; i <= 10; i++)  // 计算 1～10 的和
        sum += i;
    for(i=20; i <= 35; i++) // 累加 20～35 的和
        sum += i;
    for(i=66; i <= 99; i++) // 累加 66～99 的和
        sum += i;
```

```
    cout<<" 三个整数集的总和："<<sum;
    return 0;
}
```

运行结果如下：

```
三个整数集的总和：3300
```

然而，通过观察上述程序，可以发现其中三段求和代码非常相似，区别仅在于循环变量的起点和终点不同。如果能够将这些共用代码编写一次而多次重复调用，岂不是更好？实际上，针对上述问题，可以通过引入自定义函数 sumSeries( ) 达到简化程序设计，实现代码复用的目的。

【**例 4-2**】三个整数集中元素的总和，模块化实现。

```
#include <iostream>
using namespace std;
int sumSeries (int start, int end); //sumSeries( ) 函数声明
int main( )
{
    int sum = 0;
    sum += sumSeries (1, 10); //sumSeries( ) 函数第一次调用，实参分别为 1,10
    sum += sumSeries (20, 35); //sumSeries( ) 函数第二次调用，实参分别为 20,35
    sum += sumSeries (66, 99); //sumSeries( ) 函数第三次调用，实参分别为 66, 99
    cout<<" 三个整数集的总和："<<sum;
    return 0;
}
//sumSeries( ) 函数定义
int sumSeries (int start, int end)
{
    int result = 0;
    for(int i = start; i <= end; i++)
        result += i;
    return result;
}
```

可以看出，上述程序通过定义一个 sumSeries( ) 函数，并在 main( ) 函数中进行了三次独立调用，每次传递不同的实参值实现了三个整数集的加和。与前一个程序相比，本程序的结构更清晰，代码复用度更高。

4.1.3　函数的分类

函数的分类方法有很多，根据函数的来源，可以将函数分为自定义函数和库函数两类。自定义函数是用户根据需要自行编写的。在程序设计中，如果经常使用一个功能或一段代码，就可以把它编写成函数，在需要时直接调用它们。例如，上述程序的 sumSeries( ) 就是自定义函数。

库函数是指在函数库中已定义的函数。它由系统提供，在设计程序时可以直接使用。C++ 提供了较为丰富的库函数，这些库函数分布在不同的函数库中。在使用库函数时，首先应在程序的开头将该库函数所对应的头文件包含进来。例如，通过以下的头文件包含：

```
#include <cmath>
```

就可以在程序中调用数学函数库中的库函数了。

例如，下面的语句调用了计算正弦的函数。

```
cout<<sin(3.5);
```

4.2 函数定义与声明

作为一个命名的程序代码块，函数是完成特定操作的功能单位。如前所述，C++ 已经提供了丰富的库函数，但在实际程序设计中，程序员往往还可以根据需要编写自定义函数。为此，应该先自定义函数，然后就可以像使用库函数一样使用它。定义一个函数就是编写实现函数功能的代码块。

4.2.1 函数的定义

在 C++ 中，定义函数的一般形式为

```
返回类型 函数名 ( 形式参数表 )
{
语句序列
}
```

一个函数由函数头部（又称为函数原型）和包围在一对花括号中的函数体两部分组成。

1）返回类型（函数类型）是函数返回表达式的值的类型，简称为类型。它可以是各种基本数据类型、结构类型或类类型（详见第 7～8 章）。

函数的返回值是通过函数中的 return 语句获得的。

如果需要从被调用函数带回一个函数值（供主调函数使用），被调用函数中必须包含 return 语句。一个函数中可以有一个以上的 return 语句。在函数被调用执行时，只要遇到一个 return 语句，就将忽略函数体中的剩余代码，立刻返回到主调函数。

如果函数类型和 return 语句中表达式的值的类型不一致，则以函数类型为准。对数值型数据将自动进行类型转换。

当一个函数没有返回值时，返回类型必须用 void 说明，这时函数体中可以没有 return 语句，也可以用带有分号的 return 语句返回，其形式如下：

```
return ;
```

表明函数没有返回值，而只把流程转向主调函数。

2）函数名是程序设计者为该函数指定的名称。函数名应遵循标识符命名规定，为提高程序的可读性，应该选取有助于记忆的名字。

3）形式参数表是用逗号分隔的参数说明列表，简称形参表。形参用来在函数调用时接收从主调函数那里传递过来的数据。当有多个形参时，由逗号分隔各个参数类型和参数名。

形式参数表的一般形式为：

```
类型形参 1, 类型形参 2, …, 类型形参 n
```

如果函数没有形参，形参表为空或者填写关键字 void，但函数名后的圆括号对“( )”不能省略。

函数头部下面最外层的一对花括号“{}”括起来的若干条语句是函数体。函数体内的语句决定该函数的具体功能。函数体实际上是一条复合语句，因此可以保持为空，即空语句。

例如，在【例 4-2】中定义了一个名为 sumSeries( ) 的函数，该函数有 2 个形参 start 和 end，类型均为 int，返回类型也是 int 型。其函数体通过 for 循环累加计算从 start 到 end 间所有的整数之和，最后用 return 语句返回求和结果。

注意，如果多个参数具有相同的类型，则其类型仍然需要重复声明，不能省略。例如：

```
int sumSeries (int start, end);          // 错误，不可简写
int sumSeries (int start, int end);      // 正确，各个参数类型必须重复声明
```

此外，形参表中不能出现同名参数。

C++ 要求所有函数都是平行定义。即在一个函数定义的内部不允许再定义其他函数，也就是说 C++ 不允许嵌套定义函数。但是在一个函数定义（函数体）中可以对其他函数进行调用或引用声明。

4.2.2　函数声明与函数原型

在 C++ 中，对多个函数间的定义顺序不作要求，但要满足“先定义后使用”的原则。对于标准库函数，用 #include 指令将所需的头文件包含进来即可；对于用户自定义函数，要么在调用之前定义，要么在调用之前进行函数声明（function declaration）。

函数原型（functionprototype）是函数的声明。作用是告诉编译器有关函数接口的信息：函数名、返回值类型、形参个数、形参类型和形参的顺序，编译器根据函数原型检查函数调用的正确性。

函数可以在其调用之前，按如下形式进行声明：

```
返回值类型函数名 ( 形参表 );
```

可以看出，函数声明只比函数头多了一个分号。

例如，【例 4-2】中的 sumSeries( ) 函数原型为：

```
int sumSeries (int start, int end);
```

实际上，函数声明中形参的名字也可以省略。这是因为函数声明的意义在于验证函数调用时实参与形参的一致性，而不关心形参的具体名字，只要指明形参的类型、顺序及个数就足够了。当然，如果是无参函数，则形参表为空，但一对圆括号不能省略。例如，sumSeries( ) 函数对应的函数声明可以简写为：

```
int sumSeries (int, int);
```

这表示 sumSeries( ) 函数具有 2 个 int 型形参，返回 int 型结果。

当然，可以对同一函数的声明和定义中的形参指定不同的名字。不过这样做虽然在语法上是正确的，但会降低程序的可读性。

函数定义和函数声明的比较：

1）函数定义和函数声明不同。定义是对函数功能的确立，包括指定函数名、返回值类型、形参名及其类型、函数体等，它是一个完整、独立的函数单位。而声明的作用则是在尚未见到函数定义的情况下，提前将该函数的基本信息（函数的类型、名称和参数）通知编译系统，以保证编译过程的正常进行。

2）如果被调用函数的定义出现在主调函数之前，可以不必进行声明。因为编译系统已经事先掌握了函数的信息，会根据函数定义对函数调用进行相关检查。

3）函数声明的位置可以位于主调函数的内部，也可以位于主调函数之外。如果函数声明放在主调函数的外部，且在所有函数调用之前，则在各个主调函数中不必对所调用函数再做声明。

注意：当函数定义较多时，一般的习惯是提前进行函数声明，而将函数的定义放在主函数之后。

4.3 函数调用

除了 main 函数之外，其他函数都不能自动执行。它们都必须被 main 函数直接或间接调用才能实现其功能。调用其他函数的函数称为主调函数，被其他函数调用的函数称为被调函数。一个函数很可能既调用别的函数又被另外的函数调用，即它可能在一个调用中充当主调函数，而在另一个调用中充当被调函数。

4.3.1 函数调用的概念

函数调用的一般形式为：

```
函数名 ( 实参表 )
```

函数名是要调用函数（被调函数）的名称。实参表是一个表达式列表。实参与形参要顺序一致、类型匹配（相同或赋值兼容）、个数相同。实参与形参按顺序一对一地传递数据，各实参间用逗号隔开。如果被调函数是无参函数，则无需传递实参，但一对圆括号不能省略。

【例 4-2】中的 sumSeries( ) 函数有 2 个 int 类型的形参，因此对于以下函数调用都会导致编译错误。

```
sumSeries ("CHINA", "USA");        // 错误，参数类型不匹配
sumSeries (56789);                 // 错误，实参个数不足
sumSeries (86, 3, 90);             // 错误，实参个数过多
```

如果实参与形参的类型不同，则可能需要把实参类型转换成对应形参的类型。例如，虽然求二次方根的库函数 sqrt( ) 的函数原型为：double sqrt(double x); 但如下语句仍然能够顺利执行：

```
cout<<sqrt(4);
```

上述语句先隐式地将 int 类型的 4 强制转换为 double 类型的 4.0，然后再调用 sqrt( )，所以能正确地求出 sqrt(4) 的值为 double 类型的 2.0。一般来说，与函数原型中形参类型不完全相符的实参值都将被隐式转换为正确类型之后才能进行函数调用。

说明：个别 C++ 编译器会把 sqrt(4) 函数调用视为语法错误。正确的写法应为 sqrt(double(4)) 或者 sqrt(4.0)。

将较高类型的数值转换为较低类型时可能导致损失精度。例如，在【例 4-2】中由于 double 型的值可以转换为 int 型的值，如果两个实参都是 double 型，则系统自动将 double 型转换为 int 型。

```
sumSeries (6.62, 8.13);            // 合法，实参被转换为整数 6 和 8
```

注意，如果实参表中有多个实参，对实参求值的顺序并不是确定的。例如，若变量 i 的值为 3，有以下函数调用：

```
sumSeries (i, ++i);
```

如果按自左至右的顺序计算，则函数调用相当于 sumSeries (3, 4)，若按自右至左的顺序，则相当于 sumSeries (4, 4)，因此上述写法应尽量避免。实际上，许多 C++ 编译器（如 Visual C++ 和 GCC）是按自右至左的顺序进行求值。

函数调用可以出现在表达式中，这种情况下要求被调函数有返回值并参与表达式的计算。例如：

```
sum+=sumSeries (1, 10);
```

当然，对于不需要返回值的函数调用，可以单独构成函数调用语句。例如：

```
sumSeries (1, 10);
```

【**例 4-3**】调用函数时实参与形参间的数据传递。

```
#include<iostream>
using namespace std;
int main( )
{
    int sumSeries (int, int);  //sumSeries( ) 函数原型，省略了形参名，第 5 行
    int sum = 0;
    sum = sumSeries (1, 10);  //sumSeries( ) 函数调用，实参分别为 1, 10，第 7 行
    cout<<"1+2+…+10=" << sum << endl;
    return 0;
}
int sumSeries (int start, int end) // sumSeries( ) 函数定义，start 和 end 为形参，第 11 行
{
    int result = 0;
    for(int i = start; i <= end; i++)
        result += i;
    return result;
}
```

运行情况如下：

```
1+2+…+10=55
```

程序中第 11～17 行定义了 sumSeries( ) 函数，start 和 end 是 sumSeries( ) 函数的形参。第 7 行是一条函数调用语句，其中 1 和 10 是实参，1 传值给了形参 start，10 传值给了形参 end。由于 sumSeries( ) 的函数定义靠后，而其调用靠前，因此第 5 行进行了函数声明。

在进行函数调用时，先计算每个实参的值，并将实参的值复制给被调函数的对应形参，然后再执行被调函数。被调函数执行完毕，返回主调函数继续后续执行。如果被调函数有返回值，系统从被调函数返回到主调函数时，会将返回值返给主调函数，主调函数可以使用该值进行后续操作；如果被调函数没有返回值，则直接返回主调函数，继续后续操作。图 4-1 所示为调用 sumSeries( ) 函数调用的执行过程。

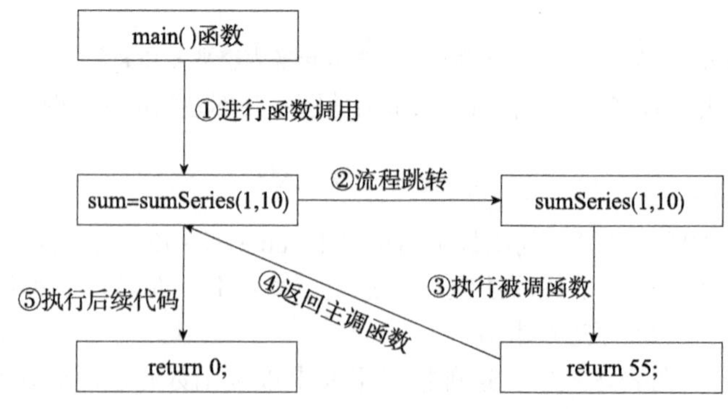

图 4-1　sumSeries( ) 函数调用的执行过程

有关形参与实参的说明：

1）在定义函数时指定的形参，在没有进行函数调用时，它们并没有被创建，因此并不占内

存单元。只有在发生函数调用时，形参才被创建并且分配内存单元，以便接收从实参传来的数据。在函数调用结束后，形参所占的内存单元将被释放。

2）在调用函数时接在函数名后的参数是实参。实参可以是常量、变量或表达式，例如：

```
sumSeries (3, a+b);
```

但要求 a 和 b 有确定的值，以便在调用函数时将实参的值传递给形参。

4.3.2 函数的传值调用

在调用带参数的函数时，需要进行参数传递。参数传递提供了主调函数与被调函数传递信息的渠道。C++ 中的参数传递一般采用的是传值（call by value）方式，即只是参数值的复制（将实参的值复制了一份给形参）。因此，被调函数执行时，只能访问形参对应的内存单元（存放了实参的值），而不能直接访问实参对应的单元，因而无法直接改变实参的值。

【例 4-4】被调函数试图修改实参的值。

```
#include <iostream>
using namespace std;
void interchange(int, int );        // interchange( ) 函数原型声明
int main( )
{
    int m = 10, n = 20;
    cout << " 调用函数之前（实参）：" << "m=" << m << ", n=" << n << endl;
    interchange(m, n);    // interchange( ) 函数调用
    cout << " 调用函数之后（实参）：" << "m=" << m << ", n=" << n << endl;
    return 0;
}
void interchange(int x, int y)// interchange 函数定义
{
    cout << " 交换之前（形参）：" << "x=" << x << ", y=" << y << endl;
    int temp;
    temp=x;
    x=y;
    y=temp;
    cout << " 交换之后（形参）：" << "x=" << x << ", y=" << y << endl;
}
```

运行结果如下：

```
调用函数之前（实参）：m=10, n=20
交换之前（形参）：x=10, y=20
交换之后（形参）：x=20, y=10
调用函数之后（实参）：m=10, n=20
```

可以看出，函数调用之后实参 m 和 n 的值并没有被交换，这是因为 main( ) 函数在执行 interchange(m, n) 时，是把实参 m 和 n 的值单向传递（复制）给了形参 x 和 y（注意，实参 m，n 与形参 x、y 是不同的变量，都有各自不同的存储单元），interchange( ) 函数中交换的也只是 x 和 y 这两个形参（即局部变量）的值；当 interchange( ) 函数执行完毕后返回主调函数（main( ) 函

数）继续后续执行。此时形参 x 和 y 这两个局部变量因为超出了其作用域（interchange( ) 函数内）而被销毁。可见，在整个 interchange( ) 函数执行过程中，形参 x 和 y 的改变丝毫不会影响到主调函数中实参 m 和 n 的值。虽然形参 x 和 y 的值发生了交换，但是实参 m 和 n 的值并没有被交换。

图 4-2a 表示调用 interchange( ) 函数时的数据传递情况，实参 m 将其值 10 复制了一份传给了形参 x，实参 n 将其值 20 复制了一份传给了形参 y。而图 4-2b 是执行 interchange( ) 函数的交换操作后（未返回时）的情况，形参 x、y 实现了值的交换，而实参 m 和 n 仍然保持原样。

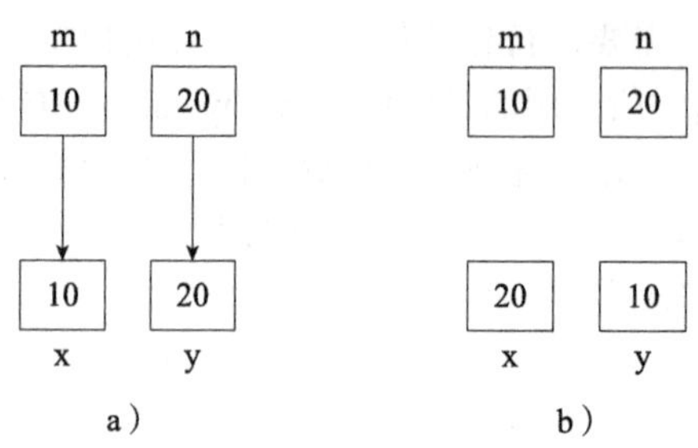

图 4-2　传值函数调用

4.4　为形参指定默认值

C++ 支持为形参指定默认值，这样的形参称为默认参数。当调用函数时，如果显式指定实参值，则不用参数的默认值，否则默认值自动传递给被调函数的对应形参。

【例 4-5】计算二维平面坐标系下两点间的距离。如果不显式提供第二个点的坐标值（x2,y2），则表示求第一个点到默认值即原点（0, 0）的距离；而如果只提供第二个点的横坐标值 x2，则纵坐标 y2 使用默认值 0。

```
#include <iostream>
#include <cmath>
using namespace std;
double dist(double x1, double y1, double x2 = 0, double y2 = 0);
int main( )
{
    double x1, y1, x2, y2;
    cout << " 请输入第一个点的坐标：";
    cin >> x1 >> y1;
    cout << " 请输入第二个点的坐标：";
    cin>> x2 >> y2;
    cout <<"(" << x1 << "," << y1 << ") 到 (" << x2 << "," << y2 << ") 的距离是 : "
        << dist(x1, y1, x2, y2) << endl;        // 指定所有实参值
    cout << "(" << x1 << "," << y1 << ") 到 (" << x2 << "," << 0 << ") 的距离是 : "
        << dist(x1, y1, x2) << endl;            // 使用部分默认值，y2 使用默认值 0
    cout << "(" << x1 << "," << y1 << ") 到 (" <<0 << "," << 0 << ") 的距离是 : "
        << dist(x1, y1) << endl;                // 使用所有默认值 , x2、y2 均使用默认值 0
```

```
        return 0;
    }
    double dist(double x1, double y1, double x2, double y2)
    {
        return sqrt(pow(x1 - x2, 2) + pow(y1 - y2, 2));
    }
```

运行结果如下：

```
    请输入第一个点的坐标：3 4
    请输入第二个点的坐标：11 20
    (3,4) 到 (11,20) 的距离是 : 17.8885
    (3,4) 到 (11,0) 的距离是 : 8.94427
    (3,4) 到 (0,0) 的距离是 : 5
```

在这个程序中，函数 dist 定义了 4 个形参，其中后两个（x2，y2）为默认值参数。在 main( ) 函数中，三次调用函数 dist( )，每次调用的实参个数都不一样。第一次调用时，x2 和 y2 均不采用默认值。第二次调用时，y2 采用默认值。第三次调用时，x2 和 y2 均采用默认值。

有关默认参数的说明如下：

1）C++ 规定，默认参数必须是函数参数表中最右边（尾部）的参数。也就是说，在默认参数的右边不能再出现非默认参数，例如：

```
    double dist(double x1 = 0, double y1, double x2, double y2 = 0)  // 错误，y1 和 x2 是非默认参数
```

2）默认值可以是常量、全局变量或函数调用，但不能是局部变量。

3）指定参数的默认值可以在函数定义中进行，也可以在函数原型中进行，通常是在函数名第一次出现时指定。若已经在函数原型中指定默认参数，则函数定义时不能重复指定。

4.5 函数重载

在 C++ 中，每个函数必须有对应的名字。例如，设计求取两个整数中大数的函数 maxInt，其函数原型为：

```
    int maxInt(int i1, int i2);        // 获取两个整数的大数
```

针对不同的数据类型需要定义不同名字的函数。因此，为了求取两个双精度数，两个字符中的大值需要定义不同的函数，对应的函数原型为：

```
    double maxDouble(double d1, double d2);        // 获取两个双精度数的大数
    char maxChar(char c1, char c2);        // 获取两个字符的大值
```

以上 3 个函数的含义相同，函数体也相同，只是因为形参类型不同，就需要为它们编写不同的函数；而在调用这些函数时，需要在程序中具体指明调用的是哪一个函数，即以函数名来区分。

C++ 允许这些函数使用相同的名字，只是形参类型不同，如下所示：

```
    int maxValue(int i1, int i2);
    double maxValue(double d1, double d2);
    char maxValue(char c1, char c2);
```

而在进行函数调用时，系统能够根据实参的类型自动确定到底调用其中的哪一个函数。

```
    maxValue(1,2);                    // 调用 int maxValue(int , int );
```

```
maxValue(1.0, 2.0);                // 调用 double maxValue(double , double );
maxValue( 'a' , ' c' );            // 调用 char maxValue(char, char)
```

所谓重载，其实就是“一名多用”。C++ 允许在同一范围中声明几个功能类似的同名函数，但是这些函数的形参列表（包括形参的个数、类型、顺序）必须不同，这就是函数重载（function overloading）。调用重载函数时，编译系统通过检查实参的个数、类型来确定对应的被调函数。合理使用函数重载一方面能够减少函数名的数量，减轻程序员的记忆负担，另一方面也能提高程序的可读性。

【例 4-6】使用函数重载计算不同类型（char、int、double）数据中的大值。

```
#include <iostream>
using namespace std;
int main( )
{
    char maxValue(char, char);   // 函数原型
    int maxValue(int, int);        // 函数原型
    double maxValue(double, double); // 函数原型
    double maxValue(double, double, double); // 函数原型
    cout << "maxValue('a', 'A')='" << maxValue('a', 'A') << endl;
    cout << "maxValue(97, 65)=" << maxValue(97, 65) << endl;
    cout << "maxValue(23.1, 78.5)=" << maxValue(23.1, 78.5) << endl;
    cout << "maxValue(23.1, 78.5, -200.96)=" << maxValue(23.1, 78.5, -200.96) << endl;
    return 0;
}
char maxValue(char x1, char x2)  // 获取两个 char 型数据的大值
{
    return x1 >= x2 ? x1 : x2;
}
int maxValue(int x1, int x2) // 获取两个 int 型数据的大值
{
    return x1 >= x2 ? x1 : x2;
}
double maxValue(double x1, double x2)// 获取两个 double 型数据的大值
{
    return x1 >= x2 ? x1 : x2;
}
double maxValue(double x1, double x2, double x3)  // 获取三个 double 型数据的大值
{
    return maxValue(maxValue(x1, x2), x3); // 调用了带有两个 double 型参数的 maxValue 函数
}
```

运行结果如下：

```
maxValue('a', 'A')='a'
maxValue(97, 65)=97
```

```
maxValue(23.1,78.5)=78.5
maxValue(23.1, 78.5, -200.96)=78.5
```

说明：

1）重载函数形参的个数、类型和顺序（简称参数表列）三者中必须至少有一种不同。如果只有返回类型不同而形参表相同，则不构成函数重载。

2）让重载函数执行不同的功能是不好的编程风格。同名函数应该具有相同或相似功能。例如，定义一个 Abs 函数而返回的却是数的二次方根，则程序的可读性就很差。

3）默认参数与函数重载。默认参数可将一系列特殊重载函数归并。例如，下面 3 个重载函数：

```
int add(int x, int y){ return x+y}      //2 个形参
int add( ){return add(3, 4);}            // 无形参，其函数体内部调用了第一个函数
int add(int x){return add(x, 4);}        //1 个形参，其函数体内部调用了第一个函数
```

可以用下面的这一个默认参数的函数来替代：

```
int add(int x=3, int y=4) {//…}
```

当调用形式为“add( )”时，相当于调用“add(3, 4)”；当调用形式为“add(6)”时，相当于调用“add(6, 4)”；当调用形式为“add(6, 8)”时，形参 x 被赋值 6，y 被赋值 8。

如果一组重载函数都允许相同实参的调用，将会引起调用的二义性（属于语法错误，编译无法通过）。例如：

```
void func(int)                  // 无默认参数
void func(int, int=4) ;         // 带有一个默认参数
void func(int=3,int=4) ;        // 带有两个默认参数
func(7);                        // 错误：到底调用的是哪个重载函数?
func(20, 30);                   // 错误：到底调用的是哪个重载函数?
```

4.6 函数模板

函数重载可以实现一名多用，将完成相同或相似功能的函数用同一函数名来定义，使得程序员在调用同类函数时感到含义清楚，方便快捷。但是在程序中仍然要分别定义每一个函数，这样不但代码冗余，增加出错几率，而且也会增大程序的维护和调试工作量。实际上，在【例 4-6】中前 3 个 maxValue 重载函数除了返回类型和形参类型不同外，其他内容完全相同。有些读者可能会思考，可否对此再进一步简化呢?

为此，C++ 提供了函数模板（function template）来解决上述问题。所谓函数模板，实际上是建立一个通用函数，其函数返回值类型和形参类型不具体指定，而用一个虚拟类型来代替。但凡仅仅是返回值类型和形参类型不同而函数体相同的函数都可以用这个函数模板来代替，不必重复定义多个函数。在调用函数时系统会自动根据实参类型来实例化模板中的虚拟类型。

【例 4-7】 将【例 4-6】程序改为通过函数模板来实现。

```
#include <iostream>
using namespace std;
template<typename T>   // 模板声明，其中 T 为类型参数（虚拟类型名）
T maxValue(T x1, T x2) // 定义一个通用函数，用 T 作虚拟类型名
{
```

```
        return x1 >= x2 ? x1 : x2;
    }
    int main( )
    {
        cout << "maxValue('a', 'A')='" << maxValue('a', 'A') << endl;
        cout << "maxValue(97, 65)=" << maxValue(97, 65) << endl;  // 第 11 行
        cout << "maxValue(23.1, 78.5)=" << maxValue(23.1, 78.5) << endl;
        cout << "maxValue(23.1, 78.5, -200.96)=" << maxValue(maxValue(23.1, 78.5), -200.96) << endl;
        return 0;
    }
```

运行结果与【例 4-6】相同。

定义函数模板的一般形式为：

```
template <typename T> 或 template<class T>
< 通用函数定义 >            < 通用函数定义 >
```

在建立函数模板时，只要将【例 4-6】中定义的第一个函数首部的具体类型 int 改为虚拟类型 T 即可。在对程序进行编译时，遇到第 11 行函数调用 maxValue(97, 65) 时，编译系统会将实参类型 int 取代函数模板中的虚拟类型 T。此时相当于调用如下函数：

```
int maxValue(int x1, int x2)
{
return x1 >= x2 ? x1 : x2;
}
```

当然，虚拟类型参数可以不止一个，可以根据需要确定具体个数。例如：

```
template<typename T, typename K, typename F>
F fun(T x)
{
    K a;
    F b;
    cin>>a;
    b=a+x;
    return b;
}
```

这个函数模板中虚拟类型参数有三个，在主函数中调用时，不能简单地通过实参的类型自动匹配虚拟类型，而应该通过 < > 显式地指定虚拟类型，例如：

```
int main( )
{
    int n;
    cin>>n;
    cout<<fun<int,char,double>(n);
    return 0;
}
```

可以看出，用函数模板比函数重载更方便，程序更简洁。但应注意，它只适用于函数的形

参个数相同、函数体相同，而类型不同的情况。所谓泛型编程（Generic programming）就是以独立于任何特定类型的方式编写代码，模板是泛型编程的基础。在今后的程序设计过程中将会大量使用模板技术。

4.7 嵌套调用

虽然 C++ 不允许嵌套定义函数，但允许函数的嵌套调用。所谓嵌套调用是指主调函数调用被调函数，而在被调函数的执行过程中又调用了其他函数。

图 4-3 所示为函数嵌套调用示意图，其执行过程为：

①执行 main( ) 函数的开头部分。

②遇到调用 a 函数的语句，流程转到 a 函数内部执行。

③执行 a 函数的开头部分。

④遇到调用 b 函数的语句，流程转到 b 函数内部执行。

⑤执行 b 函数的函数体，直到 b 函数结束。

⑥返回原来调用 b 函数的地方（b 函数的主调函数是 a 函数）。

⑦继续执行 a 函数中尚未执行的部分，直到 a 函数结束。

⑧返回 main( ) 函数中原来调用 a 函数的地方（a 函数的主调函数是 main( ) 函数）。

⑨继续执行 main( ) 函数的剩余部分直到整个程序结束。

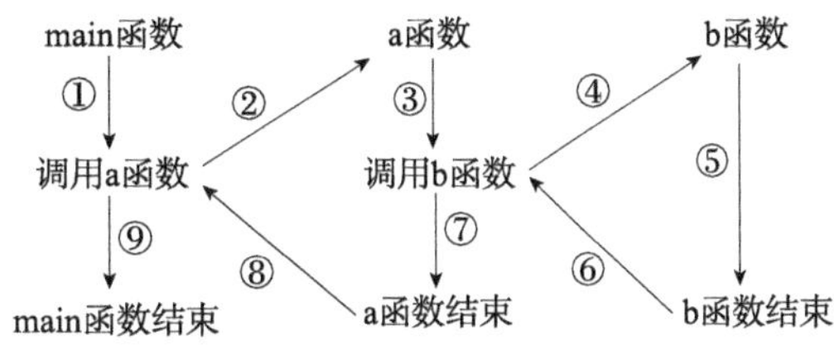

图 4-3　函数嵌套调用示意图

在实现函数嵌套调用时，需要注意的是在调用函数之前，需要对每一个被调用的函数作声明（除非定义在前，调用在后）。

【**例 4-8**】已知

$$g(x,y)=\begin{cases}\dfrac{f(x+y)}{f(x)+f(y)} & x\leqslant y\\[2ex]\dfrac{f(x-y)}{f(x)+f(y)} & x>y\end{cases}$$

其中，$f(t)=\dfrac{1-e^{-t}}{1+e^{t}}$，计算$g(2.6,5.1)$的值。

按照功能划分和代码重用的原则，首先定义 f( ) 函数，并通过 g( ) 函数调用 f( ) 函数，然后 main( ) 函数向 g( ) 函数传递实际数据，完成计算。

根据以上分析，可以编写出下面的程序：

```
#include <iostream>
#include <cmath>
using namespace std;
double f(double);          //f( ) 函数原型
double g(double, double);  //g( ) 函数原型
int main( )
{
```

```
    cout << "g(2.5, 3.4)=" << g(2.5, 3.4) << endl;
    return 0;
}
double g(double x, double y){
    if(x <= y) return f(x + y)/(f(x) + f(y));
    else return f(x - y) / (f(x) + f(y));
}
double f(double t)
{
    return (1 + exp(-t)) / (1 + exp(t));
}
```

运行结果如下：

```
g(2.5, 3.4)=0.0237267
```

在上述的程序中：

1）三个函数 main( )、f( ) 和 g( ) 都是平行定义，并不互相包含（函数不能嵌套定义）。

2）由于其他两个函数定义均出现在 main( ) 函数之后，因此在 main( ) 函数中对其使用之前需要进行提前声明。

3）不管 main( ) 函数身居何地，它总是程序的入口。本例中三个函数间的嵌套调用过程，如图 4-4 所示，其中的箭头和序号指明了程序的执行流程。

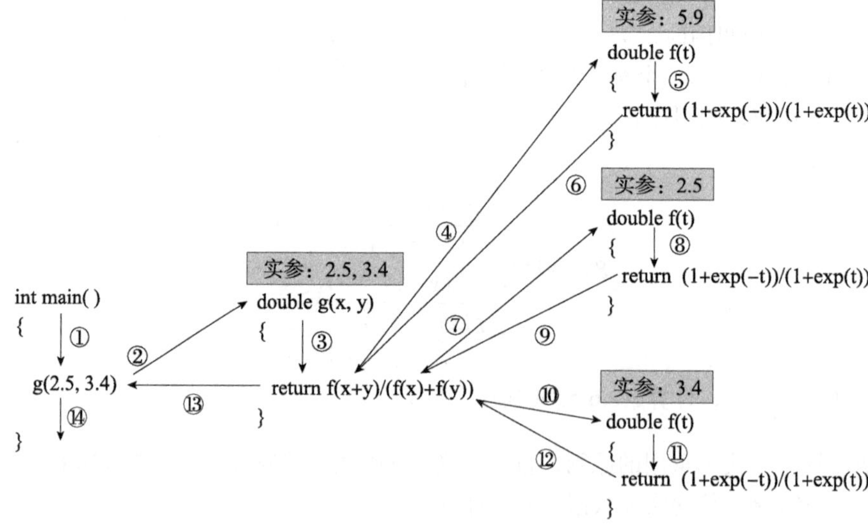

图 4-4　三个函数的嵌套调用过程示意图

4.8　递归函数

前面介绍的函数调用都是由一个函数调用另一个函数。C++ 是否允许函数调用自己呢？实际上，C++ 确实允许函数直接或间接地调用自己。这种直接调用自己或者借助于其他函数间接调用自己的函数称为递归函数（recursive function）。对于某些问题，可以通过使用递归函数直观、简单地加以解决。

实际生活中有许多这样的问题：它们相对比较复杂，问题的解决又依赖于类似问题的解决，只不过后者的复杂程度较原问题低，而且一旦将问题的复杂程度和规模简化到足够小时，问题的求解就变得非常简单。例如，计算自然数 n 的阶乘，可用如下公式求解：

$$n!=n\times(n-1)\times\cdots\times 1$$

当然，对于 $n!$ 的计算，可以利用循环迭代结构（非递归）直接实现：

```
int factorial=1;
for(int i=1; i<=n; i++)
    factorial *= i;
```

不过，也可以换一个角度来考量。$n!$ 可以通过递归定义来计算：

$$n!=\begin{cases}1 & n=1\\ n\times(n-1)! & n>1\end{cases}$$

根据这一递归定义，假设 n=5，那么 5! 的计算过程如图 4-5 所示。

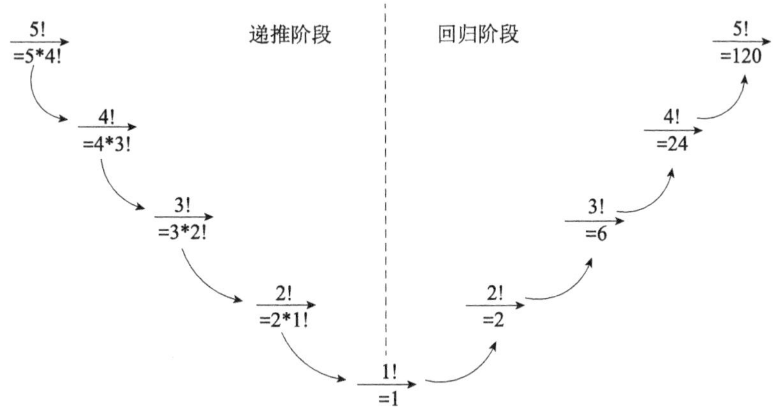

图 4-5　5! 的计算过程

从图 4-5 可以看出，为了计算 5! 要先计算 4!（类似问题，规模降低 1），为了计算 4! 要先计算 3!，为了计算 3! 先计算 2!，而计算 2! 要先计算 1!。根据定义，1! 已知（为 1）。这个阶段称为递推。有了 1! 就可以计算 2!，有了 2! 就可以计算 3!，有了 3! 就可以计算 4!，最后便可得到 5! 的值。这个阶段称为回归。也就是说，一个递归问题可以分为递推和回归两个阶段。

这种解决问题的方法具有明显的递归特征。从整个计算过程中可以看到，一个复杂问题的求解被一个规模更小、更简单的类似问题所替代。经过逐步递推分解，最后得到一个规模足够小、容易解决的基本问题。将基本问题解决后，再逐层回归解决上一级问题，最终使原始问题得以解决。

在程序设计中，这类问题求解的方法可以用递归函数来实现。在用递归函数实现时，将问题分情况解决：一种情况是当前能够直接解决（基本问题）；另一情况是当前不能直接解决，但是能把问题转换为规模降低的同类问题来解决。由于该函数通过调用其自身来解决降阶后的同类问题，称为“递归调用”（recursive call）。根据前述分析，可以写出以下程序。

【**例 4-9**】用递归调用的方法求 5!。

```
#include <iostream>
using namespace std;
int main( )
```

```
{
    long fac(int);              //fac( ) 函数原型
    cout << "5!=" << fac(5) << endl;       //fac( ) 函数调用
    return 0;
}
long fac(int n) //fac 函数定义
{
    long c;
    if (n == 1) c = 1;   // 情况 1：基本部分，能够直接解决
    else c = n * fac(n-1);   // 情况 2：不能直接解决，转化为规模小 1 后的递归函数调用
    return c;
}
```

运行结果如下：

```
5!=120
```

整个问题的求解通过一个函数调用“fac(5)”来解决。函数调用过程如图 4-6 所示。

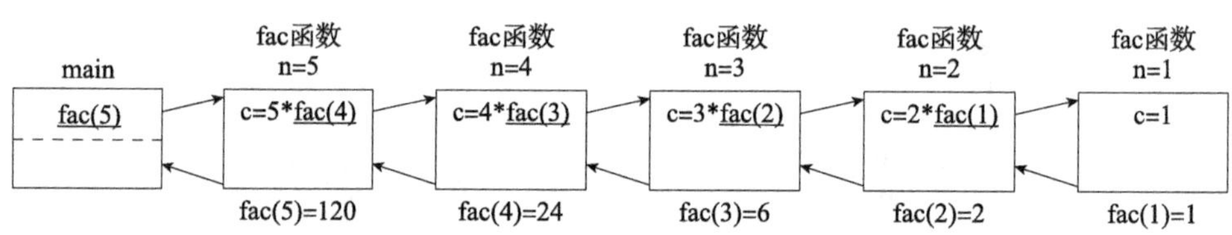

图 4-6　fac 函数的递归调用过程

从图 4-6 可以看到：fac( ) 函数总共被调用 5 次，依次为 fac(5)、fac(4)、fac(3)、fac(2) 和 fac(l)。其中 fac(5) 是被 main( ) 函数调用，其余 4 次都是 fac 函数的直接递归调用。应当指出的是：在某次调用 fac(n) 时并不是立即得到 fac(n) 的值，而是一次又一次地进行递归调用，直到调用 fac(l) 时才有确定的值，然后再回归逐步得到 fac(2)、fac(3)、fac(4) 和 fac(5) 的值。请读者将程序实现与图 4-5、图 4-6 结合起来加以分析。

实际上，每次递归调用也是函数调用，区别在于前者是自己调用自己。

1）和普通函数调用一样，在发生函数调用时，主调函数在函数调用处暂时挂起，程序控制离开主调函数转入被调函数执行，只有当被调函数执行完毕后，才返回主调函数的调用处继续向下执行，所以主调函数一定要在被调函数执行完成后才能继续执行。在函数调用过程中，表现出典型的“后进先出”的特征，最先调用的函数最后返回，最晚调用的函数最先返回。

2）和普通函数调用一样，每进行一次递归调用，系统就会为该函数的这次调用分配存储空间，包括为该形参和局部变量分配空间。因此，递归调用时，在某一时刻，内存中可能有该函数的多个副本同时存在，每个副本（即函数的每次调用）都有自己对应的存储空间。也就是说，函数的形参和局部变量在函数的不同次调用执行时可能分配不同的存储空间。例如，当调用到 fac(1) 时，内存中就有 fac( ) 函数的 5 个副本（分别是 fac(1) 到 fac(5)），因此内存有 5 个局部变量 c，它们各不相同，且仅在对应函数内部有效。

注意：使用递归函数时一定要提供递归的终止条件，否则函数将一直执行下去直到内存耗尽。例如本例中的 if (n == 1) c = 1; 就是递归的终止条件（基本条件）。

许多程序的递归版本执行时会比它们的迭代版本要慢，这是因为它们增加了函数调用的消耗。太多的递归调用会引起堆栈溢出。如果发生这种情况，系统就会产生异常。

递归的主要优点在于某些算法采用递归设计比采用迭代设计更显直观和便捷，而且对于某些问题，特别是与人工智能有关的问题，较适宜采用递归设计。

4.9 变量的作用域与生存期

变量有作用域（Scope）和生存期（lifetime）的概念。变量的作用域指的是变量可被引用的空间范围。在变量的作用域之外引用该变量会产生编译错误。而变量的生存期指的是变量存续的时间范围，从系统为变量分配内存空间开始，到系统收回空间为止。在变量的生存期以外引用该变量也会导致编译错误。作用域和生存期是从空间和时间两个不同的维度来描述变量的特性。

本节主要介绍块作用域，函数原型作用域，文件作用域。类作用域将在后续章节中讨论。

（1）块作用域（局部作用域）

在程序块（即用一对花括号括起来的语句序列，如函数体、复合语句）中声明的变量具有块作用域，其作用域从声明处开始，到所在块结束处为止。例如，在下述代码块中，在程序块A中声明的变量y只在A中有效（局部于A）；B是A的内嵌块，当B中对y没有重新定义时，则A中定义的y在B中仍然有效；但是当B中对y进行了重新定义后，则B中对y的任何引用都是重新定义的新y，这就是所谓的“最近嵌套原则”。对于函数而言，形参x具有块作用域，在整个函数范围内均可见。

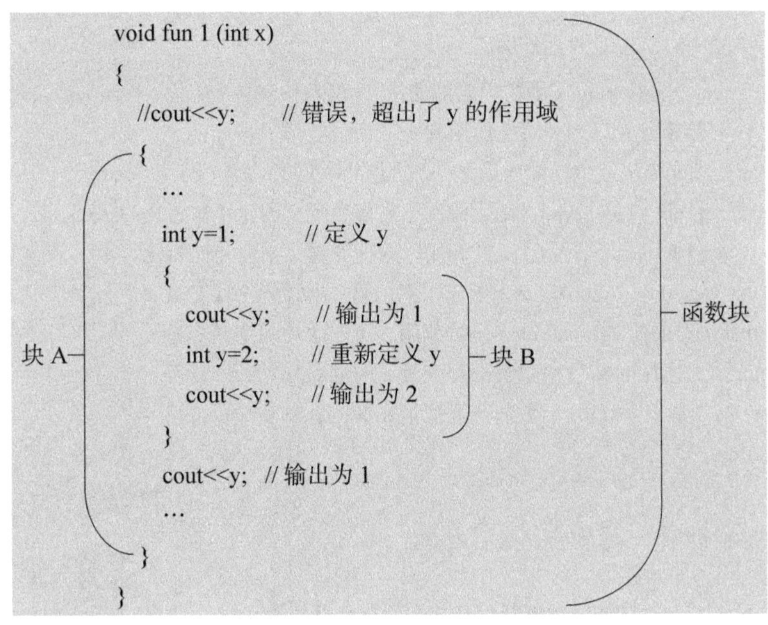

（2）函数原型作用域

函数原型作用域是C++中最小的作用域，是指在函数声明时形参的作用范围（开始于形参定义处，终止于函数原型中的右括号处）。只有函数声明中的形参才具有函数原型作用域。函数原型的形参只要求提供类型，形参名可有可无，即使有形参名，该名字也只在该函数原型范围内有效。实际上，即使函数原型参数表中使用了形参名，那么编译器也会忽略掉这些名字。

（3）文件作用域

在函数和类之外声明的变量（即外部变量，又称全局变量）具有文件作用域，其作用范围从声明处开始，到所在文件结束处终止。如果变量出现在头文件中，那么当把该头文件包括进某个源文件中时，该变量的作用域将扩展到这个源文件中，直到该源文件结束为止。

在一个函数中既可以使用函数内部定义的局部变量，也可以使用有效的全局变量。打个通俗的比方：国家有统一的法律，各省可以根据自身需要制定各自的法律。在甲省，国家统一的法律和甲省的法律都有效，而在乙省，则国家统一的法律和乙省的法律都有效。显然，甲省自己制定的法律在乙省无效。

【**例 4-10**】变量的作用域和生存期示例。

```
#include <iostream>
using namespace std;
void localVar(int);      //localVar( ) 函数声明，省去了形参名
void globalVar(int i);  //globalVar( ) 函数声明，形参 i 具有函数原型作用域，仅在该函数原型中有效
int x = 1;  // 全局变量 x，具有文件作用域，从当前位置到文件末尾有效
int main( )
{
    cout << " 进入 main( ) 函数后全局变量 x 的值：" << x << endl;
    int x = 3;      // 定义局部变量 x，具有函数体作用域（块），从当前位置到 main( ) 结束前有效
    cout << " 进入 main( ) 函数后局部变量 x ( 复合语句前 ) 的值：" << x << endl;
    {     // 进入到复合语句（块）作用域
        int x = 5;      // 定义局部变量 x，具有复合语句作用域，从当前位置到该复合语句结束
                        前有效
        cout << "\tmain( ) 函数中局部变量 x ( 复合语句内 ) 的值：" << x << endl;
    }     // 结束复合语句（块）作用域
    cout << "main 函数中局部变量 x ( 复合语句后 ) 的值：" << x << endl;
    localVar(100); //localVar( ) 函数调用，局部变量 x 创建并初始化为 10
    localVar(100); //localVar( ) 函数调用，局部变量 x 创建并初始化为 10
    globalVar(100); //globalVar( ) 函数调用，第一次访问全局变量 x
    globalVar(100); //globalVar( ) 函数调用，第二次访问全局变量 x
    cout << " 退出 main( ) 函数前局部变量 x 的值：" << x << endl;
    cout << " 退出 main( ) 函数前全局变量 x 的值：" <<::x<<endl;
    return 0;
}
void localVar(int i)
{
    int x =10; // 每次调用都重新创建并初始化局部变量 x
    cout << "\t 进入 localVar( ) 函数后局部变量 x 的值：" << x << endl;
    x += i;
    cout << "\t 退出 localVar( ) 函数前局部变量 x 的值：" << x << endl;
    // 函数调用结束，动态释放局部变量 x
}
void globalVar(int i) // 形参 i 为局部变量
{
```

```
        cout << "\t 进入 globalVar( ) 函数后全局变量 x 的值：" << x << endl;
        x *= i*i;
        cout << "\t 退出 globalVar( ) 函数前全局变量 x 的值：" << x << endl;
        // 函数调用结束时，动态释放形参 i
    }
```

运行结果如下：

```
进入 main( ) 函数后全局变量 x 的值：1
进入 main( ) 函数后局部变量 x ( 复合语句前 ) 的值：3
        main( ) 函数中局部变量 x ( 复合语句内 ) 的值：5
main( ) 函数中局部变量 x ( 复合语句后 ) 的值：3
        进入 localVar( ) 函数后局部变量 x 的值：10
        退出 localVar( ) 函数前局部变量 x 的值：110
        进入 localVar( ) 函数后局部变量 x 的值：10
        退出 localVar( ) 函数前局部变量 x 的值：110
        进入 globalVar( ) 函数后全局变量 x 的值：1
        退出 globalVar( ) 函数前全局变量 x 的值：10000
        进入 globalVar( ) 函数后全局变量 x 的值：10000
        退出 globalVar( ) 函数前全局变量 x 的值：100000000
退出 main( ) 函数前局部变量 x 的值：3
退出 main( ) 函数前全局变量 x 的值：100000000
```

请读者认真分析局部变量和全局变量值的变化，体会两者的区别。

全局变量扩展了函数间联系的渠道。由于同一文件中的所有函数都能引用全局变量，因此如果在一个函数中改变了全局变量的值，其他函数都能看到改变后的全局变量，这相当于各个函数间有直接的联系通道。不过，建议尽量不要使用全局变量，这是因为：

1）全局变量在程序的整个执行过程中始终占用存储空间，因此会造成存储空间的浪费。

2）全局变量降低了函数的通用性。因为在执行函数时容易受到全局变量的影响。一般希望把函数做成一个独立模块，除了通过参数（实参传值给形参）和返回值等接口与外界发生联系外，没有其他渠道。这样的程序移植性好，可读性强。

3）过多使用全局变量会降低程序的清晰性。由于各个函数都可能改变全局变量的值，用户往往难以清晰地判断出各个全局变量的瞬时值，使得程序的清晰性大打折扣。

4.10 变量的存储类别

C++ 程序运行时在内存中由代码区和数据区组成，其中数据区又分为全局数据区、栈区和堆区等。各个区的作用如下：

1）代码区（codearea）：存放程序执行的机器指令。

2）全局数据区（dataarea）：存放全局数据和静态数据。该区的数据由编译器建立，对于定义时没有初始化的变量，系统自动将其初始化为 0，该区域的数据一直保持到程序结束。

3）栈区（stackarea）：存放局部数据。所有的局部变量、临时变量、形式参数都保存在栈区。当函数被调用时，才在此区域为其分配空间，调用结束后系统收回对应的分配空间。

4）堆区（heaparea）：存放程序的动态数据。用 new 运算符分配的变量保存在堆区，分配区域的首地址保存在指针变量中。使用完毕后，可以用 delete 释放，详细解释请参见第 7 章。

C++ 中的变量除了具有名称、类型和值之外，还有其他属性，如作用域（scope）、存储类别（storage class）等。存储类别指的是数据在内存中的存储方式。C++ 根据变量的存储类别来确定其生存期，主要有自动（auto）、寄存器（register）、外部（extern）、静态（static）这 4 种。

4.10.1　自动变量

自动（局部）变量用 auto 声明。C++ 规定：函数中的局部变量，如果不显式声明存储类别，均默认为自动变量，即自动变量可以省去描述符 auto。例如：

```
int test(int a)  //形参 a 为 int 型自动变量
{
    auto int b, c = 3; //b 和 c 均为 int 型自动变量
    double d, e;     // d 和 e 均为 double 型自动变量
    ……
}
```

自动变量具有以下特点：

1）自动变量仅在定义该变量的函数体或复合语句内有效，即在函数中定义的自动变量，只在该函数内有效，在复合语句中定义的自动变量只在该复合语句中有效。

2）由于自动变量的作用域都局限于定义它的函数体或复合语句中，因此不同的复合语句中允许定义同名变量而不会发生混淆。C++ 按照“最近嵌套原则”来加以区分。

4.10.2　寄存器变量

一般情况下，变量的值存储在内存中。而计算机中对数据的处理只能在寄存器中进行。因而当对一个变量频繁读写时，势必要反复访问内存。数据在内存和寄存器间频繁传送将花费较高的代价。为此，C++ 允许将局部变量的值放在寄存器中，需要时直接从寄存器中取出参与运算，无需再访问内存，进而提高程序的执行效率。这种变量称为寄存器变量（register variable），用关键字 register 声明。对于循环次数较多的控制变量以及循环体中反复使用的变量均可定义为寄存器变量。

例如，求 sum=1+2+…+100 的程序段可以设计如下：

```
register int i, sum = 0;      //i 和 sum 为寄存器变量
for(i=1; i <= 100; i++)          sum += i;
```

本程序循环 100 次，变量 i 和 sum 使用频繁，因此可将它们定义为寄存器变量。

需要指出的是，定义寄存器变量对编译器只是建议性（而非强制性）的。当今的编译器能够识别频繁使用的局部变量，并自动将它们分配给寄存器，而无需程序员显式声明。

4.10.3　用 extern 声明全局变量

如前所述，外部变量（全局变量）是在函数之外定义，它的作用域是从变量定义处开始到所在程序文件的末尾。为了扩展全局变量的作用域，需要用 extern 来加以声明。

（1）在单文件中声明全局变量

如果全局变量在文件中定义位置靠后，又想在其定义之前引用它，则应该在引用之前用关键字 extern 对该变量作提前声明，表示该全局变量在后面有定义。有了此声明，就可以从声明

处起合法地使用该全局变量，这种声明称为“提前引用声明”。

注意：extern 与 auto、register 的不同。auto、register 是在变量定义时使用，而 extern 是对已经定义好的全局变量进行声明。

【例 4-11】用 extern 对全局变量作提前引用声明，以扩展其作用域。

```
#include <iostream>
using namespace std;
int maxValue(int, int);
int main( )
{
    extern int a, b;  // 对全局变量 a、b 作 extern 提前引用声明，第 6 行
    cout << maxValue(a, b) << endl;
    return 0;
}
int a=15, b=7;  // 定义全局变量 a、b，第 9 行
int maxValue(int x, int y){
    return (x> y ? x: y);
}
```

运行结果如下：

```
15
```

由于全局变量 a、b 的定义位置在 main 函数之后（第 9 行），因此如果没有第 6 行的提前声明，在 main 函数中无法使用它们。而现在第 6 行用 extern 对 a 和 b 作了提前引用声明，表示 a 和 b 是在后面定义的全局变量。这样在 main 函数中就可以合法地使用它们了。

📖 程序第 6 行不是定义变量 a 和 b，而只是对 a 和 b 作提前引用声明。

（2）在多文件中声明全局变量

一个 C++ 程序可由一个或多个源文件组成。如果程序只由单个源文件组成，可参考前面介绍的方法使用全局变量。而如果程序由多个源程序文件组成，那么在一个文件中要引用另一个文件中已定义的全局变量时，又该如何处理呢？

```
//file 1.cpp
#include <iostream>
using namespace std;
extern in num;   // 合局变量引用声明
int main ( )
{
    cout << 5 * num;
    return 0;
}
```

```
//file 2.cpp
int num= 3;   // 合局变量定义
```

如上所示，该程序由两个源文件 file1.cpp 和 file2.cpp 组成，其中全局变量 num 定义在 file2.cpp 中。file1.cpp 在引用 file2.cpp 中的全局变量 num 之前，需要先用 extern 进行引用声明。

当编译系统看到 file1.cpp 中的 extern int num; 语句时，判断出 num 是一个已在别处定义的全局变量，它首先在本文件中查找全局变量 num。如果找到，则将其作用域扩展到本行至文件末尾；如果本文件中无此全局变量，则在程序连接时从其他文件中查找。如果找到，则把对应

文件中定义的全局变量 num 的作用域扩展到本文件，从而在本文件中合法地使用它。

用 extern 扩展全局变量的作用域，虽然能为程序设计带来方便，但需慎重。因为在执行一个文件中的某个函数时，可能会改变该全局变量的值，从而会影响到其他文件的执行结果。

4.10.4　静态变量

用 static 说明的变量为静态变量。根据定义位置的不同，可以分为静态局部变量和静态全局变量。静态变量存储在全局数据区，占有的存储空间要到整个程序结束时才释放。

（1）静态局部变量

定义局部变量时，在其前面加上“static”关键字，就成了静态局部变量。

【例 4-12】静态局部变量及其值的变化。

```
#include <iostream>
using namespace std;
int increase( );
int main( )
{
    for(int i = 0; i < 3; i++)
        cout << " 第 " << i+1 << " 次调用的返回值：" <<increase( ) << endl;
    return 0;
}
int increase( )
{
    int x = 0;      // 自动局部变量
    static int y = 0;  // 静态局部变量
    x++;
    y++;
    return x + y;
}
```

运行结果为：

```
第 1 次调用的返回值：2
第 2 次调用的返回值：3
第 3 次调用的返回值：4
```

在第 1 次调用 increase 函数开始时，x 初值为 0，y 初值为 0。第 1 次调用结束时，x 值为 1，y 值为 1，x+y 的值等于 2。由于 y 是静态局部变量，它在函数调用结束后并不释放，而是保留值 1 在静态数据区。在第 2 次调用 increase 函数开始时，重新创建新 x（x 自动局部变量），其初值仍为 0，而 y 的值为 1（为上次函数调用结束时的值）。先后 3 次调用 increase 函数时，x 和 y 的值的变换情况见表 4-1。

对静态局部变量的说明：

1）静态局部变量在函数内定义，在程序整个运行期间都不释放。其生存期为从初次执行时开始，到整个程序执行完毕时结束。

2）静态局部变量的生存期虽然延续到整个程序执行结束，但其作用域仍与自动变量相同，即只能在定义该变量的程序块内使用。也就是说，尽管该变量持续存在，但是作用域之外的代码不能直接访问它。

3）静态局部变量的初始化是在程序第一次运行到该变量定义语句时进行，且只初始化一次。以后每次调用函数时不再重新被初始化而保留上次函数调用后留下的值。而自动变量则是在每次函数调用时都要重新创建并初始化，函数调用结束后立即被销毁。

4）对于静态局部变量，如果没有初始化，系统自动初始化为0（数值型变量）或空字符（字符型变量），而对于自动变量，如果不初始化，则它的值是不确定的。

表 4-1 调用函数时自动局部变量和静态局部变量的值

调用次数	调用开始时的值		调用结束时的值		函数返回值
	自动变量 x	静态局部变量 y	自动变量 x	静态局部变量 y	
第 1 次	0	0	1	1	2
第 2 次	0	1	1	2	3
第 3 次	0	2	1	3	4

（2）静态全局变量

在程序设计中有时希望某些全局变量只限于被本文件引用，而不被其他文件引用。这时可以在定义全局变量时加上 static 修饰符，称之为静态全局变量。

在只有一个源文件的程序中，看不出（普通）全局变量与静态全局变量的区别，但在由多文件组成的程序中，两者之间有明显的不同。静态全局变量确保该变量被所在源文件独享，其他文件无权访问。例如：

```
//file 1.cpp
#include <iostream>
using namespace std;
static int a = 3;    //a 只限于 file1.cpp 文件使用
int main ( )
{
    …
}
```

```
//file 2.cpp
static int a = 3;    //a 只限于 file2.cpp 文件使用
Int func (in t n)
{
    …
    a*=n
    …
}
```

在 filel.cpp 和 file2.cpp 中分别定义了全局变量 a，但它们都用 static 声明，则程序给它们分别分配存储空间，两个值互不干扰且只能被自身所在的文件独享。

需要指出，不要误以为用 static 修饰的全局变量才采用静态存储方式。实际上，加或者不加 static 修饰的全局变量都采用静态存储方式，也都存储在全局数据区，只不过加 static 修饰的全局变量其作用域被限制为所在文件。

4.11 内部函数和外部函数

函数本质上是外部（全局）的，因为定义函数的目的就是为了供其他函数调用。但是，也可以指定某函数仅能被本文件内的其他函数调用，而不能被其他文件中的函数调用。根据能否被其他文件中的函数调用，将函数划分为内部函数和外部函数。

4.11.1　内部函数

只能在定义它的文件中被调用的函数，称为内部函数或静态函数。定义内部函数只须在函数定义的前面冠以 static 修饰符。函数首部语法格式为：

```
static 类型标识符函数名 ( 形参表 )
```

例如：

```
static int maxValue(int x, int y)
```

使用内部函数，可以使函数的作用域限定为其所在的文件。即使不同文件中有同名的内部函数，也可以保证互不干扰，从而使得分工协作的各个程序员专注于设计自己的函数，而不必担心命名冲突。

4.11.2　外部函数

在定义函数时，如果在函数首部冠以关键字 extern，则表示此函数是外部函数，可供其他文件调用。

例如，外部函数 maxValue( ) 的首部可以写为：

```
extern int maxValue (int a, int b)
```

这样，函数 maxValue( ) 就可以被其他文件调用。实际上，extern 是函数的默认修饰符，即只要函数不被 static 所修饰，它就是外部函数。下述两种函数声明没有明显的区别：

```
extern int maxValue (int, int);
int maxValue (int, int);
```

【例 4-13】输入两个整数，要求输出其中的大者。要求用外部函数实现。

```
file1.cpp（文件 1）
#include <iostream>
using namespace std;
int main( )
{
    extern int maxValue(int, int);      // maxValue( ) 函数声明，extern 可有可无
    int a, b;
    cin >> a>> b;
    cout << maxValue(a, b) << endl;
    return 0;
}
file2.cpp（文件 2）
int maxValue(int x, int y)
{
    return   x > y ? x : y;
}
```

运行情况如下：

```
9  -30↙
9
```

整个程序由两个文件（file1.cpp 和 file2.cpp）组成。由于 maxValue( ) 函数在 file2.cpp 中定

义。因此，在 file1.cpp 中的 main( ) 函数使用它之前，需添加对 maxValue( ) 函数的声明。当然，关键字 extern 可以省略。

4.12 预处理指令

预处理指令（preprocess directives）由 C++ 统一规定，但它不是 C++ 语言自身的组成部分，不能直接对它们进行编译（编译器不能直接识别）。预处理发生在编译之前，先对程序中这些特殊指令进行“预处理”。经过预处理后得到的源程序中不再包含预处理指令，再由编译器对该源程序进行编译，得到可供执行的目标代码。

预处理指令主要包括：#include、#define、#error、#if、#else、#elif、#endif、#ifdef、#ifndef、#undef、#line、#pragma 等。为了与一般的 C++ 语句相区别，这些指令均以“#”开头，且末尾没有“；”。

4.12.1 #include 指令

该指令的作用是将指定的头文件包含在当前文件中，相当于将头文件的内容嵌入到当前文件。文件名应使用尖括号或双引号括起来。例如：

```
#include <头文件名>
或者
#include "头文件名"
```

二者的区别在于：第一种形式仅在系统路径中查找该头文件，第二种形式先在源文件所处的文件夹中查找文件，如果找不到，再在系统路径中查找。一般地，如果调用标准库函数或者专业库函数包含的头文件时，多采用第一种形式；在包含用户自己编写的头文件时，可事先将头文件放在源文件所处的文件夹中且采用第二种形式。

而如果被包含文件与当前文件不在同一目录下，双引号中可以出现相对路径或绝对路径。例如：

```
#include "D:\\cumt\\C++\\file2. h"
```

其作用是要求编译器把“D:\cumt\C++”目录中的文件“file2.h”包含进来。

4.12.2 #define 指令

该指令用于定义符号常量和带参数的宏。第一种形式在第 2 章里出现过，其一般格式为：

```
#define 标识符 字符序列
```

例如，欲用 LEFT 代表 1，则可以声明：

```
#define LEFT    1
```

在预处理阶段，系统会将程序中出现的所有 LEFT 都用 1 来替换。

C 语言中常用 #define 定义符号常量，由于 C++ 中增加了 const 关键词来定义常变量，因此很少使用 #define 指令定义符号常量。

另外，还可以用 #define 指令定义带参数的宏。其一般形式为：

```
#define 宏名 ( 参数表 ) 字符串
```

例如：

```
#define S(a, b)   (a) * (b)      //S 为宏名，a、b 为宏的参数
```

使用的形式如下：

```
area=S(3, 2);
```

用 3、2 分别代替宏定义中的参数 a 和 b。因此经过预编译后，赋值语句被替换为

```
area=(3) * (2);
```

用括号把宏参数 a 和 b 括起来是为了保证当宏参数是复杂表达式时，也能够强制编译器以正确的方式计算表达式的值。例如，下列语句：

```
area=S(3 + 1, 2 + 2);
```

经过宏替换后，得到：

```
area=(3 + 1) * (2 + 2);     //area 的值为 16
```

相反，如果在定义带参数的宏时未加圆括号：

```
#define S(a, b)   a * b      // S 为宏名，a、b 为宏的参数
```

同样调用语句 area=S(3 + 1,2 + 2)，得到的替换结果为：

```
area=3 + 1 * 2 + 2;          // area 的值为 7
```

这显然不是我们所期望的结果。

4.12.3　#if、#else、#endif、#ifdef、#ifndef 指令

一般情况下，需要对源程序中的每一条语句进行编译。但是有时希望程序中某一部分代码只在满足一定条件时才进行编译，也就是指定对程序中的部分代码进行编译的条件，如果不满足该条件，就不编译这部分代码，这就是所谓的“条件编译”。商业软件广泛地应用条件编译来提供和维护某一程序的多个版本。

#if、#else 和 #endif 指令为条件编译指令，它的一般形式为：

```
#if 常量表达式
程序段 1
#else
程序段 2
#endif
```

其含义是若 #if 指令后的常量表达式为 true，则编译程序段 1 到目标文件；否则，编译程序段 2 到目标文件。

【**例 4-14**】条件编译。

```
#define A 0
#include <iostream>
using namespace std;
int main( )
{
    #if (A > 1)
    cout<<"A > 1"; // 编译器没有编译该语句，该语句不生成汇编代码
    #elif (A == 1)
     cout<<"A == 1";// 编译器没有编译该语句，该语句不生成汇编代码
    #else
     cout<<"A < 1"; // 编译器编译了这段代码，且生成了汇编代码，执行该语句
    #endif
    return 0;
```

```
}
```

经过预处理后，上述程序代码首先被替换为下述代码后再被编译进目标文件。

```
#include <iostream>
using namespace std;
int main( )
{
cout<<"A < 1";
return 0;
}
```

而 if 语句则不然，它根据表达式的计算结果来决定执行哪条语句，它的每个分支都被编译且生成汇编代码。

#ifdef、#ifndef 指令分别相当于 #if define 和 #if !define，一般形式为：

```
#ifdef  宏名
#ifndef 宏名
```

其意义等价于：

```
#if define  宏名
#if !define  宏名
```

4.13 应用实例

【**例 4-15**】输出 300～500 范围内的所有素数。

```
#include <iostream>
#include <cmath>
using namespace std;
int main( )
{
    bool isPrime(int );  // isPrime( ) 的函数原型
    int x, counter = 0;         // counter 为素数计数器
    for(x = 301; x < 500; x += 2)  //2 以外的偶数都不是素数
    {
        if(isPrime(x)) // 函数调用，判断 x 是否为素数
        {
            cout << x << "  ";
            counter++;
            if(counter %10 == 0) // 控制每行输出 10 个数
                cout << endl;
        }
    }
    return 0;
}
bool isPrime(int num) // 如果 num 为素数，则返回 true，否则返回 false
```

```
{
    if(num <= 1) return false;
    int b = sqrt(double(num)); // 计算 x 的算术二次方根
    int i;
    for(i=2; i <= b; i++)
        if(num % i == 0)
            break;
    if(i >= b+1)     return true;
    else     return false;
}
```

本例的解题思路源自【例 3-15】，区别在于把判断是否为素数的代码抽取出来，封装成单独的函数 isPrime。这是由于这段代码被重复调用多次，因此通过功能抽象，把其提取出来并封装成单独的函数以供其他函数调用。这样不仅能够简化程序结构，增强程序的可读性，而且能够提高开发效率。

【例 4-16】汉诺塔问题。

传说印度的主神梵天在一个黄金板上插了 3 根宝石针，并在其中一根针上从上到下按从小到大的顺序串上了 64 片黄金圆盘。梵天要求僧侣们把圆盘全部移动到另一根针上，规定每次只能移动一个圆盘，且不允许将大圆盘压在小圆盘上。移动时可以借助于第三根针暂时存放圆盘。梵天说，如果这 64 个圆盘全部移至另一根针上时，世界就会在一声霹雳之中毁灭。这就是汉诺塔问题。图 4-7 所示为 10 个圆盘的汉诺塔示意图。

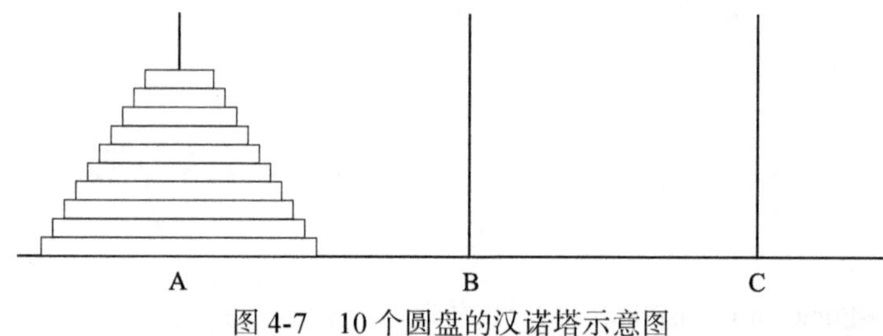

图 4-7　10 个圆盘的汉诺塔示意图

如何让计算机模拟这个游戏呢？称移动 n 个圆盘的问题为 n 阶汉诺塔问题。以 A、B、C 代表 3 根宝石针，把圆盘从小到大的顺序编号为 1～n，并引入记号：

```
move(n, A, B, C)
```

表示 n 个圆盘从 A 移到 C，以 B 为过渡。

如果 n=1，即只有一个圆盘，则该问题的实现非常简单：直接将该圆盘从 A 移到 C，即：

```
move(1, A, B, C)
```

但是，如果 n>1 怎么办呢？

通过观察可以发现，要把 n 个圆盘从 A 移到 C，必须把最大的圆盘 n 从 A 移到 C。为此，首先要把圆盘 1～n−1 移到 B（以 C 为过渡）。即

```
move(n−1, A, C, B)
```

然后，圆盘 n 就能从 A 移到 C。很显然，这是一个可以直接解决的基本问题，表示为：

```
A->C
```

剩下的问题就是把 n−1 个圆盘从 B 移到 C（以 A 为过渡）。

```
move(n−1, B, A, C)
```

于是，求解 n 阶汉诺塔问题转换成了求解两个 n-1 阶汉诺塔问题，问题复杂度下降了一阶。

综上所述，求解 n 阶汉诺塔问题 move(n, A, B, C) 可分解为以下三个子问题加以解决：

```
move(n-1, A, C, B)  // 先将上面的 n-1 个圆盘从 A 移到 B，以 C 为过渡
A->C  // 直接将圆盘 n 移到 C
move(n-1, B, A, C)  // 再将 n-1 个圆盘从 B 移到 C，以 A 为过渡
```

可以看出，这是一个典型的递归问题。该问题如果采取非递归方法实现起来很困难，但是采用递归方法就显得非常简单和直观。该递归问题的终止条件是 n=1。对应程序实现如下：

```
#include <iostream>
using namespace std;
void move(int, char, char, char);        // 函数原型
int main( )
{
    int num;
    cout<<" 请输入待移动圆盘的个数：";
    cin>>num;
    move(num, 'A', 'B', 'C'); // 函数调用
    return 0;
}
void move(int n, char a, char b, char c) // 把 n 个圆盘从 a 移到 c，以 b 为过渡
{
    if (n == 1) // 只有一个圆盘（基本问题）
    cout << a << "->" << c << endl;
    else{          // 两个及两个以上的圆盘，分解成以下 3 个步骤，问题规模降低 1 阶
    move(n-1, a, c, b); // 把 n-1 个圆盘从 a 移到 b，以 c 为过渡
    cout<< a << "->" << c << endl; // 从 a 移动一个圆盘到 c
    move(n-1, b, a, c); // 把 n-1 个圆盘从 b 移动到 c，以 a 为过渡
    }
}
```

运行结果如下：

```
请输入待移动圆盘的个数：3↙
A->C
A->B
C->B
A->C
B->A
B->C
A->C
```

如果输入的圆盘数目太大，程序运行将花费相当长的时间。这一方面是因为问题规模变大，另一方面也反映出递归函数调用的开销较大，效率较低。

实际上，如果真要按照上述规则移动 64 个圆盘，假设 1s 移动一个，将花费 $2^{64}-1=$ 18446744073709551615s，假设一年按 365 天计算，可换算为约 5849 亿年，而太阳及其行星形成

于50亿年前，其寿命约为100亿年！

4.14 小结

随着程序复杂度的不断增加，最好的办法是把程序分成更小，更容易管理的模块，函数就是常用的一种模块。程序通过参数把信息传递给函数，若函数需要接收参数，就必须给参数指定名称及类型。函数通过返回值把结果带给主调函数。若函数不需要返回值，则返回类型说明为void。如果函数定义出现在函数调用之后，就需要在函数使用前用函数原型进行提前声明。

函数重载允许用同一个函数名定义多个函数。程序会根据传递给函数的实参表的不同而调用相应的函数。函数重载使程序设计简化，程序员只要记住一个函数名就可以完成一系列相关的任务。在函数定义中通过赋值运算指定参数默认值。默认参数能够简化函数的调用。作为泛型编程的基础，函数模板可以使用虚拟类型，而非具体类型。

函数不允许嵌套定义（只能平行定义），但是可以嵌套调用。函数的递归调用是一种特殊的嵌套调用，即一个函数直接或间接的调用自己。

局部变量是在函数内部定义的，只能被所在程序块访问。自动局部变量只在函数调用时创建并占用存储空间，函数调用结束后立即释放并由系统回收存储空间。静态局部变量定义在函数内部，但生存期随函数的第一次调用而开始，并一直存续到整个程序的结束，不过它只在所在函数的内部可见，其他函数无法访问。全局变量定义在函数外部，其作用域是从定义处开始，到所在文件结束。如果想把它的作用域扩展到其他文件，可以用关键词extern进行声明。

预处理指令不是C++语言本身的组成部分。预处理操作发生在正式编译之前。

习　题

1. 选择题

（1）以下正确的函数原型是（　　）。

A.f1(int x; int y);　　B.void f1(x, y);

C.void f1(int x, y);　　D.void f1(int, int);

（2）若定义一个函数的返回类型为void，则以下叙述正确的是（　　）。

A. 函数返回值需要强制类型转换　　B. 函数不执行任何操作

C. 函数本身没有返回值　　D. 函数不能修改实际参数的值

（3）使用重载函数的目的是（　　）。

A. 使用相同的函数名调用功能相似的函数　　B. 共享程序代码

C. 提高程序的运行速度　　D. 节省存储空间

（4）在下列的描述中，错误的是（　　）。

A. 使用全局变量可以从被调函数中获取多个结果

B. 局部变量可以初始化，若不初始化，则系统默认它的值为0

C. 当函数调用结束后，静态局部变量的值不会消失

D. 全局变量若不显式初始化，则系统默认它的值为0

（5）下列选项中，（　　）具有文件作用域。

A. 静态局部变量　　B. 形式参数

C. 全局变量　　D. 寄存器变量

2. 编程题

（1）编写函数把华氏温度转换成摄氏温度，公式为$C=\frac{5}{9}(F-32)$。

（2）已知$y=\frac{sh(1+sh(x))}{sh(2x)+sh(3x)}$，其中，sh 为双曲正弦函数，即$sh(t)=\frac{e^t-e^{-t}}{2}$。编写程序，输入 x 的值，计算 y 的值。

（3）求 400 之内的亲密对数。所谓“亲密对数”，即 A 的所有因子（包含 1 但不包含其本身）之和等于 B，而 B 的所有因子之和等于 A。

（4）有些回文数同时还是一个数的二次方。比如 676 是回文数，同时也是 26 的二次方，称为二次方回文。编程找出 100000 以内的二次方回文。

（5）设计函数 int digit(long n,int k)，返回整数 n 从右边开始第 k 个数字的值，若不存在第 k 个数字则返回 -1。例如：

digit(123456,2)=5

digit(3456,6)=-1 // 位数不够，返回 -1

（6）编写两个函数，分别计算两个整数的最大公约数和最小公倍数。

（7）求出 200～1000 所有这样的整数，它们的各位数字之和等于 5，其中判断一个数的各位数字之和是否为 5 的功能封装为一个函数。

（8）编写函数验证哥德巴赫猜想：一个不小于 6 的偶数可以表示为两个素数之和，如 6=3+3，8=3+5，10=3+7,…。

（9）组合数公式为$C_m^n=\frac{m!}{n!(m-n)!}$，编写程序，输入 m 和 n 的值，计算C_m^n，其中阶乘计算写成函数。注意算法优化。要求，主函数调用一下函数组合数：

int fabricate(int m, int n); // 返回C_m^n

fabricate( ) 函数内部调用 multiplicate( ) 函数

int multiplicate(int p, int q); // 返回p×(p－1)×…×q

程序由 4 个文件组成。头文件用于存放函数原型，作为调用接口；其他 3 个源文件分别是 main( )，fabricate( ) 和 multiplicate( ) 函数的定义。

（10）编写函数 sumSeries，它的功能是计算下列级数的和。

$S=1+x+\frac{x^2}{2!}+\frac{x^3}{3!}+\cdots+\frac{x^n}{n!}$，其中 n 和 x 由键盘输入。

（11）编写函数 toOcr(int n)，将十进制数 n 转换为对应的八进制数。

（12）用递归方法求 n 阶勒让德多项式的值，递归公式为

$$P_n(x)=\begin{cases}1 & (n=0)\\ x & (n=1)\\ ((2n-1)x-p_{n-1}(x)-(n-1)_{-2}(x))/n & (n>1)\end{cases}$$

（13）用递归法将一个整数 n 转换成字符串。例如，输入 483，应输出字符串“483”。n 的位数不确定，可以是任意位数的整数。

（14）编写递归函数，将整数的每个位上的数字按相反的顺序输出。例如，输入 1234，输出 4321。

（15）用牛顿迭代法求根。设方程为 $f(x)=ax^3+bx^2+cx+d=0$，则牛顿迭代公式为：$x_{n+1}=x_n-f(x_n)/f'(x_n)$，其中 $f'(x)$ 是 $f(x)$ 的导函数。迭代初值由键盘输入。

（16）使用梯形法计算定积分 $\int_a^b f(x)\mathrm{d}x$ 的值，其中 $a=0, b=1, f(x)=\sin(x)$。

提示：将积分区间分成 n 等份，每份的宽度为 $h=\frac{(b-a)}{n}$，在区间 $[a+ih,\ a+(i+1)h]$ 上使用梯形的面积近似原函数的积分，则：

$$\int_a^b f(x)\mathrm{d}x=\sum_{i=0}^{n-1}\int_{a+ih}^{a+(i+1)h} f(x)\mathrm{d}x\approx\sum_{i=1}^{n-1}\frac{h}{2}(f(a+ih)+f(a+(i+1)h)$$

$$=h\left(\frac{f(a)+f(b)}{2}+\sum_{i=1}^{n-1}f(a+ih)\right)$$

这就是数值积分的梯形求积公式。n 越大或 h 越小，积分就越精确。本题 n 可以取 1000。

（17）使用重载函数编写程序分别把两个数和三个数从大到小排列。

（18）三角形的面积为

$$\text{area}=\sqrt{s(s-a)(s-b)(s-c)}$$

其中，$s=0.5(a+b+c)$，a、b、c 为三角形的三边，定义两个参数的宏，一个用来求 s，另一个用来求 area。编写程序，在程序中用带参数的宏名来求面积 area。

第 5 章　数组

在程序设计中，常常需要用大量相同数据类型的变量来保存数据，若采用简单变量的定义方式，则需要大量不同的标识符作为变量名，并且这些变量在内存中的存放位置可能是不相邻的。随着变量数量的增多，组织和管理这些变量会使程序变得复杂。对于这种情况，为了处理方便，把具有相同类型的若干变量按连续排放的形式组织起来。这些同类数据元素的集合称为数组。后续，可以用一个统一的数组名和下标来唯一确定数组中的每一个元素。

5.1　一维数组的定义与初始化

数组是存储若干数据的一组变量的集合，其中要求所有的数据都属于同一种数据类型，同时这些空间在内存中是连续排放的。通俗点讲，数组相当于一次性定义出多个同类型的变量。这些变量使用起来和普通变量一样。

试考虑从键盘录入 100 个整数，计算其平均值，并输出大于平均值的那些数据。如果定义 100 个整型变量来存储数据，不仅需要 100 个不同的变量名，而且在后续操作时，由于每个变量名都不同，不能通过循环来进行累加和，以及比较，显然这是很麻烦的。这时就可以考虑通过定义一个一维数组来存储这 100 个数据。由此可见，数组是一种存放数据的结构。

5.1.1　一维数组的定义

定义数组时，需要指定数组的名称、数组里存放元素的类型和个数。

定义一维数组的语法为：

```
数据类型数组名 [ 整型常量表达式 ];
```

例如：

```
int a[10]; // 定义了一个数组，包含 10 个整型元素
float b[6]; // 定义了一个数组，包含 6 个浮点型元素
```

说明：

1）数据类型限定了数组元素的类型，因此，数组中存放的所有元素都必须属于同一种类型。

2）整型常量表达式[㊀]定义了数组元素的个数，即数组的长度。

3）数组中元素的下标是从 0 标起。例如，数组 a 中的 10 个元素依次为 a[0], a[1],⋯, a[9]。

以数组 a 为例（设起始地址为 0xfff000），它在内存中的空间分配如图 5-1 所示。

a → 0xfff000	a[0]
0xfff004	a[1]
0xfff008	a[2]
0xfff00c	a[3]
0xfff010	a[4]
0xfff014	a[5]
0xfff018	a[6]
0xfff01c	a[7]
0xfff020	a[8]
0xfff024	a[9]

图 5-1　数组内存分配示意图

可以看出，当定义数组 a 时，系统根据元素的类型和元素个数确定所需分配内存的大小，计算公式为 sizeof(元素类型)× 元素个数。以

㊀ 虽然在C99标准中允许用变量定义数组的长度，而一些编译器也支持该语法，但新的C++标准中都不推荐这种写法。所以在此强调，定义数组时必须给出该数组的确切大小，表达式中不要使用变量。

32 位系统为例，数组 a 存放的是整型数据，因此每个元素占有 4B 的空间，整个数组 a 占有 4 × 10=40B 的空间。这一点可以通过 sizeof(a) 来验证。

📖 数组名 a 是这一连续内存空间的首地址，是一个地址常量。如图 5-1 所示，设系统为数组 a 开辟的内存空间从地址 0xfff000 开始到 0xfff028 结束，则 a 的值为 0xfff000。

📖 由于大部分数据类型所占空间都不止 1B，所以讨论变量在内存中所占空间的地址时，都指的是开始地址。

5.1.2　一维数组的初始化

定义数组时，如果不对其进行初始化（即赋初值），数组空间里将是系统赋给的随机值。数组可以用一组同类型的值进行初始化，该组值放在花括号内，一般称为初始化列表。例如：

```
int s[4]={1, 2, 3, 4};
```

说明：

1）花括号里的元素值是按位置依次赋给每个元素，即 s[0]=1, s[1]=2, s[2]=3, s[3]=4。

2）当定义数组时没有给出数组的大小，但给出了初始化列表，那么数组的长度就由列表中元素的个数来确定。例如：

```
int s[ ]={1,2, 3, 4, 5}; // 数组 s 的长度是 5，即等价于 int s[5]={1,2, 3, 4, 5}。
```

3）当定义数组时给出了具体长度，那么在初始化时不允许列表中的元素个数超出指定的长度。例如：

```
int s[4]={ 1,2, 3, 4, 5, 6}; // 错误，初始化列表中元素个数超过了 4。
```

4）当定义数组时给出了具体长度，在初始化时允许列表中的元素个数小于定义时的大小，剩余的元素将被初始化为 0。例如：

```
int s[6]={1, 2, 3, 4};
```

等价于

```
int s[6]={1, 2, 3, 4, 0, 0};
```

需要特别指出，当离开了定义语句，则不能用初始化列表对数组进行整体赋值。

```
int s[5];
s={ 1, 2, 3, 4, 5}; // 错误，离开了定义语句之后，不可再整体赋值
```

同样下面的写法也是错误的。

```
int s[5];
s[5]={ 1, 2, 3, 4, 5}; // 错误
```

首先 s[5] 表示一个元素，不能接收多个值；其次它是数组 s 中第 6 个元素，而 s 中只包含 5 个元素，这样就造成了数组越界。可以看出，数组中最后一个元素的下标应该是数组长度 -1。

5）当定义数组时没有对其进行初始化，那么数组里元素的值为随机值，因此使用数组前必须先对其赋值。例如：

```
int s[5]; // 数组 s 里 5 个元素存储的均是随机值
```

5.2　一维数组的使用

对数组的使用主要体现在对数组中元素的操作，例如，输入、输出、赋值，以及参与各种运算。数组中每个元素都可以当作一个普通变量来使用，只是该变量的名字是由数组名 [下标] 构成。例如：

```
float b[4], max;
b[0]=1.5; // 对变量 b[0] 进行赋值
b[1]=b[0]*3/4; // 变量 b[0] 参与算术运算，运算结果赋给变量 b[1]
max=(b[0]>b[1]?b[0]:b[1]); //b[0] 和 b[1] 参与条件运算，将二者中值大的赋给变量 max
```

📖 注意：数组的下标是从 0 开始。

对于数组元素的输入、输出，可以借助于循环语句，实现对每个元素的依次访问。

【例 5-1】从键盘录入 10 个整数，计算其平均值，并输出大于平均值的那些数据。

```
#include<iostream>
using namespace std;
int main( )
{
int a[10]={0};      // 定义数组，用于存储数据
  int i;
  int sum=0;          // 用于存放 10 个整数的累加和
  double ave;         // 用于存放平均值
  cout<<" 请输入 10 个整型数据："<<endl;
  for(i=0; i<10; i++)
      cin>>a[i];      // 把从键盘接收的整数依次赋给每个数组元素 a[i]
  for(i=0; i<10; i++)
      sum=sum+a[i];  // 将 10 个数据累加到 sum
  ave=sum/10.0;      // 为保证平均值保留小数部分，除数取 10.0
  cout<<" 大于平均值的数据为："<<endl;
  for(i=0; i<10; i++)
      if(a[i]>ave) cout<<a[i]<<' ';
return 0;
}
```

运行结果如下：

```
请输入 10 个整型数据：
13 9 2 4 1 7 5 8 11 6
大于平均值的数据为：
13 9 7 8 11
```

【例 5-2】从键盘输入 10 个整数，找出其中的最大值和最小值并输出。

```
#include<iostream>
using namespace std;
int main( )
{
  int a[10]={0};
  int i;
  int max,min;        // 用于存放最大值和最小值
  cout<<" 请输入 10 个整型数据："<<endl;
  for(i=0; i<10; i++)
```

```
        cin>>a[i];
    max=min=a[0];  // 初始假定最大值和最小值都是第一个元素
    for(i=1; i<10; i++)
    {
        if(max<a[i]) max=a[i];  // 依次和后面的每个元素比较，遇到更大的，max 就换成当前大的
        if(min>a[i]) min=a[i];  // 依次和后面的每个元素比较，遇到更小的，min 就换成当前小的
    }
    cout<<" 最大值为："<<max<<endl;
    cout<<" 最小值为："<<min<<endl;
    return 0;
}
```

运行结果如下：

```
请输入 10 个整型数据：
4 6 1 9 3 10 8 2 7 5
最大值为：10
最小值为：1
```

5.3　一维数组与函数

当函数被调用时，各个形参将用对应的实参进行初始化。需要检查以下几个方面：

1）形参个数和实参个数是否相同。

2）每个形参类型与其对应的实参类型是否相符。

3）由于数组名是一片连续空间的首地址，如果将其作为函数的实参，传递的内容将是一个地址。因此要求函数的形参是能够接收地址的变量，这是第 6 章将要讲到的指针变量，在此之前先把形参声明为数组的形式。

【例 5-3】从键盘获取 6 个无序的整数存放在数组中，并利用函数实现对其升序排序。

本题使用的排序算法是冒泡排序，该算法的思想是：设有 n 个元素的待排序数列，每一趟排序都是将相邻的两个元素进行比较，如果某一对为升序（或数值相等），则保持不变；如果某一对为降序，则将数值交换。这样，第一趟排序后使得最大的元素被安置到最后一个位置上。第二趟排序后使得次大的元素被安置到第 n-1 个位置上。依次类推，当进行 n-1 趟排序后完成整个数列的升序排序。以本题为例，具体排序过程如图 5-2 所示。

```
#include <iostream>
using namespace std;
void sort(int a[ ]); // 函数声明，形参是数组形式，长度可以省略不写
int main( )
{
    int i;
    int list[6]={0};  // 定义数组用于存放无序的数列，数组里的元素初始化为 0
    cout<<" 请输入 6 个无序的数据：" <<endl;
    for (i=0;i<6;i++)
        cin>>list[i];  // 依次从键盘获取 6 个无序数据存放在数组 list 中
    cout<<" 排序前的序列："<<endl;// 先将排序前的数据输出，以便对比排序后的情况
```

第一趟比较的过程

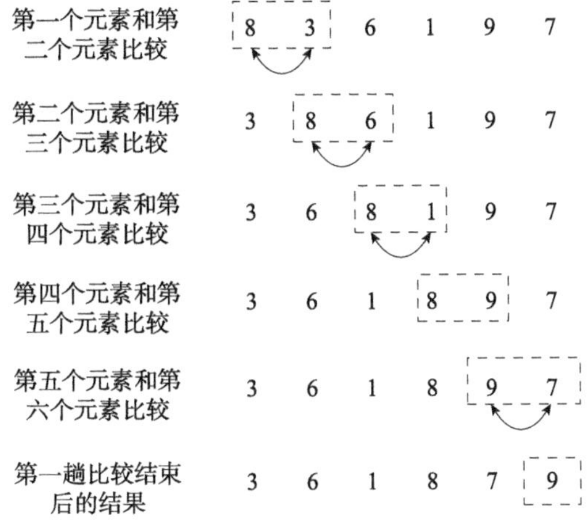

第二趟比较的过程

图 5-2 冒泡排序的过程

```
    for(i=0;i<6;i++)
        cout<<list[i]<<" ";
    cout<<endl;
    sort(list);  // 函数调用
    cout<<" 排序后的序列: "<<endl;
    for(i=0;i<6;i++)
        cout<<list[i]<<" ";
    cout<<endl;
    return 0;
}
void sort(int a[ ])  // 函数定义
```

```
    {
      int i, j;
      int t;   //定义一个临时变量，用于交换数据
      for (j=0;j<5;j++)              //共进行 5 趟比较
          for(i=0;i<5-j;i++)      //在每趟中要进行 (5-j) 次两两比较
          if (a[i]>a[i+1])   //如果前面的数大于后面的数，则交换之
          {
                t=a[i];
                a[i]=a[i+1];
                a[i+1]=t;
          }
    }
```

运行结果如下：

```
请输入 6 个无序的数据：
8 3 6 1 9 7↙
排序前的序列：
8   3   6   1   9   7
排序后的序列：
1   3   6   7   8   9
```

说明：

1）当用数组名作为实参进行传递时，形参必须是能够接收地址的同类型变量。在没有学习指针变量之前，本例中将形参定义为同类型的数组形式。

2）虽然形参是数组形式，但系统并不为形参分配数组大小的内存空间，所以定义数组形参时，可以不给出数组的大小，但必须给出数组元素的类型和数组的维度，即方括号不可省略。它用于告诉编译器，这个形参区别于普通的整型变量。例如，void sort(int a[ ]); 和 void sort(int a); 的形参是不同的，前者能够接收一个地址，而后者只能接收一个整型数据。

3）从运行结果可以看出，函数 sort( ) 里通过形参数组 a 中的元素进行了排序，而函数调用结束后数组 list 也跟着发生了改变。这是因为系统并没有为数组 a 重新开辟空间，而是让数组 a 和数组 list 共享同一块空间；这样通过数组 a 进行的修改，实际上是对数组 list 进行的改变。当函数调用时进行的是“值传递”，即将实参的值复制给形参。而数组名 list 是一个地址常量，因此复制给形参 a 的值也是一个地址，如图 5-3 所示；这样形参和实参指向了同一块空间，无论是对形参还是对实参进行操作，都是在操作同一块空间。

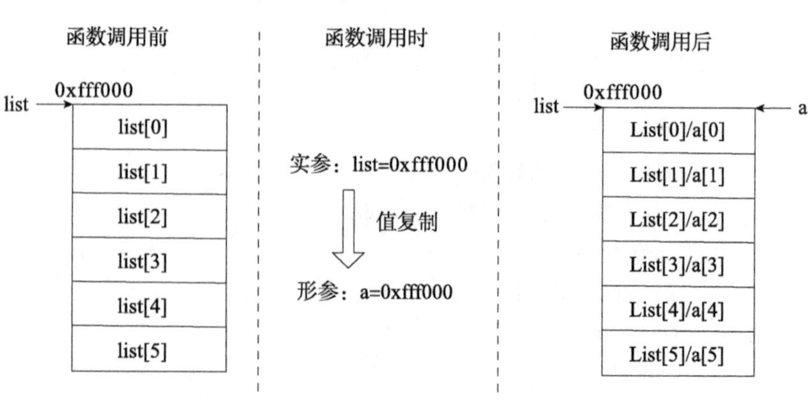

图 5-3　将数组传递到函数中的示意图

5.4 二维数组

前面介绍的数组只有一个下标，称为一维数组。但在实际生活中有很多二维或多维的情况，例如，日常处理的表格就有行、列两个维度，数学中立方体的每个顶点坐标都是由三个维度决定的。C++ 语言允许构造多维数组，其元素有多个下标，用于标识它在数组中的位置。本小节只介绍二维数组，多维数组可由二维数组类推得到。

5.4.1 二维数组的定义

二维数组是在一维数组的基础上增加一个维度，直观上看是比一维数组多了一对方括号。其定义语法为：

```
数据类型 数组名 [ 整型表达式 1][ 整型表达式 2];
```

其中整型表达式 1 表示第一维的大小，即行的个数；整型表达式 2 表示第二维的大小，即列的个数。要求在定义二维数组之前，行的个数和列的个数是确定的。

例如：

```
int s[3][4];
```

定义了一个 3 行 4 列的二维数组，共包含 3 × 4=12 个整型元素

```
第 1 行的 4 个元素分别为：s[0][0]，s[0][1]，s[0][2]，s[0][3]；
第 2 行的 4 个元素分别为：s[1][0]，s[1][1]，s[1][2]，s[1][3]；
第 3 行的 4 个元素分别为：s[2][0]，s[2][1]，s[2][2]，s[2][3]。
```

说明：

1）二维数组或多维数组的下标与一维数组的限定一致，都是从 0 标起。

2）每对方括号代表一个维度，不能将各个维度值都放在一对方括号里，例如：

```
int a[2,5]; // 错误，正确的定义是：int a[2][5];
```

3）二维数组中每个元素的使用和普通变量一样，只是每个元素的名称是由数组名 [行下标][列下标] 构成。

二维数组虽然在形式上可以看作一个表格的形状，但在内存中的存放却是按照一维线性排列，这是由内存编址决定的。一般来说，二维数组在内存中的存放方式有两种：一种是按行优先，即放完第一行的元素后依次放入第二行的元素，……。另一种是按列优先，即放完第一列的元素之后再顺次放入第二列的元素，……。在 C++ 中，二维数组是按行优先存放的。图 5-4 所示为数组 s 在内存中的存放情况。

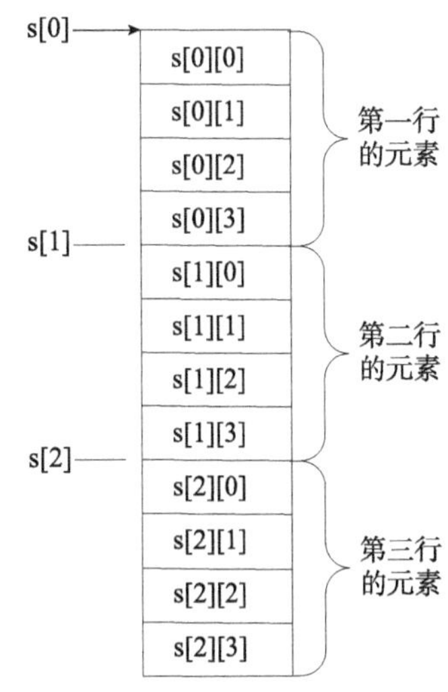

图 5-4 二维数组元素在内存中的存放情况

即先存放 s[0] 行，再存放 s[1] 行，最后存放 s[2] 行。其中每行的 4 个元素也是按照下标依次存放。

实际上，可以把二维数组看成是一个一维数组，只是这个一维数组里的每个元素又是一个一维数组，如图 5-5 所示。其中，s[0]，s[1]，s[2] 分别是包含 4 个元素的一维数组名。

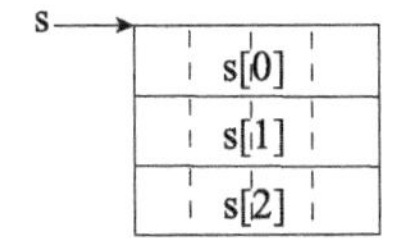

图 5-5 二维数组的一维表示

5.4.2　二维数组的初始化

二维数组的初始化也是在定义时，通过花括号给出一系列同类型的值进行赋值。由于二维数组在内存中是按照行优先存放的，因此二维数组的初始化是按行进行赋值。

（1）指定每行元素的初值

例如：

```
int a[3][4]={ {1, 2, 3, 4}, {5, 6, 7, 8}, {9, 10,11, 12} };
```

其中，内层每对花括号代表一行，花括号对的顺序对应着行的顺序。如果每行中给定的初值少于数组定义的列数，则从每行第1个元素起赋值，未赋初值的元素取0值。

例如：

```
int a[3][4]={ {1, 2}, {5, 6, 7}, {9} };
```

初始化后的数组a中各元素的初值为：

```
1  2  0  0
5  6  7  0
9  0  0  0
```

（2）系统按行连续赋值

例如：

```
int a[3][4]={ 1, 2, 3, 4, 5, 6, 7, 8, 9, 10,11, 12 };
```

这种方法将所有的初值依次罗列，由系统按行进行赋值，即先对第一行的4个元素按顺序依次赋值，然后再赋值第二行的，……，直至最后一行。如果给出的初值个数少于数组定义的大小，则按行优先满足前面的元素，后面未赋初值的元素自动取0值。

例如：

```
int a[3][4]={ 1, 2, 3, 4, 5, 6, 7, 8, 9};
```

初始化后的数组a中各元素的初值为：

```
1  2  3  4
5  6  7  8
9  0  0  0
```

5.4.3　二维数组的使用

（1）二维数组元素的使用

二维数组的使用类似于一维数组，首先由于数组不能作为一个整体直接赋值，因此对于二维数组中元素的输入和输出要依赖于双层循环来进行；其次，对于二维数组中的每个元素，可以当作普通变量使用，变量名为：数组名[行下标][列下标]。

【例5-4】设有5行5列的数组b，其元素b[i][j]=3*i+2*j−8（i, j = 0,1,2,3,4）。编程序实现：

1）利用公式b[i][j]=3*i+2*j−8对数组b进行赋值。

2）求第4行的5个元素之累加和。

3）求第5列的5个元素之平均值。

4）求主对角线（"\"状对角线）上有多少个负数。

```
#include<iostream>
using namespace std;
int main( )
```

```
{
    int b[5][5];    // 定义二维数组 b
    int sum1=0, sum2=0;    //sum1 记录第四行元素的累加和，sum2 记录第五列元素的累加和
int x=0;    //x 记录主对角线上负数的个数
    float average;    //average 记录第五列元素的平均值
    int i,j;
    // 对二维数组 b 进行赋值
    for(i=0; i<5; i++)
        for(j=0; j<5; j++)
            b[i][j]=3*i+2*j-8;
// 分别求第四行的累加和，以及第五列的平均值
for(j=0; j<5; j++)
        sum1 += b[3][j];
    for(i=0; i<5; i++)
        sum2 += b[i][4];
    average=sum2/5;
    cout<<" 第 4 行的 5 个元素累加之和为："<<sum1<<endl;
    cout<<" 第 5 列的 5 个元素的平均值为："<<average<<endl;
// 累计主对角线上的负数个数
for (i=0; i<5; i++)
        for (j=0; j<5; j++)
            if ( i==j && b[i][j]<0 )  x++;        // 处理主对角线元素
    cout<<" 主对角线上的负数个数："<<x<<endl;
return 0;
}
```

运行结果如下：

```
第 4 行的 5 个元素累加之和为：25
第 5 列的 5 个元素的平均值为：6
主对角线上的负数个数：2
```

（2）二维数组作为函数参数

二维数组也可以作为函数的参数进行传递，要求形参和实参在维度上、类型上均相符。将【例 5-4】中所要实现的功能分别用三个函数来实现。

【例 5-5】对【例 5-3】中的功能分别用 sum( ) 实现第 4 行元素累加和的计算；average( ) 实现第 5 列元素平均值的计算；count( ) 实现主对角线上负数的统计。

```
#include<iostream>
using namespace std;
void sum(int a[ ][5]); // 函数声明
void average(int a[ ][5]);
void count(int a[ ][5]);
int main( )
{
```

```
    int b[5][5];
    int i,j;
    for(i=0; i<5; i++)
        for(j=0; j<5; j++)
            b[i][j]=3*i+2*j-8;
    sum(b); // 函数调用
    average(b);
    count(b);
    return 0;
}
void sum(int a[ ][5])
{
    int s=0, j;
    for(j=0; j<5; j++)
        s += a[3][j];
    cout<<" 第 4 行的 5 个元素累加之和为："<<s<<endl;
}
void average(int a[ ][5])
{
    int s=0, aver, i;
    for(i=0; i<5; i++)
        s += a[i][4];
    aver=s/5;
    cout<<" 第 5 列的 5 个元素的平均值为："<<aver<<endl;
}
void count(int a[ ][5])
{
    int i, j, x=0;
    for (i=0; i<5; i++)
        for (j=0; j<5; j++)
            if ( i==j && a[i][j]<0 ) x+=1; // 处理主对角线元素
    cout<<" 主对角线上的负数个数："<<x<<endl;
}
```

运行结果如下：

```
第 4 行的 5 个元素累加之和为：25
第 5 列的 5 个元素的平均值为：6
主对角线上的负数个数：2
```

说明：

1）由于系统并不为形参分配二维数组大小的空间，所以定义二维数组形式的形参时，可以不给出第一维的大小，但必须给出数组元素的类型，数组的维度（即方括号的个数），以及第二维的大小。如 void sum(int a[ ][5]); 其中两对方括号均不可省略。

2）与一维数组作为函数参数进行传递的机制类似，系统没有为形参（二维数组 a）重新开辟和实参一样大小的空间，而是让其和实参（二维数组 b）共用同一块空间。因此，函数执行时，对二维数组 a 空间进行的操作，相当于对二维数组 b 空间的操作。

5.5 字符数组

用来存放字符的数组称为字符数组。字符数组和数值型数组类似，同样遵循 5.1 小节～5.4 小节中介绍的一维数组和二维数组的特性以及使用方法。但是，如果字符数组中存放了字符串，也就是由空字符 '\0' 结尾的若干个字符，字符数组会因为 '\0' 的存在，比数值型数组多了一些特性。

5.5.1 字符数组的定义

字符数组也是一种数组，它的定义形式可与前面介绍的数值型数组相同。例如：

```
char c[4];   // 定义了一个包含 4 个元素的字符数组
```

说明：

1）定义时，数组的数据类型为 char，即数组里每个元素存放的都是一个字符。

2）数组元素的下标也是从 0 开始。

字符数组也可以定义成二维或多维的，例如：

```
char str[3][10]; // 定义了一个 3 行 10 列的二维字符数组
```

📖 一维字符数组只能存放一个字符串。二维字符数组常用于存放多个字符串，如数组 str 可以存放三个字符串，每个字符串的最大长度为 9。

5.5.2 字符数组的初始化

（1）利用字符常量进行初始化

由于字符数组也是数组，因此，它可以在定义时利用字符常量对其进行全部或部分初始化，例如：

```
char c[4]={ 'a', 'b', 'c', 'd'};
```

对数组 c 里的元素进行了全部初始化，使得 c[0]='a'，c[1]= 'b'，c[2]= 'c'，c[3]= 'd'。

```
char c[4]={ 'a', 'b', 'c'};
```

对数组 c 里的元素进行了部分初始化，元素 c[3] 没有赋值，因此系统自动赋 0 值。由于 0 值对应的 ASCII 码为空字符，即 '\0'，所以 c[3]='\0'。

```
char c[ ]={'C', 'h', 'i', 'n', 'a', '!'};
```

数组 c 的大小由初始化列表中元素的个数来确定，所以其大小是 6，即 char c[6]。

（2）利用字符串进行初始化

字符数组里存放的是字符，因此也可以用字符串对数组作初始化赋值。例如：

```
char c[ ]={"China!"};
```

或去掉 {} 写为：

```
char c[ ]="China!";
```

注意：对于两种初始化方式：① char c[ ]={'C', 'h', 'i', 'n', 'a', '!'}; 和② char c[ ]={"China!"}; 定义出来的数组是不同的，前者的长度为 6，后者的长度为 7。这是由于字符串总是以 '\0' 作为串的结束符，当用字符串对数组进行初始化时，结束符 '\0' 也需要存入数组。因此，用字符串方式赋值比用字符逐个赋值要多占一个字节，用于存放字符串结束标志 '\0'。当然，字符串赋值方式里的 '\0' 是由编译系统自动加上的。它们在内存中的初始化情况如图 5-6 所示。

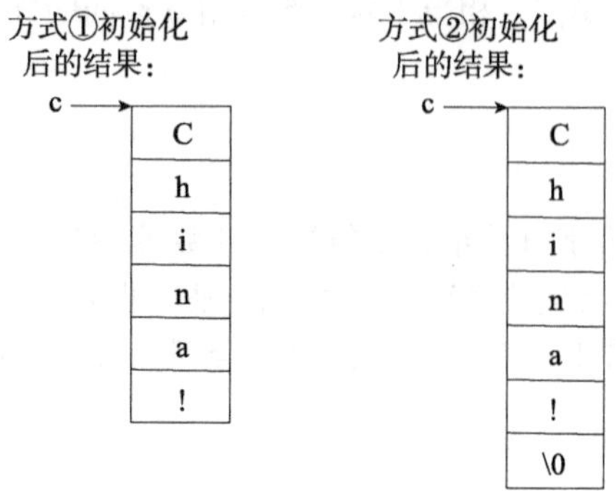

图 5-6　字符数组初始化示意图

📖 在用字符串赋初值时，字符数组定义的大小至少要比字符串的长度大一个，用于编译系统放置 '\0'。例如：char c[6]="China!"; // 错误，用于初始化的元素个数超过了 6。

5.5.3　字符数组的使用

字符数组的使用与前面介绍的数值型数组的使用方法一致，可以通过循环，依次输入 / 输出数组中的每个字符。例如：

```
char c[10];
int i;
for(i=0;i<=9;i++)
    cin>>c[i];
```

如果字符数组中存放的是字符串，采用字符串末尾的 '\0' 作为结束标志后，字符数组的输入输出将变得简单方便；它除了可以通过循环语句依次输入输出每个元素，还可以直接使用 cin、cout 语句来进行输入输出。当用 cin 语句直接对字符数组进行输入时，编译系统将自动在字符数组里添加 '\0' 标志。当字符数组用 cout 语句直接进行输出时，前提要求字符数组里存在 '\0' 标志，因为输出语句要依靠 '\0' 来判断字符串的结束。但是字符数组新增的特性，也允许通过一句 cin 或者 cout 进行整体输入或输出。注意，cin 是将空格、制表符或者回车作为合法的分隔符，所以通过 cin 输入时，字符串中不能包含空格。

【例 5-6】从键盘输入一个字符串，将其中的小写字母转换为大写字母，其他字符保持不变，最后将转换后的字符串输出。

```
#include<iostream>
using namespace std;
int main( )
{
    char str[50];          //一维字符数组，用于存放一个字符串
    int i=0;
    cout<<" 请输入一个字符串："<<endl;
    cin>>str;              // 整体输入，字符串末尾系统会自动添加一个’\0’
    while(str[i]!='\0')    // 当字符串还没有结束时，取每一位字符进行处理
```

```
    {
    if(str[i]>='a'&&str[i]<='z') str[i]=str[i]-32;  // 将小写字母转换为大写字母
    i++;
    }
    cout<<" 转换后的字符串："<<endl;
    cout<<str;  // 整体输出
    return 0;
}
```

运行结果如下：

```
请输入一个字符串：
at4,Ther7YiG#
转换后的字符串：
AT4,THER7YIG#
```

说明：

1）用 cin>>str 进行输入字符时，当遇到分隔符（本例中为回车符）后结束输入，编译系统将自动在字符数组里添加 '\0' 标志。

2）用 cout<<str 直接输出字符数组里的内容时，输出语句以 '\0' 为结束标志，输出数组 str 中第一个字符到首次出现的 '\0' 之间的字符串。

3）系统将特殊字符 '\0' 作为数值 0 来处理，所以程序中使用的“while(str[i]!= '\0')”等价于“while (str[i]!=0)”或者“while (str[i])”；它意味着“当 s[i] 的取值非 0 时”要进行循环处理。

📖 字符数组名也是一个地址常量，但遇到 cout<<str 时，没有输出该地址值，而是输出对应的字符串，说明 cout<< 后面是一个地址时，系统会根据该地址对应空间里的内容做不同的处理，这点在第 6 章中还会进一步说明。

【例 5-7】从键盘获得一串字符，分别统计出其中英文字母、数字、空格和其他字符的个数。

本题输入的字符串中允许有空格，因此用 cin 不合适，可以使用 cin.getline( ) 函数完成输入。函数原型是 istream& getline(char s[ ], streamsize n, char delim); 其中第一个参数为存放字符串的字符数组名，第二个参数控制输入的最大字符数（最大字符数为 n−1，最后一个位置留着存 '\0'），第三个参数指定输入的结束字符（默认是回车，也可以自行指定某个符号作为结束）。

```
#include<iostream>
using namespace std;
int main( )
{
    char s[50];
    int i=0, sign=0, digit=0, space=0, other=0; // 定义变量并初始化
    cout<<" 请输入一串字符："<<endl;
    cin.getline(s,50);
    while(s[i]) // 只要不等于 '\0'，就继续循环
    {
    if(s[i]>='A'&&s[i]<='Z'||s[i]>='a'&&s[i]<='z') sign++;
    else if(s[i]>='0'&&s[i]<='9') digit++;
    else if(s[i]==' ') space++;
```

```
        else other++;
        i++;
        }
        cout<<" 原字符串为："<<s<<endl;
        cout<<" 其中英文字母的个数为："<<sign<<endl;
        cout<<" 数字的个数为："<<digit<<endl;
        cout<<" 空格的个数为："<<space<<endl;
        cout<<" 其他字符的个数为："<<other<<endl;
        return 0;
    }
```

运行结果如下：

```
请输入一串字符：
Can you read "abc" or "123"?
原字符串为：Can you read "abc" or "123"?
其中英文字母的个数为：15
数字的个数为：3
空格的个数为：5
其他字符的个数为：5
```

通过【例 5-6】和【例 5-7】可以看出，由于每次输入的字符串长度不同，所以在一开始开辟数组空间时，可以选择开辟的大一些。这样会导致部分空间没有使用，因此在处理字符串时，不宜将整个空间扫描一遍，而是以’\0’作为扫描结束的标记。

为了不让空间浪费，也可以在程序运行时，通过变量的值来指定数组的大小，这种方式称为动态定义数组，需要用到第 7 章里介绍的 new 运算符。

5.5.4　字符串常用函数

由于字符串应用广泛，C++ 标准库中提供了许多操作字符串的函数，用于实现字符串连接、复制、比较、计算长度等功能。C++ 将这些函数定义在 string.h 头文件中，因此当程序需要使用这些字符串函数时，应该在文件的开始部分加入：#include <string.h>。下面介绍几种常用的字符串处理函数。

（1）字符串连接函数 strcat( )

函数原型：char * strcat (char str1[ ]，const char str2[ ]);

功能：把 str2 中的字符串连接到 str1 中字符串的后面，str1 中字符串的结束标志 '\0' 被 str2 里的字符串及其结束标志所覆盖。本函数返回值是 str1 的首地址。

📖 str1 应定义足够的长度，否则不能全部装入被连接的字符串。

例如：

```
char s1[20]="I Like"; //Like 后面有个空格
char s2[10]="C++!";
strcat(s1, s2);
```

调用 strcat( ) 函数后 s1 里的内容为“I Like C++!”，内存中数组 s1 和 s2 的存放情况如图 5-7 所示。

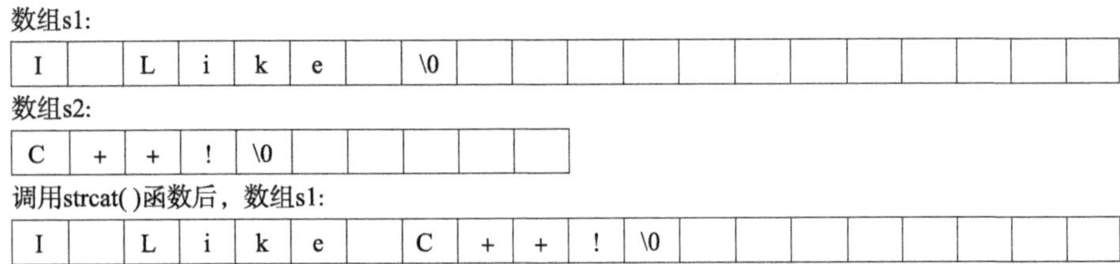

图 5-7 strcat 函数的调用示例

（2）字符串复制函数 strcpy( )

函数原型：char * strcpy (char str1[ ]，const char str2[ ]);

功能：把 str2 中的字符串复制到 str1 中，str2 中的串结束标志 '\0' 也一同复制。参数 str2 还可以是一个字符串常量，这时相当于把一个字符串赋予一个字符数组。

📖 str1 应定义足够的长度，否则不能全部装入所复制的字符串。

仍以 s1 和 s2 为例，调用 strcpy(s1, s2) 后，内存中数组 s1 和 s2 的存放情况如图 5-8 所示。

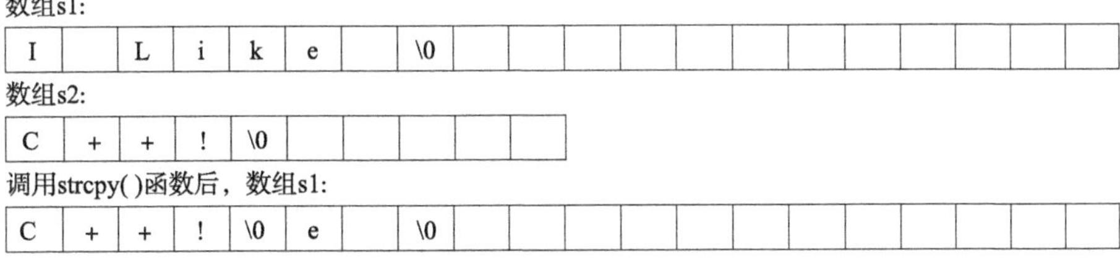

图 5-8 strcpy 函数的调用示例

（3）字符串比较函数 strcmp( )

函数原型：int strcmp (const char str1[ ]，const char str2[ ]);

功能：依照 ASCII 码表中值的大小，依次比较两个字符串中对应位置上的字符，并由函数返回值返回比较结果。

str1==str2，返回值为 0；

str1>str2，返回值 >0；

str1<str2，返回值 <0。

📖 本函数也可用于比较两个字符串常量，或比较字符数组与字符串常量。

（4）计算字符串长度函数 strlen( )

函数原型：int strlen(const char str[ ]);

功能：计算字符串的长度，返回首次出现的结束标志 '\0' 之前的字符数，并作为函数返回值。

📖 返回的字符串长度是不包括 '\0' 的有效字符个数。

下面用一个综合例题来说明上述函数的使用。

【例 5-8】从键盘获得 3 个字符串 str1、str2 和 str3，实现如下操作：

1）计算每个字符串的长度。

2）找出最大的字符串。

3）将 3 个字符串连接起来放在 str1 中，并输出。

4）将 str3 的内容复制到 str2 中，并输出。

```
#include<iostream>
#include<string.h>
using namespace std;
int main( )
{
    char str1[30],str2[15],str3[10];
    int len1,len2,len3;
    cout<<" 请输入 3 个字符串："<<endl;
    cin>>str1>>str2>>str3;
    len1=strlen(str1); // 调用字符串函数 strlen( ) 计算 str1 的长度并赋值给 len1
    len2=strlen(str2);
    len3=strlen(str3);
    cout<<str1<<" 的长度为："<<len1<<endl;
    cout<<str2<<" 的长度为："<<len2<<endl;
    cout<<str3<<" 的长度为："<<len3<<endl;
    // 用打擂法找出最大的字符串
    char strMax[30];
    strcpy(strMax,str1);
    if(strcmp(str2,strMax)>0)
    {
    strcpy(strMax,str2);
    }
    if(strcmp(str3,strMax)>0)
    {
    strcpy(strMax,str3);
    }
    cout<<" 最大的字符串为："<<strMax<<endl;

    strcat(str1,str2);
    strcat(str1,str3);
    cout<<"3 个字符串连接到 str1 后："<<str1<<endl;
    strcpy(str2,str3);
    cout<<"str3 复制到 str2 后："<<str2<<endl;
    return 0;
}
```

运行结果如下：

```
请输入三个字符串：
we↙
are↙
students↙
we 的长度为：2
```

```
are 的长度为：3
students 的长度为：8
最大的字符串为：we
3 个字符串连接到 str1 后：wearestudents
str3 复制到 str2 后：students
```

5.6 string 类型

由于实际应用中经常会涉及字符串的存储、修改和访问操作，例如，管理学生的基本信息时，需要保存学生的姓名、所属院系、家庭住址等。通常情况下，可以利用字符数组来存储字符串信息，但使用起来不够灵活方便。原因在于：

1）字符数组在定义时必须指定长度，而要存储的信息内容不一，长度也不同，因此用定长的空间存储不定长的内容，有时会出现存储空间不够的情况，有时又会出现存储空间浪费的问题。

2）对字符数组里的内容进行操作时，需要借助于字符串处理函数。例如，按学生姓名进行查询时，需要用到 strcmp( ) 函数对查询内容进行比较，使用起来比较繁琐。

因此，C++ 将字符数组和一些常用操作封装成一个字符串类——string。关于类的概念，将在第 8 章中详细介绍。本章中，主要从使用的角度来掌握 string 类，因此可以把它简单地理解为 C++ 提供的一种类型，对应的 string 对象理解为字符串变量。

5.6.1 字符串变量的定义与初始化

为了能够使用 string 类型，要求程序开始处包含头文件 <string>。例如：

```
#include<string>
```

string 类变量的定义语法和基本变量的定义方式一致，即：

```
变量类型 变量名；
```

例如：

```
string s1; // 定义了一个字符串变量 s1
```

定义出一个字符串变量后，系统会自动将其初始化为一个空字符串。当然，也可以通过字符串常量对字符串变量进行初始化，例如：

```
string s2="apple";
```

📖 字符串变量空间是动态的，其根据存储的内容自动调整空间大小，因此不用担心存放的内容超出变量的空间。

5.6.2 字符串变量的使用

既然 string 作为一种数据类型来理解，那么对字符串变量的使用就可以参照普通变量的用法。

（1）赋值操作

类似于普通变量，字符串变量可以用一个字符串常量进行赋值，也可以通过其他字符串变量进行赋值。例如：

```
string s3;
```

```
s3="cherry";  // 通过字符串常量"cherry"对字符串变量进行赋值
string s4;
s4=s3; // 通过已经存在的变量 s3 对新定义的变量 s4 进行赋值
```

（2）比较操作

string 类型支持常见的比较运算符 >、>=、<、<=、==、!=，这样字符串间的比较运算就不需要借助于字符串比较函数 strcmp( )，而是直接进行比较运算。例如：

```
if(s2==s3) cout<<"equal!"
else if(s2>s3) cout<<s2;
else cout<<s3;
```

（3）连接操作

两个字符串变量进行连接时，可以直接通过运算符"+"来进行，而不需要借助于字符串连接函数 strcat( )，例如：

```
s4=s2+s3; // 将 s2 和 s3 连接起来，赋值给 s4
```

5.6.3　字符串数组

通过 string 类型也可以定义出字符串数组，用来存储多个字符串。例如：

```
string name[10]; // 定义一个包含 10 个字符串变量的数组
```

对字符串数组的初始化类似于字符数组的初始化，只是用于初始化的值不是单个字符，而是字符串常量，例如：

```
string name[10]={"Lili","Wangke","Zhanglin"};
```

这是对字符串数组 name 进行了部分初始化，其中 name[0]="Lili"，name[1]= "Wangke"，name[2]="Zhanglin"，其他数组元素为空字符串。

下面通过一个综合例题，对比一下字符串变量与字符数组的使用方式。

【例 5-9】从键盘获得 3 个字符串，存入字符串数组中，并实现如下操作：

1）找出最大的字符串。

2）将 3 个字符串连接起来放在第 1 个字符串中，并输出。

```
#include<iostream>
#include<string>
using namespace std;
int main( )
{
    string str[3];
    int i;
    cout<<" 请输入 3 个字符串："<<endl;
    for(i=0;i<3;i++)
    cin>>str[i];
    // 用打擂法找出最大的字符串
    string strMax=str[0];
    for(int j=1;j<3;j++)
    if(strMax<str[j])
        strMax=str[j];
```

```
    cout<<" 最大的字符串为："<<strMax<<endl;
    str[0]=str[0]+str[1]+str[2];
    cout<<" 合并后的字符串为："<<str[0]<<endl;
    return 0;
}
```

运行结果如下：

```
请输入 3 个字符串：
a↙
water↙
melon↙
最大的字符串为：water
合并后的字符串为：awatermelon
```

5.7　应用实例

【例 5-10】输入任意一个十进制正整数 n，将其转换为二进制数后输出。

十进制整数转二进制的方法是“除 2 倒取余”，如图 5-9 所示，所以需要将先得到的余数暂存起来，多个同类型的数据需要存放，可以考虑用数组。反复除 2，每次除得的余数存入数组，直到商为 0，最后从后往前输出数组中的值，实现“倒取余”。

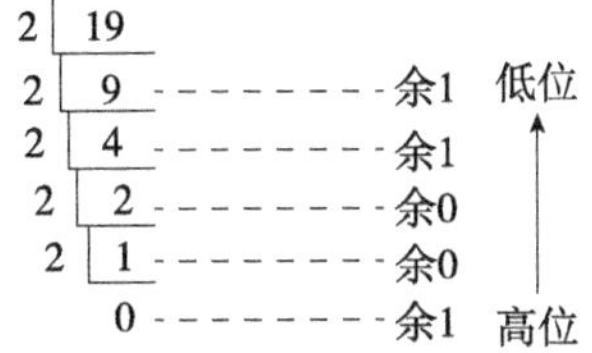

图 5-9　十进制 19 转二进制数示意图

```
#include<iostream>
using namespace std;
int main( )
{
    int a[20];  // 用于存放每次除 2 后的余数
    int n, ind=0, temp;
    cout<<"input positive n:";
    cin>>n;
    temp=n;
    while(n) {
    a[ind++]=n%2;  // 通过 % 运算符求得余数
    n/=2;          // 原数值除 2
    }
```

```
        cout<<temp<<"'s binary:";
        for(ind--;ind>=0;ind--)        // 反向输出数组里的内容，实现“倒取余”
        cout<<a[ind];
        cout<<endl;
        return 0;
    }
```

运行结果如下：

```
    input positive n:17
    17's binary:10001
```

【例 5-11】利用选择排序法将包含 10 个元素的无序数列按升序排序。

选择排序法的思想是设有 n 个元素的待排序数列，当进行第 i（1≤i < n）趟交换时，首先从 n-i+1 个待排序数据中找出一个最小值（或最大值），然后和第 i（1≤i < n）个元素交换；反复进行，直到完成 n-1 趟交换，实现整个数列的升序（或降序）排列。

本题中，第 1 趟从 10 个待排序的数列中找到一个值最小的元素，p 记录该元素的下标；然后将找到的元素与 list[0] 交换（如果当前 list[0] 是最小的，则不用交换）；这样 list[0] 存放的就是 10 个数据中最小的那个元素。接着进行第 2 趟选择，从剩下的 9 个待排序的数列中找到值最小的元素，与 list[1] 交换，这样 list[1] 存放的就是 10 个数据中次小的那个元素。依次进行直至剩下一个未排序的数据，即最大元素 list[9]，结束排序。

```
    #include<iostream>
    using namespace std;
    void sort(int a[ ]);
    int main( )
    {
        int i;
        int list[10]={0}; // 定义数组用于存放无序的数列，数组里的元素初始化为 0
        cout<<" 请输入 10 个无序的数据："<<endl;
        for(i=0;i<10;i++)
        cin>>list[i]; // 依次从键盘获取 10 个无序数据存放在数组 list 中
        cout<<" 排序前的序列："<<endl;
        for(i=0;i<10;i++)
        cout<<list[i]<<"  ";
        cout<<endl; // 先将排序前的数据输出，以便对比排序后的情况
        sort(list); // 函数调用
        cout<<" 排序后的序列："<<endl;
        for(i=0;i<10;i++)
        cout<<list[i]<<"  ";
        return 0;
    }
    void sort(int a[ ])
    {
        int i, j, p, s;
```

```
        for(i=0;i<9;i++)
        {
        p=i; // 从数列的第 i 个元素排起
        for(j=i+1;j<10;j++)
            if(a[p]>a[j]) {p=j;}  // 从第 i+1 个元素比较起，将较小值的下标存入 p
        if(p!=i)
        { s=a[i];
        a[i]=a[p];
        a[p]=s;
        }
        }
    }
```

运行结果如下：

```
请输入 10 个无序的数据：
9 5 12 3 7 1 34 21 56 2↙
排序前的序列：
9   5   12   3   7   1   34   21   56   2
排序后的序列：
1   2   3   5   7   9   12   21   34   56
```

【例 5-12】利用折半查找法在有序数列中进行查询，给出查找结果。

折半查找的思想：对一个有序数列（如按升序排列），将需要查找的数据与正中元素相比，若待查数据大，则缩小至右半部内查找；若待查数据小，则缩小至左半部内查找。范围缩小后，再取其正中元素与待查数据比较，每次缩小 1/2 的范围，直到查找成功或失败为止。

以有序数列 {5, 13, 19, 21, 37, 56, 64, 75, 80, 92} 为例，定义变量 low 记录搜索范围的下界，变量 high 记录搜索范围的上界，变量 mid 记录正中元素的位置。若待查找的数据 key=80，则折半查找的流程图如图 5-10 所示。

```
#include<iostream>
using namespace std;
int main( )
{
    const int LEN=10;
    int a[LEN],key;
    bool isFind=false;
    cout<<" 请由小到大输入 10 个数 :"<<endl;
    for(int i=0;i<LEN;i++)
    cin>>a[i];
    cout<<" 请输入需要查找的数字："；
    cin>>key;
    for(int low=0,mid,high=LEN-1;high>=low;)
    {
    mid=(low+high)/2;
```

```
        if(key= =a[mid])  // 找到了
        {
            cout<<" 该数是数组中第 "<<mid+1<<" 个元素的值。"<<endl;
            isFind=true;
            break;
        }
        else if(key<a[mid])       high=mid-1; // 缩至左半部
        else low=mid+1;   // 缩至右半部
        }
        if(!isFind)      cout<<" 无此数。"<<endl;
        return 0;
    }
```

运行结果如下：

```
  请由小到大输入 10 个数：
5131921375664758092↙
请输入需要查找的数字：56↙
该数是数组中第 6 个元素的值。
```

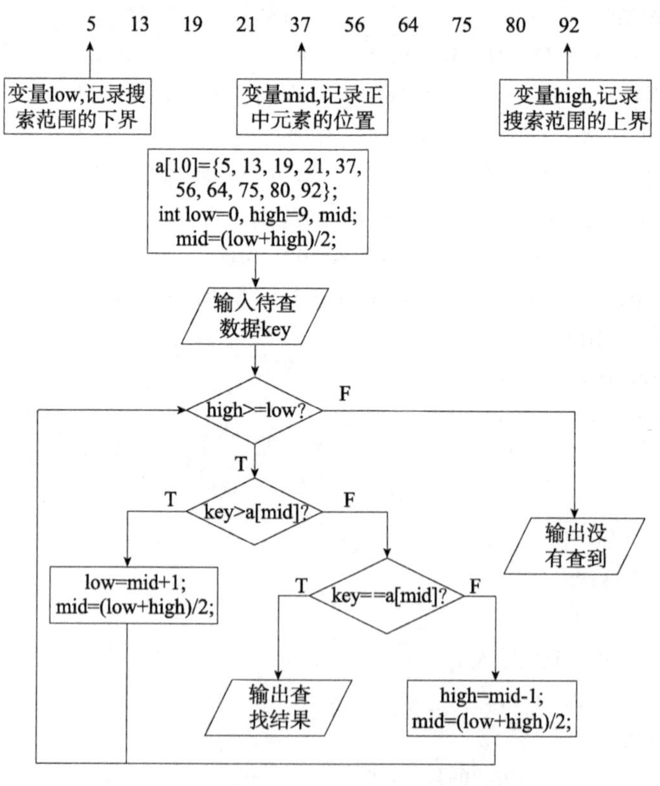

图 5-10　折半查找算法流程图

【**例 5-13**】有一行电文，已经按照如下规则译成了密码：

A->Z a->z

B->Y b->y

C->X c->x

……

即第 1 个字母变换成第 26 个字母，第 i 个字母变换成第 (26-i+1) 个字母。非字母字符不变。给定一段密码，请将其译成原文并输出。

```
#include<iostream>
#include<cstring>
using namespace std;
int main( )
{
    char encode[101], decode[101];
    int i, length;
    cout<<" 请输入密文：";
    cin.getline(encode,101);
    length = strlen(encode);
    decode[length] = '\0';
    for (i = 0;i < length;i++) {
    if (encode[i]>='A' && encode[i] <= 'Z')
        decode[i] = 'A' + ('Z' - encode[i]);
    else if ('a' <= encode[i] && encode[i] <= 'z')
        decode[i] = 'a' + ('z' - encode[i]);
    else
        decode[i] = encode[i];
    }
    cout<<" 解密后，原文是："<<decode;
    return 0;
}
```

运行结果如下：

```
请输入密文：R zn z kiltizn.
解密后，原文是：I am a program.
```

【例 5-14】存储 5 位学生的姓名以及每个学生 4 门课的成绩，编写程序实现：

1）计算并输出每个同学的总成绩和平均成绩。

2）根据学生姓名进行查询，将其姓名、各科成绩以及平均成绩输出，如果不存在该学生，输出“查无此人！”。

```
#include<iostream>
#include<string>
#include<iomanip>
using namespace std;
int main( )
{
    string name[5];
    string find_name; // 存储需要查询的学生姓名
```

```
    float stud[5][4], sum[5]={0}, average[5];
    int i,j;
    cout<<" 请依次输入学生姓名及各科考试成绩："<<endl;
    for(i=0;i<5;i++)
    {     cin>>name[i];   // 键入学生姓名
    for(j=0;j<4;j++)
    {
        cin>>stud[i][j];       // 输入各科成绩
         sum[i]+=stud[i][j];       // 求总成绩
    }
    average[i]=sum[i]/4;       // 求平均成绩
    }
    cout<<" 姓名 =\t 总成绩 =\t 平均成绩 "<<endl;
    for(i=0;i<5;i++)
    cout<<setiosflags(ios::left)<<setw(13)<<name[i]
    <<setw(12)<<sum[i]<<average[i]<<endl;       // 将姓名和成绩排成整齐的列表
    cout<<" 请输入需要查询的学生姓名："<<endl;
    cin>>find_name;
    for(i=0;i<5;i++){
    if(name[i]==find_name){
        cout<<setw(10)<<name[i];
        for(j=0;j<4;j++)  cout<<setw(5)<<stud[i][j];
        cout<<setw(5)<<average[i]<<endl;
        break;
    }
    }
    if(i==5) cout<<" 查无此人！ ";
    return 0;
}
```

运行结果如下：

```
请依次输入学生姓名及各科考试成绩：
wangli↙
76 78 89 80↙
liya↙
87 86 90 70↙
zhangli↙
79 76 80 90↙
jikai↙
79 90 86 69↙
xialin↙
89 79 68 90↙
```

```
姓名        总成绩    平均成绩
wangli       323       80.75
liya         333       83.25
zhangli      325       81.25
jikai        324       81
xialin       326       81.5
请输入需要查询的学生姓名:
zhangli↙
zhangli   79   76   80   90   81.25
```

5.8 小结

数组是由相同类型的若干数据元素组成的一种数据结构。本章主要介绍了一维数组和二维数组的定义语法、初始化方法，以及如何使用数组中的元素。由于数组在内存中需要占用一组连续的空间，因此在定义数组时需要指定其类型和大小。数组中元素的下标是从零开始的，使用数组中的元素时需要指定其所在的下标。

针对字符数组的特殊性，本章介绍了字符数组的定义、初始化和使用方法；同时对一些常用的字符串函数进行了说明。为了方便编程人员的使用，本章还介绍了 string 类型，专门处理字符串变量。

数组作为一种常用的数据类型，可以将其作为函数的参数进行传递。当函数调用，把数组名作为实参时，传递的是一个地址，从而使得形参和实参共用同一块空间，因此函数中可以通过对形参的修改实现对实参内容的改变。

习 题

1. 选择题

（1）执行 int a[10]={10*1}; 后，以下说法正确的是（　　）。

A. 语法错误　　B. 10 个元素均为 1

C. 第 1 个元素为 10，后面 9 个均为 0　　D. 10 个元素均为 0

（2）若有以下定义，则对 a 数组元素错误引用的是（　　）。

int a[5]={1,2,3,4,5};

A. a[0]　　B. a[2]　　C. a[a[4]−2]　　D. a[5]

（3）在 int a[ ][3]={{1,0},{3,2},{4,5,6},{0}}; 中 a[1][2] 的值是（　　）。

A. 0　　B. 5　　C. 6　　D. 2

（4）若有以下定义，则对字符串的操作错误的是（　　）。

char s[10]= "program",t[ ]= "test ";

A. strcpy(s,t)　　B. cout<<strlen(s);

C. strcat(s,t)　　D. if (s!=t) cout<<s;

（5）下列程序的运行结果是（　　）。

```
#include <iostream>
```

```
using namespace std;
int fun(char s[ ]){
int i=0;
while(s[i])
      i++;
      return i;
}
void main( ){
      cout<<fun("abcdefg")<<endl;
}
```

A. 0　　B. 6　　C. 7　　D. 8

2. 编程题

（1）输入 10 个学生的成绩，利用 3 个函数分别求出平均分、最高分和最低分，在主函数内输出结论。

（2）输入字符串 s，编程统计出 s 中共出现了多少个数字字符。进一步考虑，如何统计出 10 个数字字符各自出现的次数。

（3）有一个已经排好序的数组。编程实现输入一个数，将其按原来的规律插入数组中。

（4）编写一个函数，输入一行字符串，将此字符串中最长的单词输出。（提示：可以使用 string 类型，实现字符拼接时直接用 + 运算符）

（5）输入 20 个数，每个数都在 1～10 之间，求 1～10 中的众数（众数就是出现次数最多的数，如果存在一样多次数的众数，则输出权值较小的那一个）。

（6）编写一个函数，实现输入一个十六进制整数，输出相应的十进制数的功能。要求：输入只有一行，包含一个十六进制正整数。保证输入格式中所有英文字母部分（'a'～'f '）均为小写字母，且换算出的十进制整数在 0 至 1000000 范围之内。

（7）编程实现 3 × 3 矩阵的转置（矩阵转置是将矩阵行和列上的元素对换，即第一行变为第一列，第二行变为第二列，以此类推）。

（8）找出一个二维数组中的鞍点，即该位置上的元素在该行上值最大，在该列上值最小（也可能没有鞍点）。

（9）定义数组存储 5 位学生的姓名和 4 科考试的成绩，计算并输出每个同学的总成绩和平均分，找出平均成绩最高的学生的姓名。

（10）计算两个矩阵的乘积，第一个是 2*3 矩阵，第二个是 3*2 矩阵，结果为一个 2*2 矩阵。

第 6 章　指针与引用

指针是 C++ 从 C 中继承过来的一个重要概念，它提供了一种较为直观的操作地址的方法。正确地使用指针，可以方便、灵活而有效地组织和表示复杂的数据结构。为了理解指针，首先要理解关于内存地址的概念。

在程序中，对基本数据类型变量的操作，是通过“直接访问”的方式进行的，即给出变量名，就能够找到相应的内存单元，对其进行操作；而指针则是提供了一种“间接访问”的方式，即给出指针，只是得到了变量的地址，通过这个地址才能找到相应的变量空间。如果将一个变量比喻成一个箱子 A，可以通过箱子的名称 A，直接找到该箱子；也可以将箱子 A 的地址放在箱子 B 里，当需要找箱子 A 时，先到箱子 B 里取出地址，然后根据该地址找到箱子 A。这里，箱子 B 就相当于一个指针变量，它里面存放的地址就是一个指针。

6.1　指针的定义与初始化

指针是 C++ 中一种重要的数据类型。在讲述指针概念之前，先来回顾一下变量名和变量值的概念。通过前面的学习可以知道，内存是按照字节进行编址的，一个字节即为一个内存单元，对应着一个地址。当用户在内存中进行读写操作时，需要指定操作的内存单元，也就是要给出所使用空间的地址。但是让用户记住内存的编址情况是不可能的，所以引入了变量名，它代表了内存中的一块可用空间，具体的地址由系统来维护，用户只要通过变量名就可以对这块空间进行读写。而变量值则是在这块空间中存放的内容。

例如，int a=3; 语句执行后，系统在内存中分配 4B 大小的空间，并将该空间取名为 a，同时在这块空间里存入数值 3，如图 6-1 所示。这里，变量名为 a，变量值为 3。以后，用户只要给出 a，系统便会找到对应的地址 0xff0010，从而减轻了用户的负担。

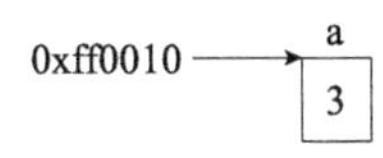

图 6-1　变量示意图

本章所要讲述的指针，通常指的就是内存单元的地址，因此指针变量就是专门存放地址值的变量。由于指针变量里存放是一个地址，而一个地址就指示着内存中的一块空间，因此一般称指针变量所指向的那个空间为目标变量。

📖 提到指针变量，要想到两个空间：①指针变量自己所占用的空间；②目标变量所占用的空间。

6.1.1　指针的定义

为了与普通变量区别，定义指针变量时使用了符号“*”，定义指针变量的语法为：

```
指向类型 * 指针变量名 ;
```

说明：

1）指针变量专门用于存放地址值，换句话说，系统将指针变量里的内容作为地址来使用。因此，编译器不允许指针变量里存放普通的数值和字符。

2）系统为指针变量分配固定大小的空间，以 32 位系统为例，每个指针变量在内存中占有 4B 的空间。

3）定义指针变量时给出的数据类型不是指针变量的类型，而是指针所指向的空间里存放的数据的类型，即目标变量的类型。

例如：

```
int a=3;      // 定义一个普通的整型变量 a
int *p=&a;     // 定义一个指针变量，指向已经存在的变量 a
```

其中，& 是取地址运算符，用来获得变量 a 在内存中的地址，该运算符将在后面详细介绍。上述语句执行后在内存的分配情况如图 6-2 所示。

p　0xff 0010　指针变量
a　3　目标变量

图 6-2　指针变量示意图

📖 在不引起混淆的情况下，一般将指针变量简称为指针。

6.1.2　指针的初始化

由于指针变量里存放的是一个地址值，如果不对指针变量进行初始化或赋初值，指针变量里有可能是一个随机值，这个随机值可能会指向一块非法空间（即系统不允许用户访问的空间），因此使用指针前必须先对其进行初始化或赋初值。

为了避免指针变量里存放的地址是非法的，必须将一个合法的变量地址赋给指针。同时需要注意，该变量的类型要与指针变量定义时的类型说明相一致。

例如：

```
char c;
char *p1=&c;     // 正确，类型匹配
float *p2=&c;    // 错误，类型不匹配
```

因此，对指针变量进行赋值时，必须满足如下三个方面：

1）赋给指针变量的必须是一个地址值。

2）该地址必须是合法的，即系统已经分配给用户使用的空间地址。

3）目标变量的类型与指针变量定义时的类型必须相符。

由于数组名是数组所占空间的首地址（常量），而字符串返回的值也是字符串中第一个字符的地址（常量），根据上述原则，可以用数组名或字符串对指针进行初始化。

（1）利用数组名进行初始化

```
int a[5],*p=a;
```

此时，指针 p 里存放的是数组 a 的首元素的地址，即 a[0] 的地址；这样指针 p 就指向了数组 a 的第一个元素，如图 6-3 所示。

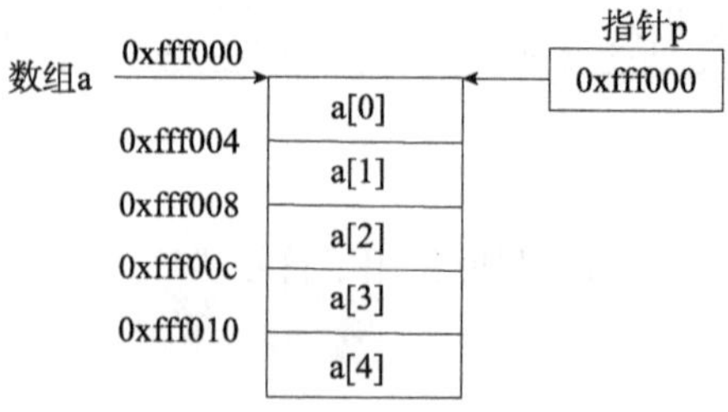

图 6-3　利用数组名对指针进行初始化

（2）利用字符串常量进行初始化

```
char *p="C++ Language";
```

首先需要强调的是，指针 p 是指向字符类型的，即 p 所接收的地址是字符型空间的地址；

其次，这里并不是把整个字符串装入指针变量，而是把该字符串所占空间的首地址赋给指针变量，如图 6-4 所示。由于字符串是常量，所以虽然可以通过指针 p 访问字符串，但不能通过指针 p 去修改字符串的内容。正因为如此，有些编译器要求写成：

```
const char *p="C++ Language";
```

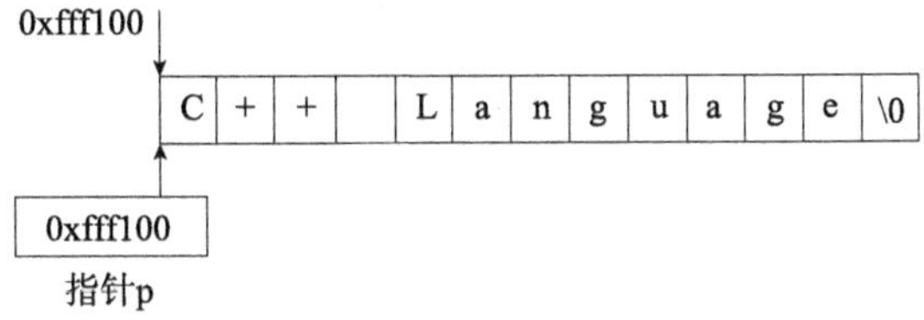

图 6-4 利用字符串常量对指针进行初始化

6.2 指针的使用

指针变量可以进行一些专门的运算，也可以进行赋值运算和部分算术运算及关系运算。

6.2.1 指针运算符

（1）取地址运算符 &

取地址运算符 & 是单目运算符，结合性为自右至左，功能是取变量的地址。因此可以通过该运算符获得某个已知变量的内存地址，并将该地址赋给同类型的指针变量。

（2）取内容运算符 *

取内容运算符 * 也是单目运算符，结合性为自右至左，用来表示指针变量所指向的变量内容，即目标变量。注意：

1）在 * 运算符之后跟的变量必须是指针。

2）指针运算符 * 和定义指针变量语句中的指针说明符 * 含义不同。在指针变量定义中，“*”是类型说明符，表示其后的变量是指针类型。而表达式中出现的“*”则是一个运算符用以表示指针变量所指向的内容。

【例 6-1】指针运算符的使用。

```
#include<iostream>
using namespace std;
int main( )
{
    int a=3,b=13;
    int *p;
    p=&a;
    cout<<"-------------- 初始情况 -----------------"<<endl;
    cout<<" 变量 a 的地址："<<&a<<endl;
    cout<<" 变量 p 的地址："<<&p<<endl;
    cout<<" 变量 p 里存的内容："<<p<<endl;
    cout<<"p 所指向的目标变量的值："<<*p<<endl;
    cout<<"--------- 目标变量修改后的情况 -----------"<<endl;
```

```
        a=4;
        cout<<"a 值改变后的输出："<<a<<"  "<<*p<<endl;
        *p=5;
        cout<<"*p 值改变后的输出："<<a<<"  "<<*p<<endl;
        cout<<"------------ 指针修改后的情况 ---------------"<<endl;
        p=&b;
        cout<<" 变量 b 的地址："<<&b<<endl;
        cout<<" 变量 p 的地址："<<&p<<endl;
        cout<<" 变量 p 里存的内容："<<p<<endl;
        cout<<"p 所指向的目标变量的值："<<*p<<endl;
        return 0;
    }
```

运行结果如下：

```
------------------- 初始情况 --------------------
变量 a 的地址：0012FF7C
变量 p 的地址：0012FF74
变量 p 里存的内容：0012FF7C
p 所指向的目标变量的值：3
---------- 目标变量修改后的情况 ------------
a 值改变后的输出：4  4
*p 值改变后的输出：5  5
------------ 指针修改后的情况 ---------------
变量 b 的地址：0012FF78
变量 p 的地址：0012FF74
变量 p 里存的内容：0012FF78
p 所指向的目标变量的值：13
```

可以看出，变量 a、b 和 p 各自占用不同的存储空间（地址不同）。当把变量 a 的地址赋给指针变量 p 后，指针 p 就指向了变量 a。这样，访问变量 a 的空间就有两种方法：一是直接访问，即通过变量名 a 进行访问，如 cout<<a；二是间接访问，即通过指针 p 进行取内容运算后访问，如 cout<<*p。这两种方法最终访问的都是同一个空间，所以输出的值是相同的，而对 a 或对 *p 进行修改，都是对同一个空间里的值进行了改变。当把变量 b 的地址赋给指针变量 p 后，p 里存的内容就改变了，这样 p 指针就指向了变量 b，从而利用 *p 访问到的值是变量 b 的值。

📖 由于变量地址的分配情况与具体的机器有关，所以该程序的运行结果在不同的机器上会有所不同。

6.2.2　指针变量的运算

（1）赋值运算

如前所述，指针在使用之前必须对其进行初始化或赋初值。在对指针变量进行赋值时，指针变量只能接收与它所指向的目标变量类型一致的变量地址。例如：

```
int a,*p;
float f;
```

```
char c;
p=&a;    //赋值正确，把整型变量 a 的地址赋予整型指针变量 pa
p=&f;    //赋值错误，类型不匹配
p=&c;    //赋值错误，类型不匹配
p=&b;    //赋值错误，变量 b 没有提前定义，该地址不合法
```

既然指针变量的值是一个地址，那么这个地址不仅可以是变量的地址，也可以是其他数据结构的地址。所以，可以将数组或字符串的首地址赋给指向同类型的指针变量。这一点类似于6.1.2 中利用数组或字符串进行初始化。

把数组的首地址赋给指向同类型的指针变量。例如：

```
int a[5],*p;
p=a;
```

数组名表示数组的首地址，故可赋给指向同类型的指针变量 p。

也可写为：

```
p=&a[0];
```

数组第一个元素的地址也是整个数组的首地址，也可赋予 p。

另外，由于指针变量也是一种变量，所以可以把一个指针变量的值赋给指向相同类型变量的另一个指针变量。例如：

```
int a,*p1=&a,*p2;
p2=p1;
```

这样就把指针变量 p1 的值赋给了指针变量 p2，即把 a 的地址赋予指针变量 p2，这时指针 p1 和 p2 都指向了变量 a。

指针变量还可以赋 0 值，这种指针称为空指针。

例如：

```
int *p=NULL; // 指针 p 是空指针，不指向任何变量
```

其中 NULL 是 C++ 标准库中定义的符号常量，原型为 #define NULL 0

> 📖 对指针变量赋 0 值和不赋值本质上是不同的。指针变量未赋值时，其值是随机值，有可能指向非法空间。而指针变量赋 0 值后，它将不指向任何变量。

（2）部分算术和关系运算

①算术运算

指针变量可以与整数 n 进行加减运算，指针变量加上或减去一个整数 n 的意义是把指针当前指向的位置向前或向后移动 n 个位置。当然，前提要求移动范围内的内存空间是允许用户访问的。因此，一般当指针指向一个同类型数组后，该运算有其实际意义。

例如：

```
int a[5], *p;
p=a; //p 指向数组 a，也是指向 a[0]
p=p+3; //p 指向 a[3]，即 p 的值为 &a[3]
```

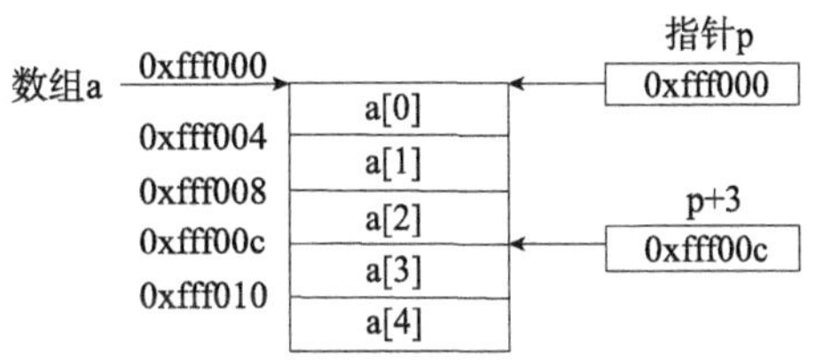

图 6-5 指向数组的指针示意图

内存分配情况如图 6-5 所示。

注意：

1）指向数组的指针变量向前或向后移动一个位置并不是地址值加 1 或减 1。由于数组可以是不同的

类型，各种类型的数组元素所占的字节长度不同，因此指针变量加 1 表示指针变量指向下一个数据元素的首地址，即指针变量向后移动 1 个数组元素位置，而不是简单地在原地址值上加 1。减法操作类似。

2）指针变量的加减运算只能对指向数组的指针变量进行，对指向其他类型变量的指针变量作加减运算是没有实际意义的。

由此进一步可知，p++、++p、p--、--p 运算都是合法的，其意义是把指针当前指向的位置向前或向后移动 1 个位置，即将指针由当前指向的元素移动到其前或其后的元素上。

②两指针变量相减

两指针变量相减返回的值是两个指针所指数组元素之间相差的元素个数。其中进行的计算是两个指针值（地址）相减之差再除以该数组元素的长度（字节数）。

例如：

```
float f[10], *pf1,*pf2;
pf1=&f[2];
pf2=&f[6];
```

如图 6-6 所示，pf1 和 pf2 是指向同一浮点数组的两个指针变量，设 pf1 的值为 0xff1008，pf2 的值为 0xff1018，而单精度浮点数组每个元素占 4B，所以 pf2-pf1 的结果为 (0xff1018-0xff1008)/4=4，表示 pf1 和 pf2 之间相差 4 个元素。但是，两个指针变量不能进行加法运算，其相加结果毫无实际意义。

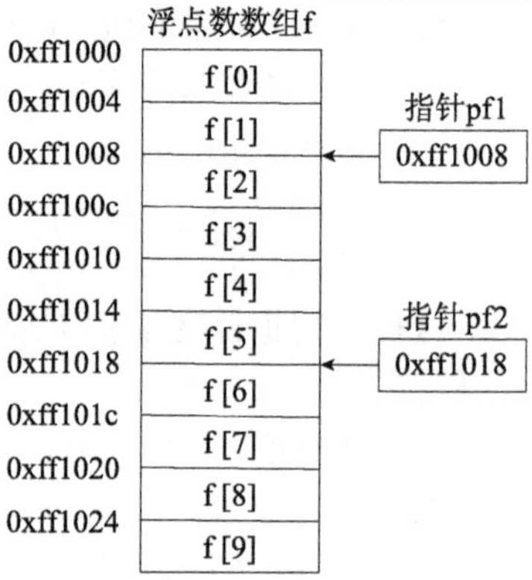

图 6-6　两指针变量相减示意图

③两指针变量进行关系运算

两个指针变量进行关系运算，实际上是对其存储的地址值进行比较。当两指针指向同一数组时，该运算进行的是所指数组元素位置之间的比较。例如：

1）pf1==pf2 表示判断 pf1 和 pf2 中地址值是否相同。

2）pf1>pf2 表示判断 pf1 里的地址值是否大于 pf2 里的地址值。

3）pf1<pf2 表示判断 pf1 里的地址值是否小于 pf2 里的地址值。

6.3　指针与数组

C++ 中指针与数组关系密切，几乎可以互相表示。数组名可以看成常量指针，当把数组的首地址赋值给指向同类型的指针后，除了利用数组名能够访问数组里的元素，也可以通过指针变量使用数组里的元素。

6.3.1　指针与一维数组

由于一维数组名是数组中首元素的地址，故可以将其赋给指向同类型的指针，例如：

```
int a[5],*p
p=a;
```

这样指针 p 就指向了数组 a（图 6-3），从而访问数组元素也有了两种方式：

1）以下标的形式访问：a[i]，i=0, 1, 2, 3, 4 或 p[i]，i=0, 1, 2, 3, 4

2）以指针的形式访问：*(a+i)，i=0, 1, 2, 3, 4 或 *(p+i)，i=0, 1, 2, 3, 4

（1）以指针的形式访问

以 *(p+2) 为例，当其出现在赋值运算符的右边时，运算过程是先取出 p 变量里存储的地址值（假设为 0xfff000），然后加上 2 个数组元素所占空间的大小（即 2×4B=8B），得到新的地址 0xfff008，然后取出 0xfff008 地址上的值。

如果 *(p+2) 出现在赋值运算符的左边时，运算过程与作为右值是类似的，只是最后一步不是取出新地址上的值，而是将赋值号右边的值赋值到新地址空间里。

（2）以下标的形式访问

以 p[2] 为例，系统总是把以下标的形式的操作解析为以指针的形式的操作。p[2] 这个操作会被解析成先取出 p 变量里存储的地址值，然后加上 2（方括号中的数值）个数组元素所占空间的大小，计算出新的地址，然后从新的地址中取出值。也就是说以下标的形式访问在本质上与以指针的形式访问没有区别，只是写法上不同罢了。

对 a[i] 和 *(a+i) 的处理与上述是一致的，只是需要注意 a 作为数组名，是一个地址常量，本身的值不可以改变。但指针 p 作为一个变量，其值是可以改变的。

【例 6-2】访问数组时，指针方式和数组方式的对比。

```
#include <iostream>
using namespace std;
int main( )
{
    int i;
    char c[4], *p;
    p=c;
    for(i=0; i<4; i++)
        *(p+i)=97+i; // 利用指针的形式对数组中的元素依次赋值
    cout<<" 字符数组 c 中的 4 个元素依次为："<<endl;
    for(i=0; i<4; i++)
        cout<<p[i]<<"  "; // 利用下标的形式将数组中的元素依次输出
    return 0;
}
```

运行结果如下：

```
字符数组 c 中的 4 个元素依次为：
a  b  c  d
```

本题中，分别用指针的形式和下标的形式对数组进行了访问，可以看出二者都能够实现对数组元素的使用。需要强调的是，在计算新地址时，如 p+2，是将 p 里的地址值加上 2 个数组元素所占空间的大小，而不是简单地加上数值 2。本例中由于数组元素是 char 类型，2 个元素的大小正好是 2B。但如果是整型或浮点型数组，2 个元素的大小则是 8B 或 16B。

【例 6-3】利用指针操作数组里的元素。

```
#include<iostream>
using namespace std;
int main( )
{
    int i, temp;
```

```
        int a[10]={0};
        int *p=a, *q=&a[9]; //p 指向数组的第一个元素，q 指向数组的最后一个元素
        cout<<"p-q="<<p-q<<endl;
        // 利用指针 p 对数组赋值 0-9
        for(i=0;p<=q;p++)
            *p=i++;
        p=a; // 使 p 指针重新指向数组的第一个元素
        // 利用下标的形式输出数组内容，验证赋值是否成功
        cout<<" 赋值后的数组输出："<<endl;
        for(i=0;i<10;i++)
            cout<<p[i]<<" ";
        cout<<endl;
        // 利用指针 p 和指针 q 实现逆序存放：每次 a[i] 与 a[9-i] 内容交换 (i=0,1,2,3,4)
        while(p<q)
        {
        temp=*p;
        *p=*q;
        *q=temp;
        p++;
        q--;
        }
        // 输出数组内容，验证交换是否成功
        cout<<" 对称元素内容交换后的数组输出："<<endl;
        for(i=0;i<10;i++)
            cout<<*(a+i)<<" ";
        cout<<endl;
        return 0;
    }
```

运行结果如下：

```
p-q=-9
赋值后的数组输出：
0  1  2  3  4  5  6  7  8  9
对称元素内容交换后的数组输出：
9  8  7  6  5  4  3  2  1  0
```

说明：

1）由于指针 p 是一个变量，故可以使用自增运算符 p++，使得 p 值依次增加一个数组元素的大小，从而实现对整个数组的遍历。

2）在执行赋值语句时，当 p 等于 q 时说明 p 指针已经移动到数组的最后一个元素位置；此时还会再执行一次 p++，从而结束循环。因此，循环结束后 p 指针已经超过了数组的最后一个元素，为了后续的正常使用，需要用 p=a 来对 p 重新赋值，使其指回到数组的第一个元素。

3）前面已经讲过，数组名 a 是一个地址常量，所以不能改变 a 值。因此，可以使用类似于

a+i 的方法来指定数组中的某个元素的位置，但是 a++ 是不允许的。

6.3.2 指针与二维数组

与一维数组类似，二维数组也可以借助于指针来操作，这样就增加了一种访问二维数组的方法。但是二维数组有其自己的特点，下面就分情况来进一步讨论：

（1）指向数组元素的指针

在 5.4.1 节中介绍过，二维数组虽然在形式上可以看做表格的形状，但在内存中的存放却是按照一维线性排列的，每个数组元素按其类型占有几个连续的内存单元，因此可以将某个数组元素的地址赋给类型相符的指针，从而利用指针的运算来间接访问该数组里的所有元素。

例如：

```
int a[3][4];
int *p=&a[1][2];
```

定义了一个三行四列的二维数组 a，其中包含 12 个整型数据，共占用 12×4B=48B 大小的连续内存空间。假设地址从 0x00ff00 开始，到 0x00ff30 结束。定义了一个指向整型的指针 p，通过将 a[1][2] 的地址赋给 p，使得指针 p 指向了二维数组中第二行第三列的元素，如图 6-7 所示。

这样，就可以通过指针 p 向前或向后移动来访问数组中的每个元素。

例如：

```
int a[3][4]={1,2,3,4,5,6,7,8,9,10,11,12};
int *p=&a[1][2];
while(p>=&a[0][0])
    cout<<*(p--);
```

可以实现将 a[1][2] 到 a[0][0] 这 6 个元素依次输出。该循环中，只要 p 指针没有越过 a[0][0]，即在合法的空间范围内，通过将 p 里的地址值每次减少一个数组元素空间的大小，实现指针 p 每次上移一个元素的位置，并输出该位置上的值。

或者用如下语句：

```
int a[3][4] ={1,2,3,4,5,6,7,8,9,10,11,12};
int *p=&a[1][2];
while(p<=&a[2][3])
    cout<<*(p++);
```

可以实现将 a[1][2] 到 a[2][3] 这 7 个元素依次输出。该循环中，只要 p 指针没有越过 a[2][3]，即在合法的空间范围内，通过将 p 里的地址值每次增加一个数组元素空间的大小，实现指针 p 每次后移一个元素的位置，并输出该位置上的值。

注意：

1）上述两个循环语句的前提要求是指针 p 里存放的是 &a[1][2]，如果使用了自增或自减运算，那么 p 里的值会发生改变。

2）因为数组里的元素为 int 型，所以指针变量也应为指向 int 型的指针变量。

3）p++ 或 p-- 每次移动的是一个数组元素的位置，也就是说地址值每次增加或减少 4B。

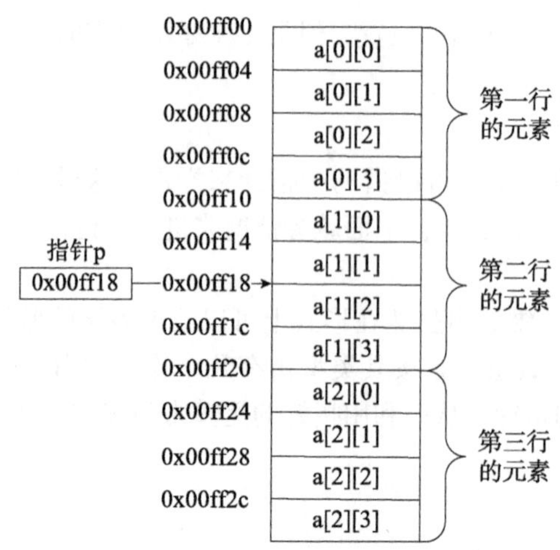

图 6-7　指向数组元素的指针

（2）指向一维数组的指针

编译器总是将二维数组看成是一个一维数组，而一维数组中的每一个元素又都是一个一维数组。如上面定义的二维数组 a，相当于包含三个数组元素（即 a[0]，a[1]，a[2]）的一维数组，其中每个元素又都是包含 4 个整型数据的一维数组，因此 a[0] 的大小为 sizeof(int) × 4B=16B。所以，二维数组名 a 是第一行所占空间的首地址（常量），即 0x00ff00。当 a+1 时，新地址是 0x00ff10，即 a+1=0x00ff10，正是第二行的首地址，如图 6-8 所示。

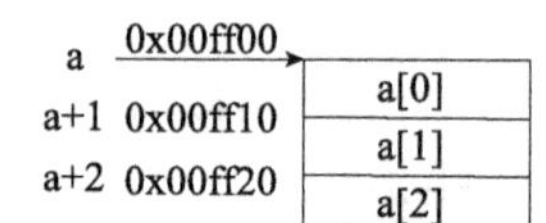

图 6-8　二维数组行地址示意图

因此，当用二维数组名对指针进行赋值时，按照指针赋值的要求，需要定义一个类型相符的指针变量来接收。此时指向基本数据类型（如整型、浮点型、字符型）的指针变量就不再合适，而是要用一种新的指针变量。它指向一个一维数组，即目标变量是一个一维数组空间，因此称为“指向一维数组的指针”，简称数组指针。需要注意的是首先它是一个指针，因此在 32 位系统下永远是只占 4B，但是由于它所指向的是一个一维数组，所以定义时需要给出一维数组的长度。

定义数组指针的语法为：数据类型 (* 指针变量名)[数组长度]；

其中，数组长度决定了该指针所指向的数组包含的元素个数，数据类型决定了该数组里存储的数据。

例如：

```
int a[3][4];
int (*p)[4]=a;
```

指针 p 指向一块 4 × 4B=16B 的一维数组空间，即数组 a 的第一行空间。假设 i 为整数，p+i 的运算过程与 a+i 的类似，即先取得 p 变量里的内容，然后加上 i 个数组的空间大小，得到新的地址。如图 6-9 所示，p 里存储的地址值为 0x00ff00，p+2 得到的新地址是 0x00ff00+2 × 16=0x00ff20。也就是说，p+1 得到的新地址是越过一个包含 4 个整型元素的一维数组空间，而不是一个整型元素的空间。

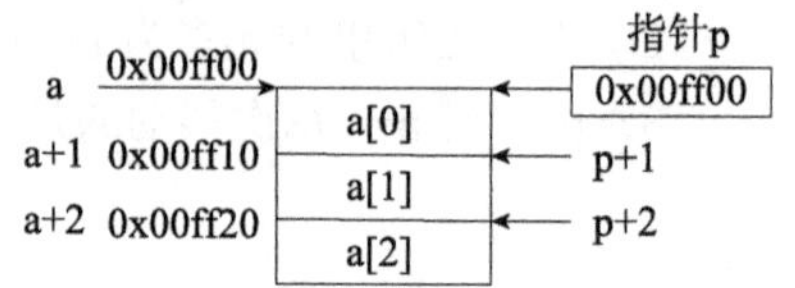

图 6-9　指向一维数组的指针

为了实现正确赋值，需要注意：

1）因为二维数组为 int 型，所以数组指针所指向的空间里的元素也应该是 int 型。

2）定义数组指针时，方括号中的元素个数必须与二维数组的第二维大小相同。

3）p 与 a 的区别：a 是一个指针常量，而 p 是一个指针变量。

由此，访问二维数组的方式也分为两种：

以下标的形式访问：a[i][j]，i=0, 1, 2; j=0, 1, 2, 3 或 p[i][j]，i=0, 1, 2; j=0, 1, 2, 3

以指针的形式访问：*(*(a+i)+j)，i=0, 1, 2; j=0, 1, 2, 3 或 *(*(p+i)+j)，i=0, 1, 2; j=0, 1, 2, 3

在 6.3.1 节中已经分析过，这两种方式实质上是相同的，这里重点讲解一下以指针的形式访问。以图 6-7 和图 6-9 所示的情况为例，*(*(p+1)+2) 运算的过程是首先计算 *(p+1)，取出 p 变量里存储的地址值（即 0x00ff00），加上 1 个数组的空间大小（即 a[0] 的大小，16B），得到的地址为 0x00ff10，然后取出该地址上的值；此时 *(p+1) 运算后的结果并不是 a[1][0]，而是 &a[1][0]，也就是说还是一个地址，是第一行第零列元素的地址。接着计算 *(*(p+1)+2)，*(p+1) 是元素所在的地址，此时加 2 就是加上 2 个元素的空间大小（即 2 个整型元素，8B），得到的新地址是 0x00ff18，最后通过取值运算得到该地址上的值，即元素 a[1][2]。

通过上述分析可以看出，二维数组中存在两种地址：一种是每一行的地址，如 a+i，i=0, 1, 2 或 p+i，i=0, 1, 2，这种称为行指针；另一种是某个元素的地址，如 a[i]+j，i=0, 1, 2; j=0, 1, 2, 3 或 *(p+i)+j，i=0, 1, 2; j=0, 1, 2, 3，这种称为列指针。如图 6-10 所示。

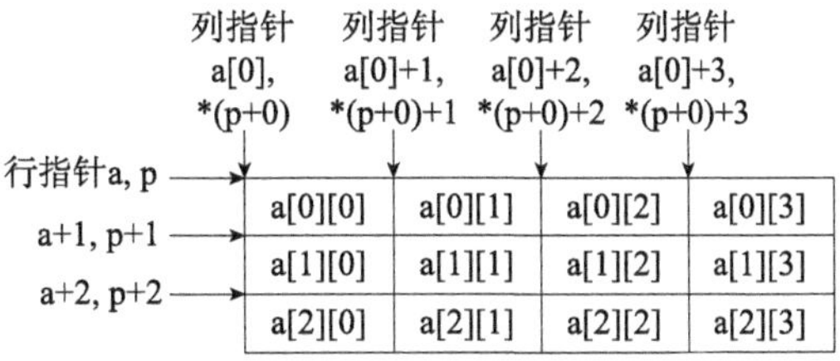

简单地说，行指针每增加 1，则走过一行的空间大小；而列指针每增加 1，则只走过一个元素的空间大小。

	列指针 a[0], *(p+0)	列指针 a[0]+1, *(p+0)+1	列指针 a[0]+2, *(p+0)+2	列指针 a[0]+3, *(p+0)+3
行指针a, p	a[0][0]	a[0][1]	a[0][2]	a[0][3]
a+1, p+1	a[1][0]	a[1][1]	a[1][2]	a[1][3]
a+2, p+2	a[2][0]	a[2][1]	a[2][2]	a[2][3]

图 6-10 行指针与列指针示意图

【例 6-4】利用指针实现 3×3 矩阵的转置。

```
#include<iostream>
#include<iomanip>
using namespace std;
int main( )
{
    int a[3][3];
    int i,j,t;
    int (*p)[3];
    p=a;
    cout<<" 请输入一个 3×3 的矩阵："<<endl;
    for(i=0;i<3;i++)
        for(j=0;j<3;j++)
            cin>>*(*(a+i)+j);
    for(i=0;i<3;i++)
        for(j=i;j<3;j++)
            {
            t=*(*(p+i)+j);
            *(*(p+i)+j)=*(*(p+j)+i);
            *(*(p+j)+i)=t;
```

```
    }
    cout<<" 转置后的矩阵："<<endl;
    for(i=0;i<3;i++)
    {
    for(j=0;j<3;j++)
        cout<<setw(5)<<p[i][j]<<"  ";
    cout<<endl;
    }
    return 0;
}
```

运行结果如下：

```
请输入一个 3 × 3 的矩阵：
1 2 3↙
4 5 6↙
7 8 9↙
转置后的矩阵：
1   4   7
2   5   8
3   6   9
```

6.4　指针与字符串

C++ 中的字符串是以 '\0' 终止符结尾的字符数组。字符串的值是字符串中第一个字符的地址（常量），可以说字符串是个常量指针，是指向字符串中第一个字符的指针，系统通过它来访问字符串。从这个意义上说，字符串像数组一样，因为数组名也是第一个元素的（常量）指针。

因此，可以通过数组或指针两种方式来建立一个字符串。例如：

```
char s1[ ] = "Hello";
char *s2 = "Hello";
```

说明：

1）以上两种方法都定义了一个指向字符串“Hello”的指针。其中主要的差别就是指针 s1 是一个常量（数组名），而指针 s2 是一个变量。

2）在上述两种情况下，串本身都决定了自身所需空间的大小。

3）两者如果均作为指针来用，则都可以进行加法运算。

例如：

```
for (i=0; i<3; i++)
    cout<<*(s1+i);
```

和

```
for (i=0; i<3; i++)
    cout<<*(s2+i);
```

输出结果均为：Hel

4）对于自增运算，则只有指针变量能够作为操作数来使用，即 s2 可以使用，但 s1 不可以。

下面的语句是正确的，如果将 s2 换成 s1 则是错误的。

```
while (*(s2) != '\0')
    cout<<*(s2++);
```

5）由于 s1 是以 '\0' 终止符结尾的字符数组，因此如果要访问字符串里的内容，可以采用下标的方式或指针的方式（参照 6.3.1 节）。例如：

```
s1[3] = 'M'; 与 *(s1+3) = 'M'; 等价。
```

📖 指针变量 s2 里存放的是字符串常量的首地址，故其内容只能访问，不能修改，即不可以通过下标的方式或指针的方式修改字符串常量里的内容。

【**例 6-5**】写出下列程序的输出结果。

```
#include <iostream>
using namespace std;
int main( )
{
    char *string="I love China!";
    cout<<string<<endl;
    cout<<string+7<<endl;
    return 0;
}
```

运行结果如下：

```
I love China!
China!
```

说明：

1）由于字符串中存在结束符 '\0'，因此可以直接使用 cout<<string，从指针 string 所指的地址开始到 '\0' 为止，将其中的字符输出。

2）string+7 是将 string 里的地址值，加上 7 个字符的大小（即 7B）得到的新地址，然后通过 cout<<string+7，将该地址到 '\0' 之间的字符输出。

【**例 6-6**】从键盘输入两个字符串 s1 和 s2，假设两个字符串中只包含数字和英文字母，如果 s1 包含了 s2 中的每一个字符（不需要按照 s2 里的顺序连续包含），就输出“Yes”；如果没有全部包含，就输出“No”，并输出缺少的字符个数。要求：函数完成查找工作，结论在主函数内输出。

```
#include <iostream>
#include <cstring>
using namespace std;
int judge(char* s, char* b)
{
    int i,j;
    int n=0;
    i=0;
    while(*(b+i)) // 依次取子串中的每一个字符
    { j=0;
      while(*(s+j)) // 依次取源串中的每一个字符
```

```
            {
            if(*(b+i)== *(s+j)) // 如果子串中的字符在源串中存在
          {    *(s+j)='*'; // 将源串对应的字符修改为'*'
               break;       }
            j++;
            }
            if(*(s+j)=='\0') n++; // 累计缺少的字符个数
            i++;
        }
        return n;
    }
    int main( )
    {
        char s1[500],s2[500];
        int p;
        cout<<" 请输入源串和子串："<<endl;
        cin>>s1>>s2;
        p=judge(s1,s2);
        if(p==0) cout<<"Yes"<<endl;
        else cout<<"No "<<p<<endl;
        return 0;
    }
```

运行结果如下：

```
请输入源串和子串：
pRYYGrYB225
YrR8RrY
No 3
```

本题中源串和子串仅由数字和英文字母构成，不包含空格，所以使用 cin 语句输入。题目要判断子串中每一个字符是否都在源串中出现，如果子串中存在多个相同字符，而源串中只有一个，例如，子串中有 aaa，而源串中只有一个 a，应该不满足匹配，所以需要对源串中使用过的字符进行标记，本题代码中采用了将使用过的字符修改为'*'的方式来进行标记，也可以使用其他符号进行标记，方法不唯一。

6.5　指针与函数

指针可以作为函数的参数进行传递，只是需要满足函数参数传递的要求，即实参与形参个数、类型相同。所以，当函数调用时的实参是一个指针时，要求形参必须定义为与其类型相同的指针。

6.5.1　指针作为函数参数

通过 5.3 节的内容可知，数组名可以作为函数的实参进行传递，由于它是一个地址常量，因此形参可以定义为同类型的数组，也可以定义为本章所介绍的指针。当实参是一维数组名或是数组中某个元素的地址时，由于该地址指向的是单个基本数据类型空间，形参仅需要定义为同类型的指针变量；当实参是二维数组名时，由于该地址指向的是一片连续空间（即行地址），所以形参必须定义为同类型的数组指针。

【例6-7】 设有4个学生，5门课。编程实现：

1）输出某一门课的平均分。

2）根据学号输出某个学生的全部成绩及平均成绩。

```
#include<iostream>
#include<iomanip>
#define row 5
#define col 7
using namespace std;
void input(float (*p)[col], int stu, int cour); // 输入学生学号和各科成绩
void avgstud(float *p, int cour); // 计算某个学生的平均分
void avgcour(float (*p)[col], int stu, int cour); // 计算每门课的平均分
void output(float (*p)[col], int n); // 输出某个学生的各科成绩和平均分
int main( )
{
    int i,cour,num;
    float score[row][col]={0};
    input(score, row-1, col-1);
    for(i=0;i<row-1;i++)
        avgstud(score[i], col-2);
    avgcour(score, row-1, col-2);
    cout<<" 请输入需要查询第几科目：";
    cin>>cour;
    cout<<" 该科目的平均分为："<<score[row-1][cour]<<endl;
    cout<<" 请输入需要查询的学生学号：";
    cin>>num;
    output(score,num);
    return 0;
}
void input(float (*p)[col], int stu, int cour)
{
    int i,j;
    cout<<" 请输入学生的学号和各科成绩 :"<<endl;
    for (i=0;i<stu;i++)
    {
    cout<<" 第 "<<i+1<<" 个学生：";
    for (j=0;j<cour;j++)
        cin>>*(*(p+i)+j);
```

```
        }
    }
    void avgstud(float *p, int cour)
    {
        float sum=0.0;
        int i;
        for(i=1;i<=cour;i++)
        sum+=*(p+i);
        *(p+i)=sum/cour;
    }
    void avgcour(float (*p)[col], int stu, int cour)
    {
        float sum;
        int i,j;
        for(j=1;j<=cour;j++)
        {
        sum=0.0;
        for(i=0;i<stu;i++)
            sum+=p[i][j];
        p[i][j]=sum/stu;
        }
    }
    void output(float (*p)[col], int n)
    {
        int i,j;
        cout<<" 学号为 "<<n<<" 的学生情况："<<endl;
        for(i=0;i<row;i++)
            if(p[i][0]==n)
            {
            for(j=1;j<col;j++)
                cout<<p[i][j]<<setw(5);
            }
      cout<<endl;
    }
```

运行结果如下：

```
请输入学生的学号和各科成绩：
第 1 个学生：1009001 67 78 69 89 75 ↙
第 2 个学生：1009002 77 76 89 69 66 ↙
第 3 个学生：1009003 89 88 78 75 67 ↙
第 4 个学生：1009004 78 67 77 80 69 ↙
请输入需要查询第几科目：4 ↙
```

```
该科目的平均分为：78.25
请输入需要查询的学生学号：1009003↙
学号为 1009003 的学生情况：
89   88   78   75   67   79.4
```

说明：

1）主函数里定义了一个五行七列的二维数组 score，其中前四行对应四个学生情况，最后一行存放计算后的各科平均分；第一列存放每个学生的学号，第二列到第六列存放五门课对应的成绩，最后一列存放计算后的各个学生的五科平均分。

2）函数 void avgstud(float *p, int cour) 的作用是计算某个学生的平均分，因此该函数的形参 p 是一个指向浮点型的指针，用来指向某个学生的各科成绩。在函数调用时，实参应该与形参相匹配，故传递的是 score[i]（i=0, 1, 2, 3）。通过 6.3.2 节的内容可知，score[i] 是一个列地址，即第 i 行首个元素的地址。形参 p 得到该地址后，每增加 1 即往后移动一个浮点型空间，依次访问当前行中的五门课成绩。

3）函数 void avgcour(float(*p)[col], int stu, int cour) 的作用是计算每门课的平均分，该函数的形参 p 是一个指向浮点型数组的指针，用来访问存放成绩的二维数组。因此，在函数调用时，实参是二维数组名 score；这是一个行指针，即二维数组首行空间的首地址。形参 p 得到该地址后，每增加 1 即往后移动一行的空间，依次访问每个学生的情况。

4）函数 input( )、avgstud( ) 和 avgcour( ) 通过形参修改了实参（二维数组 score）里的内容，这主要是因为实参将地址复制给形参后，形参 p 也指向了二维数组 score；通过取值运算，访问到该数组中某个元素的空间，并对其值进行了修改；当函数调用结束后，指针 p 虽然释放，这只说明 p 不再指向二维数组 score，但 score 里的内容已经发生了改变。这里的情况可以对比 5.3 节的内容来理解。

> 📖 第 5 章中将数组传递到函数时，形参写成数组的形式，如 void sort(int a[ ])，这里的形参实际上就是一个指针变量，等价于 void sort(int *a)。对应于二维数组，形参 int a[ ][5] 就等价于 int (*a)[5]。

那么是不是可以下结论：只要传递的是地址，通过形参就可以改变实参的内容？以下面这个例子来分析。

【例 6-8】编写函数实现 3 个数据按由小到大的顺序输出，要求利用指针进行参数传递。

```
#include<iostream>
using namespace std;
void cmp(int*, int*);
int main( )
{
    int a,b,c;
    int *p=&a,*q=&b,*r=&c; // 给指针赋值，以免指向非法的空间
    cout<<" 请输入 3 个数据："<<endl;
    cin>>a>>b>>c;
    cmp(p,q);      // 比较大小，将小的排在前面
    cmp(p,r);
    cmp(q,r);
    cout<<" 则它们由小到大的排列顺序为："<<endl;
```

```
    cout<<a<<" "<<b<<" "<<c<<endl;
    return 0;
}
void cmp(int* x, int* y)
{
    int *z;
    if(*x>*y)
    {
    z=x; x=y; y=z;
    }
}
```

运行结果如下：

```
请输入 3 个数据：
9 3 6↙
则它们由小到大的排列顺序为：
9  3  6
```

通过该结果可以看出，三个数据并没有按由小到大的顺序输出。分析其原因可以发现，函数 cmp( ) 的作用只是比较了传进来的两个数据的大小，并没有对其内容进行交换。这主要是因为函数传递时是将实参的值复制给形参，因此形参 x、y 里存放的是两个数据所在的地址，当比较完大小后，x 与 y 的值进行交换，那么只是改变了指针 x 和 y 的指向，而数据本身并没有交换；因此，当函数调用结束后，变量 x、y、z 空间被释放，数据 a、b、c 的内容没有发生交换。以函数调用 cmp(p,q) 为例（假设变量 a 的地址为 0xfff000，变量 b 的地址为 0xff1010），参数内容变化的示意图如图 6-11 所示。

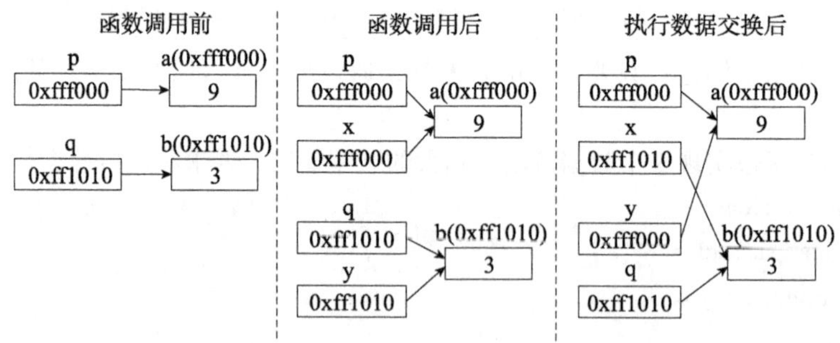

图 6-11　函数调用时指针参数的变化示意图

如果希望函数 cmp( ) 在比较大小后能够对数据进行内容的交换，需要用到指针的“间接访问”功能。如将上例中的 cmp( ) 函数修改为：

```
void cmp(int* x, int* y)
{
    int z;
    if(*x>*y)
    {
    z=*x; *x=*y; *y=z; // 将指针所指向的内容进行交换
```

```
    }
}
```

运行结果如下：

```
请输入 3 个数据：
9 3 6↙
则它们由小到大的排列顺序为：
3  6  9
```

可以看出，将指针作为函数参数进行传递时，实参和形参仍然进行的是“值复制”；究竟实参会不会通过形参而被改变，取决于函数里有没有通过形参对目标变量进行修改。而将指针作为参数的好处在于避免函数里重新开辟大量临时空间，因此往往将一些占用空间较大的变量通过指针传递到函数里。

6.5.2 指针作为函数返回值

函数的返回值除了可以是普通类型的变量（如整型、浮点型、字符型），也可以是一个指针变量。尤其是当函数需要返回一个复合数据类型的变量时，为了节省临时复制变量的空间，一般采用指针作为返回值。当指针作为函数返回值时，需要注意两点：

1）接收函数返回值的指针变量必须与返回值类型相符。

2）返回的地址必须是一个合法地址，即实际存在的空间首地址。

【例 6-9】编写具有如下原型的函数：char*findFirst(char*sourceStr,char*subStr);

该函数实现的功能为返回源串 sourceStr 中第一次出现子串 subStr 的首字符位置（地址值），如果源串不包含子串，返回空指针值 NULL。编制主函数，任意输入两个字符串，将它们用作实参来调用这个函数，以验证其正确性。

本题的解法用到了朴素的模式匹配算法，基本思想是进行第 k 趟匹配时，源串从第 k 个字符开始，子串从第一个字符开始，比较对应位置上的字符，如果每一位都相等直至子串的最后一位，说明匹配成功，返回源串第 k 个字符的地址；如果中途对应位上的字符不等，说明该趟匹配失败，则开始下一趟的匹配，重复上述过程，直至成功或者源串剩余的部分已经小于子串的长度（也就是源串不可能包含子串）。

```
#include<iostream>
#include<cstring>
using namespace std;
char* findFirst(char* sourceStr,char* subStr);
int main( )
{
    char str[30], substr[20];
    char *p;
    p=str;
    cout<<" 请输入源串和子串："<<endl;
    cin>>str>>substr;
    p=findFirst(str,substr);
    if(p)
    cout<<" 子串首次出现是从第 "<<p-str+1<<" 个字符开始 "<<endl;
```

```
    else
    cout<<" 没有查找到！ "<<endl;
    return 0;
}
char* findFirst(char* sourceStr,char* subStr)
{
    char *p1=sourceStr, *p2=subStr;
    int len1=0, len2=0;
    int i; // 记录每趟扫描，源串的开始位置
    int j;
    len1=strlen(sourceStr);
    len2=strlen(subStr);
    for(i=0;i<len1-len2;i++) // 源串剩余的长度还大于子串的长度
    {
    for(j=0;j<len2;j++) // 子串每次从头开始扫描
        if(*(p1+i+j)!=*(p2+j)) break; // 遇到对应位置上的字符不等，提前退出循环
    if(j==len2) return p1+i; // 如果匹配成功，返回子串首字符在源串中的地址
    }
    return NULL; // 多趟匹配后，最终失败，返回空指针
}
```

运行结果如下：

```
请输入源串和子串：
aybu26abcyto8y
abc
子串首次出现是从第 7 个字符开始
```

📖 函数的返回值为指针时，不能返回一个不存在的空间地址，如在函数内定义的局部变量地址。也就是说，返回的地址值应该确保在函数调用结束后仍然存在且有效。

6.6 引用

引用就是给变量取一个别名，因此引用是变量的同义词，是变量本身，而不是重新建立了一个副本，所以对引用的任何操作实际上就是对其所代表的变量的改动。可以看出，当一个变量建立引用后，访问该变量时既可以通过变量名进行，也可以通过引用进行。这一点和指针很类似，但引用更像是普通变量，使用起来更方便，程序可读性更好。

6.6.1 引用的定义

当建立引用时，需要用一个变量的名字对它初始化。符号“&”用来标识定义了一个引用。定义的语法为：

```
数据类型 & 引用名 = 变量名;
```

例如，对一个整型变量的引用：

```
int i;
int &ri=i;
```

这里 ri 是整型变量 i 的引用，即 ri 是整型变量 i 的别名。经过这样的说明以后，引用 ri 与变量 i 代表的是同一个变量。

如果上述定义改为：

```
int i;
int &ri; // 错误
ri=i;
```

这是错误的，因为引用是给某个变量取别名，所以在定义时必须指定是哪个变量。

一旦变量建立了引用，对引用的操作就是对变量本身进行操作，如：ri=10，则变量 i 即赋值为 10；如果 i+=10，那么引用 ri 的值为 20。

注意：

1）引用类型与它所引用的变量的类型相同。如引用 ri 类型为 int 型。

2）一旦说明引用 ri 是变量 i 的别名，那么在其作用域范围内，引用 ri 不允许再与其他任何变量建立别名关系。

6.6.2 引用的使用

引用的用法主要有三种：①单独使用（一般称为“独立引用”）；②作为函数参数使用；③作为函数返回值使用。从功能上来说，引用型变量是被引用变量的“别名”，这两个变量只是名称不同，变量的地址是同一个。由于引用传递的是对象本身的地址，所以不存在分配、释放临时变量的问题，效率较高，因此它主要用在给函数传递大型的对象以及从函数中返回左值。

（1）独立引用

定义独立引用时需要注意以下规则：

1）引用型变量在定义时必须初始化。

2）被引用的对象必须已经分配了空间，即不能为空。

【例 6-10】 引用变量的单独使用。

```
#include <iostream>
using namespace std;
int main( )
{
    int a ;
    int &b=a;   //b 和 a 实际上是同一变量
    cout<<" 被引用变量 a 的地址 "<<&a<<endl;
    cout<<" 引用型变量 b 的地址 "<<&b<<endl;
    b=100;
    cout<<"b 赋值为 100 后，a="<<a<<endl;
    a=10;
    cout<<"a 赋值为 10 后，b="<<b<<endl;
    return 0;
}
```

运行结果如下：

```
被引用变量 a 的地址 0012FF7C
引用型变量 b 的地址 0012FF7C
b 赋值为 100 后，a=100
a 赋值为 10 后，b=10
```

（2）作为函数参数使用

引用参数是其对应实参变量的“别名”，这意味着被调函数中对引用形参值的使用与修改就是对相应实参变量值的直接使用与修改，从而可实现调用函数与被调函数间数据的“双向传值”。

（3）作为函数返回值使用

若函数的返回值为引用，则返回的不仅是一个值，还可以将函数调用结果当作“变量”来进行使用，即作为“左值”的存储空间进行运算。

以如下【例 6-11】对上述两种情况进行分析。

【例 6-11】引用变量在函数中的使用。

```
#include<iostream>
using namespace std;
int k=56; // 全局变量
void f1(int, int &);
int& f2(int &, int &);
int main( )
{
    int x=1,y=2,z=3,w=0;
    f1(x,y);
    cout<<"main1:x,y=>"<<x<<","<<y<<endl;
    cout<<"main1:z,k,w=>"<<z<<","<<k<<","<<w<<endl;
    w=f2(z,k)++;
    cout<<"main2:z,k,w=>"<<z<<","<<k<<","<<w<<endl;
    w=f2(z,k)++;
    cout<<"main3:z,k,w=>"<<z<<","<<k<<","<<w<<endl;
    return 0;
}
void f1(int a, int &b)
{
    cout<<"In f1:a,b=>"<<a<<","<<b<<endl;
    a+=10;
    b+=10;
}
int& f2(int &a, int &b)
{
    cout<<"In f2:a+b=>"<<a+b<<endl;
    if((a+b)%2==0) return a;
    else return b;
```

```
}
```

运行结果如下：

```
In f1:a,b=>1,2
main1:x,y=>1,12
main1:z,k,w=>3,56,0
In f2:a+b=>59
main2:z,k,w=>3,57,56
In f2:a+b=>60
main3:z,k,w=>4,57,3
```

说明：

1）通过使用引用参数实现了调用函数与被调函数间数据的“双向传值”。如调用 f1(x,y) 后，引用参数 b 改变为 12，主函数中 y 变量的值也变为 12。

2）函数返回值为引用时，则可将函数调用结果当作“变量”来使用。如在函数调用结果上直接进行诸如“f2(z,k)++”这样的运算，第一次调用 w=f2(z,k)++ 后，返回值是 k 变量的引用，所以将其值赋给 w 变量后，自身增 1 变为 57；同样，第二次调用 w=f2(z,k)++ 后，返回值是 z 变量的引用，所以将其值赋给 w 变量后，自身增 1 变为 4。

3）通过引用参数与指针参数都可以实现调用函数与被调函数间数据的“双向传值”，但通过引用参数更“直接”，原因在于它是实参变量的一个“别名”；而通过指针形参则是“间接”的，被调函数中需要更改形参指针所指向的目标变量，来实现改变实参变量的效果。

函数返回值为引用时，不能返回局部变量的引用。

6.7 应用实例

【例 6-12】写出下列程序的运行结果，并进行分析。

```
#include<iostream>
using namespace std;
void split(double, int*, double*);
double f(double*, int);
int main( )
{
    int i;
    double maxfr,a[6]={1.1,2.2,3.3,9.9,6.6,5.0};
    maxfr=f(a,6);
    cout<<"After call f( ), a[0..5]=";
    for(i=0;i<6;i++) cout<<a[i]<<"  ";
    cout<<"\nmaxfr="<<maxfr<<endl;
    return 0;
}
void split(double x, int *iPart, double *fPart)
{
    *iPart=int(x);
```

```
        *fPart=x-*iPart;
    }
    double f(double *p, int n)
    {
        int i,intPt;
        double fracPt, maxfracPt=0;
        for(i=0;i<n;i++)
        {
        split(*(p+i),&intPt,&fracPt);
        if(fracPt>maxfracPt) maxfracPt=fracPt;
        *(p+i)=intPt;
        }
        return maxfracPt;
    }
```

运行结果如下：

```
    After call f( ), a[0..5]=1   2   3   9   6   5
    maxfr=0.9
```

分析：

本题主要体现了通过指针参数来实现主调函数与被调函数间的“双向传值”。

1）函数 split( ) 负责“分离”出非负的实型数 x 的整数部分与小数部分，分别放于 *iPart 与 *fPart 处，由于形参 iPart 与 fPart 都是指针，从而可实现“双向传值”，将这两个结果同时“带回去”。

2）函数 f( ) 负责从指针 p 为首地址的位置开始，对最前面的 n 个 double 型数进行处理：通过调用 split( ) 改变数组各元素值（只留下其整数部分），并返回“分离”后之小数部分的最大者。

3）主函数 main( ) 中使用“maxfr=f(a,6);”形式的调用语句，通过函数 f( ) 将数组 a 的 6 个元素值进行了更改。形参（指针 p）得到实参（数组 a）的首地址，函数 f( ) 中通过指针 p 访问目标变量空间，即数组 a 的空间，对其进行了修改。

【例 6-13】有 n 个人围成一圈，顺序排号。从第一个人开始报数（从 1 到 3 报数），凡报到 3 的人退出圈子，问最后留下的是原来第几号的那位。

```
    #include<iostream>
    #define nmax 50
    using namespace std;
    int main( )
    {
        int i,k,m,n,num[nmax],*p;
        cout<<"please input the total of numbers: ";
        cin>>n;
        p=num;
        for(i=0;i<n;i++)
            *(p+i)=i+1;
```

```
        i=0; // 累计参与游戏的人员位置
        k=0; // 累计报数值
        m=0; // 累计退出的人数
        while(m<n-1)
        {
        if(*(p+i)!=0) k++;
        if(k==3)
        {
            *(p+i)=0;
            k=0; // 报数值回归 0
            m++; // 累加退出的人数
        }
        i++;
        if(i==n) i=0; // 当到达最后一个人时，赋值回到 0，保证形成环状
        }
        while(*p==0) p++;
        cout<<*p<<" is left"<<endl;
        return 0;
    }
```

运行结果如下：

```
please input the total of numbers:23 ↙
8 is left
```

【例 6-14】假设在 main( ) 函数中有如下的说明（数组 a 中存放了 n 个字符串，即名字）：

```
const int n=10;
char a[n][31]={"guo li","li na","li qi","liu yan","ma jing","sun lijuan","wang le","wu da","yang
  ke","zhang yi fu"};
```

编写具有如下原型的函数：

```
int search(char(*p)[31], int num, char*pname);
```

负责在字符串数组 p 的前 num 个字符串（名字）中，查找给定串 pname 的出现位置并返回，若 p 中不出现 pname 的话，返回 -1。

主函数中根据函数返回值输出相关结果：若查到，则给出位置；若没查到，给出提示。

```
#include<iostream>
#include<cstring>
using namespace std;
int search(char(*p)[31], int num, char *pname);
int main( )
{
    const int n=10;
    int idx;
    char a[n][31]={"guo li","li na","li qi","liu yan","ma jing","sun lijuan","wang le","wu da","yang
                    ke","zhang yi fu"};
```

```
        char name[31];
        cout<<" 请输入需要查找的姓名：";
        cin.getline(name);
        idx=search(a,n,name);
        if(idx>0) cout<<" 该姓名位于第 "<<idx<<" 位 "<<endl;
        else cout<<" 没有查到该姓名 "<<endl;
        return 0;
    }
    int search(char(*p)[31], int num, char *pname)
    {
        int i;
        for(i=0;i<num;i++)
        if(strcmp(*(p+i),pname)==0) break;
        if(i==num) return -1;
        else return i+1;
    }
```

运行结果如下：

```
    请输入需要查找的姓名：ma jing ↙
    该姓名位于第 5 位
```

【**例 6-15**】输入一个字符串，这个字符串包含了数字和非数字字符。例如：

a123x456　　17960?　　302tab5876

将其中连续的数字作为一个整数，依次存放到数组 a 中。对于以上的示例字符串，123 存放在 a[0] 中，456 放在 a[1] 中，以此类推。统计共有多少个整数，并依次输出这些整数。（备注：加号和减号不表示整数的正负号）

```
    #include<iostream>
    using namespace std;
    int getnum(char *s, int *a)
    {
        char *p=s;
        int flag,sum=0,n=0,i=0;
        while(*p)
        { flag=0;
          while(*p>='0'&&*p<='9')
          { flag=1;
            sum=sum*10+*p-'0';
            p++;
          }
          if(flag==1)
          { a[i++]=sum;
            n++;
```

```
            sum=0;
          }
          p++;
        }
        return n;
    }
    int main( )
    {
        char s[100];
        int num[100],i,n;
        cout<<" 请输入待处理的字符串："<<endl;
        cin.getline(s,100);
        n=getnum(s,num);
        cout<<" 共计 "<<n<<" 个整数，分别为："<<endl;
        for(i=0;i<n;i++)
          cout<<num[i]<<' ';
        return 0;
    }
```

运行结果如下：

```
请输入待处理的字符串：
a123x456  17960?  302tab5876
共计 5 个整数，分别为：
123 456 17960 302 5876
```

6.8 小结

指针是 C++ 语言中一种可以直接操作内存地址的数据类型。指针变量与普通变量的根本区别在于指针变量里存放的是一个地址值，该地址所指示的空间称为目标变量。因此，指针给出了一种访问目标变量的间接方式。

本章首先介绍了指针的基本概念，给出了指针的定义和初始化方法，以及与指针相关的运算；着重讲解了指针与数组、指针与字符串之间的关系，介绍了指针与数组的等价表示方式，以及如何利用指针的方式来操作字符串。

指针作为函数参数时，实参和形参之间仍然进行的是值复制，但如果被调函数中通过形参指针更改了所指向的目标变量值，那么函数调用结束后实参变量也随着发生了变化。而指针作为函数返回值时，由于传回来的是一个地址，要求该地址是合法的，即函数调用结束后，该地址仍然存在且允许用户访问；同时，需要用同类型的指针来接收该地址。

最后本章介绍了另一个重要概念——引用。引用是某一变量或对象（目标）的别名，对引用的改动实际就是对目标的改动。因此，引用作为函数参数时可以实现调用函数与被调函数间数据的“双向传值”。同时，引用作函数返回值时，返回值是该函数所返回变量的别名，因此可以作为“左值”的存储空间。

习　题

1. 选择题

（1）已知：int a[ ]={1,2,3,4,5}, *p=a; 在下列表示中正确的是（　　）。

A. &(a+1)　　B. &(p+1)　　C. &p[2]　　D. ++(p+1)

（2）已知：int a[3][4], (*p)[4]; 下列赋值表达式中正确的是（　　）。

A. p=a+2　　B. p=a[1]　　C. p=*a　　D. p=*a+2

（3）下列创建引用的语句正确的是（　　）。

A. int a=3, &ra=a;　　B. int a=3, &ra=&a;

C. double d=3.1; int &rd=d;　　D. int a=3, ra=a;

（4）设 void f1(int &x，char * p); int m; char s[ ]="c++"; 以下调用合法的是（　　）。

A. f1(&m，&s);　　B. f1(&m，s);

C. f1(m，s);　　D. f1(m，&s);

（5）设已有定义：char *str="how are you"; 下列程序段中正确的是（　　）。

A. char a[11]; strcpy(++a, str);

B. char a[11], *p; strcpy(p=a+1, &str[4]);

C. char a[11]; strcpy(a, str);

D. char a[ ], *p; strcpy(p=&a[1], str+2);

2. 编程题

（1）编写函数 replace( ) 将用户输入的字符串中的字符 t(T) 都替换为 e(E)，并返回替换字符的个数。

（2）编程实现：从键盘输入一个字符串，并在串中的最大元素后边插入字符串”ab”。

（3）将字符串 str1 里的内容复制到字符串 str2 中，要求不使用库函数 strcpy( )。

（4）编写一个程序，输入星期，输出该星期的英文名。用指针数组处理。

（5）有 5 个字符串，首先将它们按照字符串中字符个数由小到大排序，再分别取出每个字符串的第三个字母合并成一个新的字符串输出（若少于三个字符的输出空格）。要求：利用字符串指针和指针数组实现。

（6）编写具有如下原型的函数 int* findMax(int* a, int n, int& idx); 负责在数组 a 的 n 个元素中找出最大值，并返回该最大值数组元素的内存地址（指针值），而且再通过引用变量 idx 返回具有最大值的元素在数组中的下标。编制主函数，调用 findMax( )，以验证其正确性。

（7）利用指向行的指针变量求 5 × 3 数组各行元素之和。

（8）输入一串单词（仅为大写），末尾以英文符号’.’作为结束。假设字母 A 的价值为 1，字母 B 的价值为 2，…，字母 Z 的价值为 26。试编写函数 void value(char *str, int *num); 求得每个单词的价值。单词的价值就是组成一个单词的所有字母的价值之和，例如，单词 ACM 的价值是 1+3+14=18，单词 HDU 的价值是 8+4+21=33。结论在主函数内输出。

（9）编写函数 int frequency(char * substr, char * str); 求子串在源串中出现的次数，结论在主函数内输出。要求：不使用查找子串的库函数。

（10）编写函数 void strmncpy(char *s, int m, int n, char *t); 参数 s 指向源字符串，t 指向字符串复制的目标空间，函数功能为将 s 指向的字符串从第 m 个字符开始的连续 n 个字符复制到 t 指向的存储空间；如果第 m 个字符后面的字符数不足 n 个，则复制到‘\0’为止；如果 s 的长度不到 m，则复制空串。主函数内输出复制后的子串。

第 7 章　自定义数据类型

C++ 提供有基本数据类型（如 int、float、double、char 等）供用户使用。但有时程序需要处理的问题比较复杂，已有的数据类型很难满足使用要求。为此，C++ 允许用户根据实际需要构造自定义数据类型（如结构体、共用体、枚举和类等）。一旦构造出新的数据类型，其与内置数据类型在使用上是一样的，而且还可以成为构造其他新数据类型的基础。本章介绍结构体类型、共用体类型和枚举类型，第 8 章介绍类类型。

7.1　结构体类型

到目前为止，前面所介绍的数据类型都只包含一种类型信息，即便是含有多个元素的数组亦是如此。但是，某些信息的逻辑关系要求多种数据类型组合在一起工作，例如，学生信息就包含有学号（int 型）、姓名（字符数组或 string 型）、性别（字符型）、考试成绩（float 型）等数据。因为数据类型不同，这些数据不能直接存储在单个数组中以体现它们的逻辑相关性。C++ 为此提供了结构体（structure）这一机制，专门用于描述类型不同、但逻辑意义相关的数据构成的聚集。与数组类似，结构体类型（简称结构体）也是由一组元素构成的聚合数据类型。不过，和数组不同，结构体允许这些元素具有不同的数据类型。作为用户自定义的数据类型，结构体的成员可以是任何类型，既可以是 C++ 的基本数据类型（如整型、浮点型、字符型等），也可以是复杂的数据类型（如数组、指针以及其他结构体等）。

7.1.1　结构体类型概述

结构体类型定义给出了建立结构体变量的模板。定义结构体类型的一般形式为：

```
struct 结构体类型名
{
成员列表
}; //注意，本行的分号不能省略
```

其中，struct 是关键字，表示结构体定义；结构体类型名给出了结构体的标识；成员列表是由若干个成员的声明组成，每个成员都是该结构体的一个组成部分。例如：

```
struct User
{
    int id; // 包含一个整型成员 id，代表用户 id
    char email[20]; // 包含一个字符数组成员 email，可以容纳 20 个字符，代表邮箱
    char gender; // 包含一个字符型成员 gender，代表性别
    int phone; // 包含一个 int 型成员 phone，代表手机号码
};
```

这样，就声明了一个新的结构体类型 User，它有 4 个成员，分别是 id、email、gender、phone。

📖 注意，结构体定义的末尾必须以分号结束。这是因为一个结构体定义本身就是一条语句。上述结构体定义并未在内存中分配任何空间（并未声明变量），只是定义了一个新的数据类型 User。

结构体内部的成员名可以与程序中的其他变量同名，因为C++把它们处理成不同的作用域。结构体定义之后，便可以使用结构体名来定义该结构体类型的变量（简称结构体变量）。定义结构体变量和定义基本类型变量的语法是一样的。需要指出，C语言中定义一个结构体变量时必须使用关键字struct，例如：

```
struct User usr1, usr2;   //C 语言中 struct 关键字不能省略
```

然而在C++中则不用这么繁琐，仅仅使用结构体名就可直接定义结构体变量。例如：

```
User usr1, usr2;   //C++ 中 struct 关键字可以省略
```

不过，C++编译器仍然能够接收C语言的语法，所以历史遗留的C代码可不必修改（称为向后兼容，Backward Compatibility），这给程序员带来了很大的方便。

如前所述，系统不会为结构体类型分配内存空间，只有定义结构体变量才会导致内存的实际分配。所谓为结构体变量分配存储空间，实际上是为该变量的每个成员单独分配空间。上面定义的变量usr1和usr2各自都有4个成员。

在结构体User定义中，所有成员都是基本数据类型或数组类型。当然，其成员也可以是一个结构体变量（但结构体成员不能是本结构体自身的变量），这样就构成了嵌套结构体。图7-1所示为一个嵌套结构体的示意图。

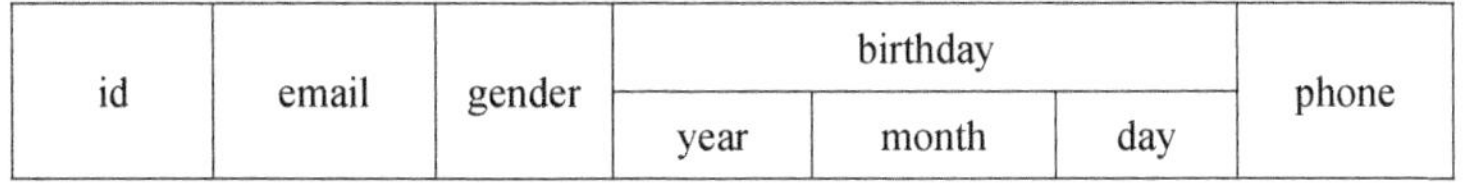

id	email	gender	birthday			phone
			year	month	day	

图 7-1　嵌套结构体

在定义结构体类型的同时，也可以声明一个或多个结构体变量。按照图7-1可以定义如下结构体类型：

```
struct Date{      // 定义结构体类型 Date
    int year;
    int month;
    int day;
};
struct {   // 定义无名结构体类型
    int id;
    char email[16];
    char gender;
    Date birthday;      // 结构体变量 birthday 又作为其他结构体类型的成员，即嵌套结构体
    int phone;
} usr3, usr4;
```

上面首先定义了一个结构体类型Date，它含有year、month、day等3个成员。接下来定义了另一个结构体类型，但该结构体没有名字，它有一个Date类型的成员birthday。在定义这个结构体的同时，声明了两个该结构体的变量usr3和usr4。这样，变量usr3和usr4各有5个成员，其中成员birthday又是结构体Date的变量，它又包含3个成员。

7.1.2　结构体变量的初始化

在声明结构体变量的同时可以对变量进行初始化。如同对数组变量进行初始化一样，可以在变量名后用赋值号跟一个用花括号对括起来的初始值表。初始值表按照结构体成员声明的顺

序给出各成员的初始值，各初始值之间用逗号分隔。例如：

```
User usr5={1305,"zhangsan@163.com",'M',6101005};
```

上面定义了一个 User 型的变量 usr5，同时它的成员 id 被初始化成 1305，email 被初始化成 " zhangsan@163.com "，gender 被初始化成 'M'，phone 被初始化成 13236101005。如果初始值的数目少于成员数目，剩余成员被自动初始化成 0。

7.1.3　结构体变量成员的引用

在使用结构体变量时，可以把它作为一个整体来用，如允许相同类型的结构体变量相互赋值，以前面定义的 usr1 和 usr2 为例，可用如下赋值语句：

```
usr1= usr2;
```

这样就把 usr2 的值赋给 usr1，实际上是将 usr2 各成员值分别赋给 usr1 的对应成员。当然，除了整体赋值外，也可以通过对各成员的单独赋值来实现。

在 C++ 中，大多数对结构体变量的使用，包括输入、输出等都是通过访问结构体变量的成员来实现的。访问结构体变量的成员时，需要使用成员访问运算符：圆点运算符“.”或者箭头运算符“->”（参见 7.1.4 节）。

圆点运算符“.”（又称为成员运算符）用于通过结构体变量名访问结构体成员。结构体变量成员的一般表示形式为：

```
结构体变量名 . 成员名
```

结构体变量成员在程序中的使用方式与普通变量相同。例如：

```
usr1.id = 1520;              // 将 1520 赋给第一个用户的 id 成员
usr2.phone = 13236101002;       // 将 6101002 赋给第二个用户的 phone 成员
```

如果成员本身又是一个结构体变量，则可以通过逐级使用圆点运算符找到各级成员。

```
Usr3.birthday.month =12   // 将 12 赋给第二个用户的 birthday 成员的 month 成员
```

7.1.4　结构体与指针

当一个指针变量指向一个结构体变量时，称之为结构体指针变量（简称结构体指针）。结构体指针的值是它所指向的结构体变量的首地址。通过结构体指针可以访问它所指向的结构体变量及其成员，这与数组指针和函数指针的情况类似。结构体指针声明的一般形式为：

```
结构体名 * 结构体指针变量名
```

例如：

```
User *pUsr, usr;  // 定义了一个结构体指针 pUsr 和一个结构体变量 usr
pUsr =&usr;       // 将结构体变量 usr 的地址赋值给 pUsr，因此指针 pUsr 就指向了 usr
```

注意：这里不是定义了两个结构体指针，与“*”靠近 User 还是靠近 pUsr 无关。

有了结构体指针变量，就可以通过指针方便地访问它所指向的结构体变量的各个成员。访问的一般形式为：

```
结构体指针变量 -> 成员名
```

例如：

```
pUsr-> id =1521;  // 将 1521 赋给用户 usr 的 id 成员
```

上面的 -> 称为箭头运算符，由负号“-”和大于号“>”组成，中间不能有空格。箭头运算符用于通过指针访问其所指结构体变量的成员。

表达式 pUsr->id 等价于 (*pUsr).id。后者间接引用指针并用圆点运算符访问 id 成员。

注意：(*pUsr) 两侧的圆括号不可少，因为圆点运算符 . 的优先级高于间接访问运算符 *。如果去掉圆括号，则相当于 *(pUsr.id)，意义就完全不同了。

7.2 结构体的使用

7.2.1 结构体与函数

同基本类型的变量一样，结构体变量的成员以及结构体变量自身都可以用作函数的参数和返回值来使用。

（1）结构体变量成员用作函数的参数

如果函数的形参是简单变量，结构体变量中相应类型的成员可作为对应的实参。参数传递的方式与一般变量相同。如果函数的形参是指针类型或数组类型，结构体变量中同类型的成员也都可作为对应的实参。例如，有结构体类型 User 及其变量 usr：

```
struct User
{
    int id;
    char email[30];
    char gender;
    int phone;
}usr;
```

假设有若干函数，对应函数原型如下：

```
void f1(int);
```

那么下面的调用形式是合法的：

```
f1(usr.id);             // 实参为 usr.id
f1(usr.email[2]);       // 实参为单个数组元素 usr.email[2]，提升为 int 型
```

如果函数形参是指针或数组类型，那么可以将结构体变量成员的地址传送给函数，这需要在变量前使用取地址运算符 &。例如，假设有函数原型如下：

```
void   f2(int *);
void   f3(char *);
```

那么，下面的调用形式是合法的：

```
f2(&usr.id);            // 传递成员 usr.id 的值
f3(usr.email);          // 实参为字符数组名 usr.email，即首元素地址
f3(&usr.email[2]);      // 实参为 usr.email [2] 元素的地址
```

注意：运算符 & 放在结构体变量名前，而不是放在成员名之前。数组名 email 本身就是数组的首地址，因此相应的结构体变量名前不能再用 &，但取数组元素 email[2] 的地址时，结构体变量名前要用 &。

（2）结构体变量用作函数的参数或返回值

如果结构体变量作为实参传给函数，将按照传值方式将整个结构体数据复制给相应的形参。例如，假设有如下函数原型：

```
void f5(User u);
```

那么下面的调用形式是合法：

```
f5(usr);
```

传递参数时，是将实参usr的每个成员数据复制给形参u相应的成员。一般情况下，由于结构体变量的成员较多，占用内存空间较大，传送时花费的代价较高，所以不提倡这种方法。在很多情况下，在函数调用时如果要传递结构体型参数，常用的方法是采取传引用或者传递地址方式。因为在采取这两种方式时，不需要对实参的各个成员进行复制，仅传递结构体的引用或地址，占用内存少，调用速度快。

【**例7-1**】结构体作为函数参数。

```
#include<iostream>
using namespace std;
struct User
{                                    // 定义结构体类型 User
    int id;
    char email[30];
    char gender;
    int phone;
};
void updateUsrEmail(User);       // 函数原型声明，传值，一般不推荐使用
void updateUsrId (User & );      // 传引用
void updateUsrPhone(User *);    // 传值（值为地址）
void displayUserInfo(const User &);   // 传引用（常引用）
int main( )
{
    User usr={ 1020,"Lisi@cumt.edu.cn",'M', 6101010};
    cout<<" 初始用户信息为：\n ";
    displayUserInfo (usr);

    updateUsrEmail (usr);
    cout<<" 更新 Email 之后的用户信息为：\n ";
    displayUserInfo (usr);

    updateUsrId (usr);
    cout<<" 更新 Id 之后的用户信息为：\n ";
    displayUserInfo (usr);

    updateUsrPhone (&usr);
    cout<<" 更新 Phone 之后的用户信息为：\n ";
    displayUserInfo (usr);
    return 0;
}
```

```
void displayUserInfo (const User &usr){   //形参为常引用变量
    cout<<"id="<< usr. id<<"\t"<<"email="<< usr. email <<"\t";
    cout<<" gender ="<< usr. gender <<"\t"<<" phone ="<< usr. phone<<endl;
}
void updateUsrEmail (User usr) // 形参为结构体变量
{
    usr.email[2] = 'S';
}
void updateUsrId (User &usr) // 形参为引用变量
{
    usr.id = 1601;
}
void updateUsrPhone(User *pUsr) // 形参为结构体指针
{
    pUsr ->phone = 6101011;
}
```

运行结果如下：

```
初始用户信息为：
id=1020      email=Lisi@cumt.edu.cn      gender =M          phone=6101010
更新 Email 之后的用户信息为：
id=1020      email=LiSi@cumt.edu.cn      gender =M          phone=6101010
更新 Id 之后的用户信息为：
id=1601      email=LiSi@cumt.edu.cn      gender =M          phone=6101010
更新 Phone 之后的用户信息为：
id=1601      email=LiSi@cumt.edu.cn      gender =M          phone=6101011
```

可以看出，采用传值方式时，对形参的修改不会影响实参的值，而采用传引用和传指针方式时，被调函数可以修改实参的值。程序中函数 updateUsrPhone( ) 采取的传引用方式。同时，为防止修改实参的值，声明形参时使用了 const 关键字，以确保函数内部只能读取而不能修改实参的值。另外，函数 updateUsrId( ) 也采取传引用的方式，而函数 updateUsrPhone( ) 则采取指针参数（传指针方式）。注意这两个函数的区别：采用传引用方式，实参是结构体变量本身，被调函数访问引用变量所引用的实参数据成员时使用圆点运算符；而使用指针参数时，实参是结构体变量的地址，被调函数访问实参结构体成员时使用指向运算符。

> 📖 传指针方式属于值传递，只不过传递的值是地址。

7.2.2 结构体与数组

数组的元素不仅可以是基本类型变量，也可以是结构体变量，这样的数组称为结构体数组。在结构体数组中，每个数组元素都是相同类型的结构体变量。在实际应用中，常用结构体数组来表示具有相同数据结构的一个群体。例如，班级同学的学生档案、公司职工的工资表、银行的客户信息等。结构体数组的处理方法与一般数组类似，结构体数组元素的处理也与一般的结构体变量类似。例如：

```
User usrArray[5];
```

这里定义了一个结构体数组 usrArray，它含有 5 个元素，分别为 usrArray [0]～usrArray [4]，每个元素都是 User 型的结构体变量。结构体数组在定义时也可以进行初始化。例如：

```
User usrArray[5]={
            {1120,"ZhangSan@163.com",'M', 6101021},
            {1020,"LiSi@cumt.edu.cn",'M', 6101011},
            {133,"WangWu@gmial.com",'M', 6101132},
            {4221,"ChengLiu@cumt.edu.cn",'F', 6101761},
            {322,"ZhaoQi@163.com",'F', 61016666},
};
```

引用结构体数组元素的某一成员也用“.”运算符。一般形式为：

```
结构体数组名 [ 下标 ]. 成员名
```

【**例 7-2**】编程实现将用户的记录按照 id 号从小到大进行排序。

设计思想：用结构体数组来保存用户记录信息，用函数 displayUsersInfo( ) 来显示用户信息，用函数 sortArray( ) 实现记录按照 id 号从小到大排序，这里采用选择排序法。

```
#include<iostream>
using namespace std;
#define USER_NUM  5          // 用户数量
struct User
{                              // 定义结构体类型 User
    int id;
    char email[16];
    char gender;
    int phone;
};
void displayUsersInfo(const User[ ],int); // 函数原型声明，显示所有用户信息
void sortArray(User[ ],int);
int main( )
{
    // 初始化
    User usrs[USER_NUM]={
        {1120,"ZhangSan@163.com",'M', 6101021},
        {1020,"LiSi@cumt.edu.cn",'M', 6101011},
        {133,"WangWu@gmial.com",'M', 6101132},
        {4221,"ChengLiu@cumt.edu.cn",'F', 6101761},
        {322,"ZhaoQi@163.com",'F', 61016666},
    };
    cout<<" 初始用户信息为：\n";
    displayUsersInfo(usrs, USER_NUM);
    sortArray(usrs, USER_NUM); // 调用排序函数实现对数组中元素的升序排序
    cout<<"\n 排序后，用户信息为：\n";
```

```
    displayUsersInfo(usrs, USER_NUM);
    return 0;
}
// 显示用户信息
void displayUsersInfo(const User users[ ],int len)
{
    for(int i=0;i<len;i++){
        cout<<"id="<< users[i].id<<"\t";
        cout<<"email="<< users[i].email<<"\t";
        cout<<" gender ="<< users[i].gender<<"\t";
        cout<<"phone="<< users[i].phone<<endl;
    }
}
// 实现用户信息按照 id 号从小到大排序，这里采用选择排序法
void sortArray(User users[ ],int len)
{
    int i,j,min;
    for (i=0;i<len-1;i++)
    {
        min =i;
        for(j=i+1;j<len;j++)
            if(users[j].id< users[min].id) min =j; // 比较并记录最小 id 对应的下标
        // 交换
        User tmp;
        tmp= users[min];
        users[min]= users[i];
        users[i]=tmp;
    }
}
```

运行结果如下：

```
初始用户信息为：
id=1120      emial= ZhangSan@163.com         gender =M      phone=6101021
id=1020      emial= LiSi@cumt.edu.cn         gender =M      phone=6101011
id=133       emial= WangWu@gmial.com         gender =M      phone=6101132
id=4221      emial= ChengLiu@cumt.edu.cn     gender =F      phone=6101761
id=322       emial= ZhaoQi@163.com           gender =F      phone=6101666
排序后，用户信息为：
id=133       emial= WangWu@gmial.com         gender =M      phone=6101132
id=322       emial= ZhaoQi@163.com           gender =F      phone=61016666
```

```
id=1020    emial= LiSi@cumt.edu.cn        gender =M    phone=6101011
id=1120    emial= ZhangSan@163.com        gender =M    phone=6101021
id=4221    emial= ChengLiu@cumt.edu.cn    gender =F    phone=6101761
```

函数 displayUsersInfo( ) 和 sortArray( ) 都接收结构体数组作为实参，其中前者只是访问而不修改实参，而后者访问并修改实参。

7.3　单向链表

如前所述，如果需要保存多个同类型结构体变量的信息，可以使用结构体数组进行管理。但是，与其他静态分配的数据一样，在声明结构体数组时，必须事先将数组长度设定成可能需要的最大值，这就可能造成存储空间的浪费。为此希望对于结构体变量采取动态分配策略，提高内存空间的利用效率。

本节将综合利用动态内存分配以及结构体和指针，建立一种常用的重要数据结构——链表（Linked List）。链表是通过指针链接在一起的一组数据项（称为“结点”）。链表的每个结点都是同类型的结构体变量，其中有的成员用于存储结点的数据信息（实际需要存储的数据）；有的成员是指向同类型结构体变量的指针变量，用于指向链表中的其他结点。结点中只有一个指针域的链表称为单向链表。为简单起见，下面仅介绍单向链表。

7.3.1　new 和 delete 运算符

C 语言利用库函数 malloc( ) 和 free( ) 来动态分配和撤销内存空间，而 C++ 提供了简便强大的运算符 new 和 delete 来取代上述函数。虽然为了与 C 语言兼容，C++ 仍保留 malloc( ) 和 free( ) 函数，但建议用户使用 new 和 delete 运算符。

下面先看 new 的用法。

（1）开辟单变量空间

```
int *p1=new int; // 开辟一个存放整数的存储空间，并将返回地址赋给整形指针 p1
int *p2=new int(5); // 作用同上，但是同时将 5 作为初值赋予动态创建的（无名）整型变量
```

（2）开辟数组空间

一维数组：

```
int *p3= new int[100]; // 开辟一个长度为 100 的整型数组，并将首元素地址赋给指针 p3
```

二维数组：

```
int (*p4)[6]= new int[5][6]; // 开辟 5 行 6 列的二维整型数组，并将首元素地址赋给指针 p4
```

注意：如果由于内存不足等原因而无法正常分配空间，则 new 运算符会返回 NULL（空指针），用户可以根据 new 运算符的返回指针的值判断分配空间是否成功。

可以看出：要访问用 new 所开辟的空间，无法直接通过变量名进行访问（因为该变量没有名字），只能通过返回指针进行间接访问。

再看 delete 运算符的用法。

```
delete 指针变量；    // 释放动态开辟的普通变量所占空间
```

或者

```
delete [] 指针变量； // 释放动态开辟的数组空间
```

例如，要释放上面用 new 开辟的存放整数的空间（上面第 1 个例子），应该用

```
delete p1;
```

而如果要释放用 new 开辟的字符数组空间（上面第 3 个例子），应该用

```
delete [ ] p3;   // 在指针变量前面加上一对方括号，表示是对数组空间的释放操作
```

用 new 运算符动态创建的变量被存放到被称为“free store”的存储区域。只要一经创建，在程序的存续期间，这些变量就一直占用内存空间，直到显式使用 delete 运算符撤销为止。

7.3.2 单向链表的定义

单向链表中，结点中只有一个指针域，用于存放下一个结点的首地址。这样，在第一个结点的指针域内存入第二个结点的首地址，在第二个结点的指针域内又存放第三个结点的首地址，如此串联下去直到最后一个结点。最后一个结点因无后续结点，其指针域可置为 NULL（表示链尾）。

下面是一个简单的单向链表的结点类型声明：

```
struct Node{
    int data;   // 数据域
    Node * next;   // 指针域，指向后继结点
};
```

如前所述，结构体的成员不能是本结构体类型自身的变量，但可以是一个指向本结构体的指针变量。上述结构体类型 Node 中的 next 成员用来指向下一个 Node 结构体变量，称其为后继指针。

指向链表第一个结点的指针，称为链首指针（或头指针）。后续结点通过前驱结点的指针域来顺次访问。图 7-2 所示为一个由 Node 型结构体变量构成的单向链表。

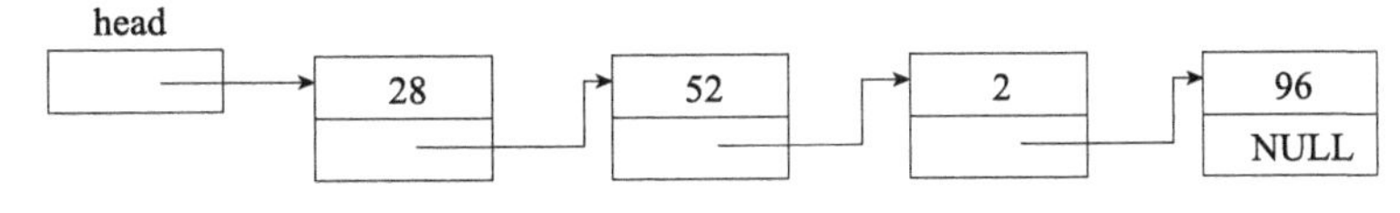

图 7-2　单向链表示例

在图 7-2 中，head 是头指针，用于存放第一个结点的首地址，其声明为：

```
Node *head;
```

链表中的每个结点都是 Node 型结构体变量，包括两个成员：一个成员 data 存放实际数据；另一个成员 next 为后继指针，存放后继结点的首地址。

为方便操作，经常将链表的头指针以及链表长度等信息再封装成一个新的结构体类型，如下所示：

```
struct List{ // 定义链表结构体类型
    Node *head; // 链表头指针
    int length; // 链表长度，即链表中结点的个数
};
```

当然，链表长度的属性也可以省略，这样就需要定义一个专门的函数来计算链表的长度，不如直接维护这个长度成员的开销来的小。为方便结点的插入操作，不少链表类型的定义中还额外增加指向链表末尾的尾指针。实际上，链表类型的定义不是固定不变的，程序员可以根据实际问题的需要决定其具体形式。

另外，链表中的结点也可以根据需要保存各种类型的数据。下面给出了一个存放用户信息

链表结点的类型声明：

```
struct User{   //声明存放用户信息的结构体类型 User
    int id;  //存放 id 号信息
    char email[16];  //存放邮箱信息
    char gender;      //存放性别信息
    int phone;       //存放电话号码信息
    User* next;  //存放后继结点的地址，如果其没有后继，则存放 NULL
};
```

前 4 个成员项组成了数据域，最后一个成员 next 构成指针域，它是一个指向 User 类型的结构体指针变量。

7.3.3　单向链表的操作

对单向链表的基本操作主要有建立链表、遍历链表、查找链表以及在链表中插入或删除结点等。为简化起见，本节以前面定义的 Node 结构体类型作为链表结点的类型，以 List 结构体类型代表链表类型。

（1）建立单向链表并增加结点

建立单向链表的主要工作就是把多个结点链接在一起。首先声明一个链表变量 lst，让它的成员 head（头指针）指向链表的第一个结点；然后通过动态建立每个结点，并将这些结点依次接入链表的尾端，使得每个结点的指针指向下一个结点，末尾结点中的指针域置为 NULL。

【例 7-3】编写建立链表并增加结点的程序，要求将增加结点的操作封装成单独的函数 AddNode( )。

```
#include <iostream>
using namespace std;
struct Node {  //定义链表结点的结构体类型 Node
    int data;  //数据域
    Node * next; //指针域
};
struct List{  //定义链表的结构体类型 List
    Node *head; //链表头指针
    int length; //链表长度
};
void AddNode(List &,int );  //增加结点的函数原型声明
int main( )
{
    List lst; //定义链表变量
    lst.head=NULL; //初始化链表头指针
    lst.length=0; //初始化链表长度
    int inputData; //存放链表结点的数据
    char chr='Y'; //循环控制变量
    while (chr=='Y' || chr=='y')
    {
```

```
        cout<<" 请输入结点的数据：";
        cin>>inputData;
        AddNode(lst,inputData);
        cout<<" 要继续添加结点吗（Y/N）？ ";
        cin>>chr;
        }
        return 0;
}
//增加新结点
void AddNode(List &list,int dt)
{
        Node *pCurNode=new Node; // 新建结点
        pCurNode->data=dt; // 数据域赋值
        pCurNode->next=NULL; // 指针域赋值为空指针
        if(list.head==NULL) // 判断链表头指针是否为空
        {
        list.head=pCurNode; // 为链表添加第一个结点
        list.length=1;
        }
        else
        {
        Node *pt=list.head;
        while(pt->next!=NULL)
            pt=pt->next;    // 指针 pt 不断后移，直到指向链表的末尾结点
        pt->next=pCurNode; // 将新增结点添加到当前链表的末尾，作为新链表的链尾
        list.length++; // 链表长度加 1
        }
}
```

本例中 AddNode( ) 函数封装了增加新节点的操作。图 7-3 所示为当输入 3 个整数时（依次分别是 1、2、3）建立链表的过程。

可以看出，在链表建立的过程中，先读入的数据更靠近链表的头部，后读入的数据更靠近链表的末尾，因此称这种方法为“尾插法”。与之相反的“头插法”的做法是：按照与输入相反的顺序来建立链表，即先读入的数据更靠近链表的末尾，后读入的数据更靠近链表的表头。读者可对照写出对应的程序，此处不再赘述。

（2）遍历链表

【例 7-3】建立了链表，但并不能直接看到链表中各个结点的内容，这需要通过遍历链表来实现。遍历链表就是从链首开始，依次访问（包括输出、修改）链表中每个结点的信息。头指针 list.head 指向第一个结点，存取它的成员很容易。例如，通过

```
list.head->data=15;
```

就可以给第一个结点的 data 成员赋值。

利用第一个结点的后继指针 next 可以访问第二个结点，进而可以访问该结点的成员。例如：

```
list.head->next->data
```

以此类推，利用第二个结点的后继指针 next 可以访问第三个结点，例如：

```
list.head->next->next->data
```

但是，如果链表中有较多结点，采用上述方法来访问链表的各个结点很不方便。为此，可以声明一个 Node * 类型的指针变量 pCurNode，首先让 pCurNode 指向第一个结点，即

```
pCurNode = list.head;
```

通过

```
pCurNode=pCurNode->next;
```

使得指针 pCurNode 后移（指向当前结点的后继结点）。反复执行这一赋值操作直到 pCurNode 的值变成 NULL，就可以遍历链表的所有结点。因此，遍历一个链表的基本过程如下：

```
Node *pCurNode =list.head;
while (pCurNode )
    pCurNode =pCurNode->next;
```

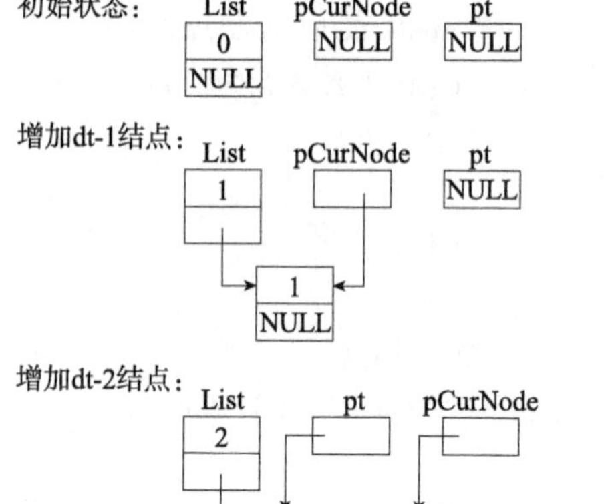

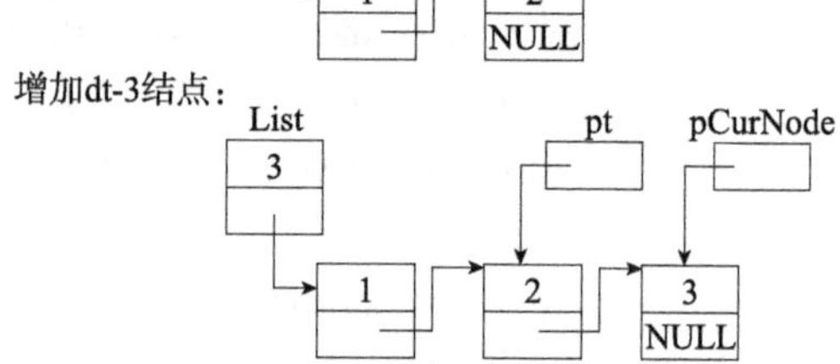

图 7-3　AddNode 函数建立单向链表的过程

【例 7-4】编写函数 Output( ) 输出【例 7-3】建立的链表中各结点的 data 成员的值。

```
void Output(const List &list)
{
    cout << " 链表：";
    Node *pCurNode = list.head;
    while (pCurNode!=NULL)
{
    cout << pCurNode->data;   // 输出结点的数据域
    if (pCurNode->next)       // 如果还有后继结点
        cout << " -> ";
    pCurNode = pCurNode ->next;   // 当前指针后移，指向下一个结点
    }
    cout<<endl;
}
```

以输出链表为基础，可以进一步实现在链表中查找特定结点的功能。

【例 7-5】编写函数 FindNode( )，在【例 7-3】建立的链表中查找包含指定整数的结点，如果找到则返回指向该结点的指针；否则返回空指针 NULL。

设计思想：该函数有两个参数：List 类型的引用变量 list 代表对应的链表，整型参数 num 为被查找的数据。该函数在遍历过程中检查受访结点是否含有被查找的 num。

```
Node *FindNode(const List &list,int num)
{
```

```
        Node *pCurNode = list.head;
        while (pCurNode)  //pCurNode 等价于 pCurNode!=NULL
        {
        if (pCurNode->data==num) // 找到 num
            {
            cout<<" 找到了 "<< num <<".\n";
            return pCurNode ; // 返回被调用函数
        }
        pCurNode=pCurNode->next; // 指针后移，指向当前结点的后继结点
        }
        cout<<" 无法找到 "<<num<<endl;
        return NULL; // 没有找到就返回空指针 NULL
    }
```

（3）在链表中插入、删除结点

链表的优点之一就是灵活性好，非常适合数据的动态变化。实际上，在链表中插入或删除一个结点要比在结构体数组中插入或删除一个元素容易的多，因为后者需要通过大量的结构体元素赋值来移动元素以获取或移除待插入或删除元素的空位。

在链表中插入或删除一个结点，需要动态保持链表的连续性。当插入结点时，被插入的结点要与其前后结点建立指针链接；删除结点时，被删除结点的前驱结点和后继结点也要重新建立指针链接。总之，都需要找到待插入或删除结点的前驱结点和后继结点。但是，对于单向链表来说，由于每个结点仅有一个后继指针（仅指向后继结点），并没有直接指向前驱结点的指针，因而不能直接引用前驱结点。所以，需要在遍历链表定位插入点或删除点的同时，注意记录当前结点的前驱结点的位置。

在链表中结点 a 之后插入结点 c 的过程如下（见图 7-4）：

1）假设指针 pa 指向结点 a，结点 a 的后继为结点 b，指针 pc 指向待插入结点 c。

2）把结点 a 的后继结点 b 的地址赋给结点 c 的指针域 next：

```
pc->next=pa->next; //pa->next 存放的是结点 a 的后继结点 b 的地址
```

3）把结点 c 的地址赋给结点 a 的指针域 next：

```
pa->next=pc; // 使得 a 的后继结点为 c
```

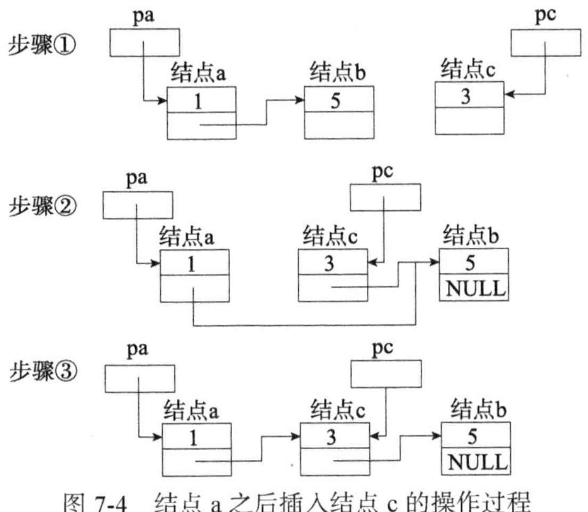

图 7-4　结点 a 之后插入结点 c 的操作过程

注意，第2）步和第3）步的顺序不能颠倒。此外，如果在链首结点之前插入新结点，需要将新结点的指针域指向原来的链首结点，并更新头指针为新结点地址。

从链表中删除一个结点c的过程如图7-5所示（设结点c的前驱为结点b，后继为结点d）。

1）在链表中查找待删除的结点c，用指针pc指向结点c，指针pb指向结点b。

2）将结点b的指针域next指向结点c的后继结点d：

```
pb->next=pc->next; // 将结点c的前驱和后继链接起来
```

3）释放结点c占用的空间：

```
delete pc;
```

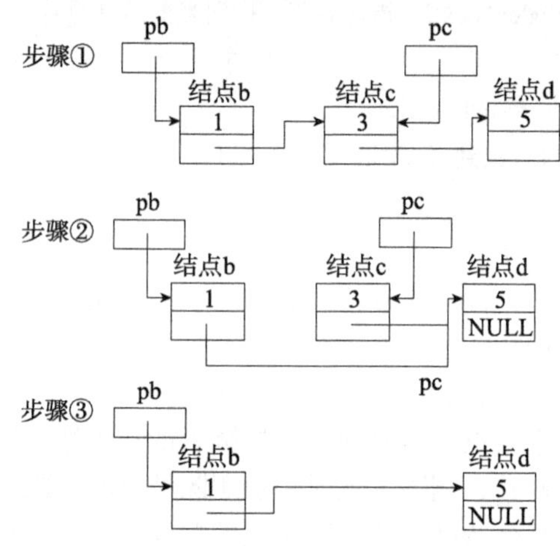

图7-5　删除结点c的操作过程

【**例7-6**】编写函数DeleteNode( )，根据指定整数在链表中找到包含该整数的结点并删除。

设计思想：与AddNode( )函数类似，该函数也有两个参数：一个是类型为List的引用变量list代表被删除结点的链表，另一个是整型参数num表示待删除结点的数据值。该函数同样先遍历链表找到待删除结点，然后将该结点从链表中移出并释放。

```
void DeleteNode (List &list,int num)
{
    Node *pCurNode = list.head; // 指向当前结点
    Node *preNode = pCurNode; // 指向当前结点的前驱结点
    while (pCurNode !=NULL && pCurNode->data!=num) {
        preNode=pCurNode ; // 当前结点变成前驱结点
        pCurNode =pCurNode->next; // 指针后移，当前结点的后继变成当前结点
    }
    if(pCurNode==NULL) {
        cout<<"Can't find "<<num<<" in the list."<<endl;
        return ;
    }
    if (pCurNode == list.head) // 被删除的是链首结点
      list.head=list.head->next;
    else
        preNode->next=pCurNode ->next; // 改变指针指向
```

```
        list.length--; // 链表长度减 1
        delete pCurNode ; // 回收被删除结点的内存空间
    }
```

下面编写一个主程序以调用上述各个函数。为了节省空间，这里并没有再重复罗列上述几个函数的定义。各个函数的具体定义请分别参见【例 7-3】～【例 7-6】。

【例 7-7】单向链表的综合操作示例。

```
void AddNode(List &,int ); // 函数原型声明
void Output(const List &);
Node *FindNode(const List &,int);
void DeleteNode (List &list,int num);
int main( )
{
    List lst; // 建立链表变量
    lst.head=NULL;  // 初始化链表头指针
    lst.length=0;  // 初始化链表长度
    int inputData;  // 存放链表结点的数据
    char chr='Y';  // 循环控制变量
    while (chr=='Y' || chr=='y')
    {
    cout<<" 请输入结点的数据：\n";
    cin>>inputData;
    AddNode(lst,inputData);
    cout<<" 要继续添加结点吗（Y/N）？ \n";
    cin>>chr;
    }
    Output(lst); // 输出链表
    DeleteNode(lst,2); // 删除结点
    cout<<" 删除结点 2 后 \n" ;
    Output(lst);      // 输出链表
    return 0;
}
```

运行结果如下：

```
请输入结点的数据：1
要继续添加结点吗（Y/N）？ Y
请输入结点的数据：2
要继续添加结点吗（Y/N）？ Y
请输入结点的数据：3
要继续添加结点吗（Y/N）？ N
链表：1 -> 2 -> 3
删除结点 2 后
链表：1 -> 3
```

7.4　共用体类型

C++ 除了允许声明结构体类型外，还可以声明共用体（union）类型（又称为联合类型）。从形式上看，它与结构体有些相似，例如下面是声明了一个名为 Data 的共用体类型并定义了两个共用体变量 a、b。

```
union Data
{
    int i; // 整型成员 i
    char ch; // 字符型成员 ch
    double d; //double 型成员 d
}a,b;
```

共用体与结构体的不同之处在于系统为结构体的各个成员分别分配存储单元，而共用体则是各个成员共占同一段存储单元。例如，上面的定义是把一个整型成员 i、一个字符型成员 ch、一个 double 型成员 d 安排在同一个地址开始的内存空间里。假定 i 占 4B，ch 占 1B，d 占 8B，那么 3 个成员共享内存的方式如图 7-6 所示。

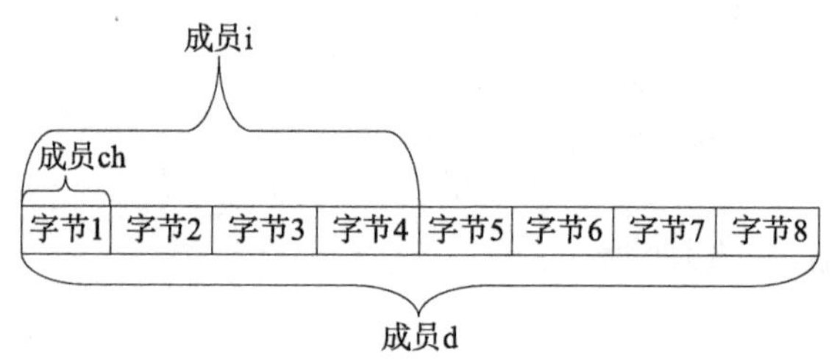

图 7-6　共用体的各个成员共享内存示意图

可以看出，共用体的各个成员在空间上相互覆盖。在特定时刻某个共用体变量中只有一个特定成员被保存。实际上由于共用体很少使用，这里不再赘述。

7.5　枚举类型

到目前为止，对于离散的、非数值数据的描述还没有找到令人满意的方法。例如，如果要表示星期、月份之类的数据时，在程序中可以用 0、1、…、6 分别表示星期日、星期一、…、星期六，可以用 1、2、…、12 表示一月、二月、…、十二月。即可以利用整数来描述这种离散的、非数值的数据。那么，既可以用 0～6 分别表示星期日～星期六，也可以用 10～16 来表示，因此表示方法不唯一。另外用整数来表示星期、月份之类，为阅读和理解程序带来困难，这些代表非数值数据的整数与其他整数在程序中让人难以区分。

为了克服上述种种弊端，C++ 允许程序员定义新的数据类型，在程序中可以用易于理解的自然语言（如英语）词汇来表示非数值数据。例如，星期一用 Monday，一月用 January 表示，……。这种可将非数值数据一一列出的数据类型，称为枚举类型。

（1）声明枚举类型

枚举类型的声明由关键字 enum 和一个以逗号为分隔符、用花括号对括起来的标识符表构成。其声明的一般形式为：

```
enum 枚举名 { 标识符 1，标识符 2,…, 标识符 n};
```

例如：

```
enum Weekday {Sun, Mon, Tue, Wed, Thu, Fri, Sat};
```

上面声明了一个枚举类型 Weekday，而花括号里的标识符 Sun、Mon、…、Sat 等称为枚举元素或枚举常量，表示 Weekday 类型变量只能取以上 7 个值之一。每个枚举常量对应一个整数，在默认情况下，整数从 0 开始。也可以在声明枚举类型时另行指定枚举元素的值。例如：

```
enum Weekday {Sun, Mon, Tue, Wed=4, Thu, Fri=9, Sat } ;
```

枚举可以用来定义各种离散的、非数值型的数据。下面是一些枚举定义的例子：

```
enum Season{spring, summer, autumn, winter};
enum Color{red, yellow, bluc, white, black};
enum Gender{male, female};
```

（2）定义枚举变量

声明了枚举类型后，就可以用它来定义枚举变量。例如，使用前述枚举类型 Weekday 定义枚举变量 workday：

```
Weekday workday=Sun; // 定义并初始化枚举变量 workday
```

workday 只能在枚举类型 Weekday 的枚举常量范围内取值。如果超出该范围，则会导致编译错误。

（3）枚举变量的使用

枚举常量可以作为整数使用。但是，直接把整数值赋给枚举类型变量是错误。例如：

```
workday =2; // 错误
```

如果一定要把整数值赋予枚举变量，就必须用强制类型转换。例如：

```
a=(Weekday)2; // 正确
```

其作用是将整数 2 对应的枚举常量赋予枚举变量 a，相当于：

```
a=Tue;
```

注意：枚举常量不是字符常量也不是字符串常量，使用时不能加单、双引号。

如果需要，也可以任意指定标识符表中各个枚举常量对应的整数值。例如：

```
enum color {red, white=7, black=2,blue};
```

这里，编译器为表中各枚举常量分配的整数值分别为 0、7、2、3。

实践证明，合理地使用枚举类型能有效地提高程序的可读性。

7.6 类型定义 typedef

除了用以上方法声明结构体、共用体、枚举等类型外，还可以用关键字 typedef 声明一个新类型名来代替已有类型名。

```
typedef int INTEGER; // 指定用标识符 INTEGER 代表 int 类型
typedef float REAL; // 指定用 REAL 代表 float 类型
```

这样，以下两行等价：

```
① int i, j; float a, b;
② INTEGER i, j; REAL a,b;
```

也可以进行如下声明：

```
typedef struct // 注意在 struct 之前用了关键字 typedef，表示声明类型新名
{
```

```
    int month;
    int day;
    int year;
}DATE,*PT; //DATE 是结构体类型名（而非结构体变量名），PT 是结构体指针类型名
```

这样就可以用类型别名 DATE 和 PT 定义变量：

```
DATE myBirthday;  // 用 DATE 定义了一个结构体变量 myBirthday
PT ptr=&myBirthday; // 用 PT 定义了一个结构体指针 ptr，并将 myBirthday 的地址赋给它
```

使用 typedef 使程序更容易阅读，有助于改善那些依赖于机器的程序的移植性。但必须牢记：它并未创建任何新的数据类型，仅仅为已存在类型指定了一个别名。

7.7　小结

结构体类型是自定义数据类型的一种，它可将多种数据类型组合在一起使用，方便了程序对一些复杂数据的处理。在程序中，定义结构体变量以前，必须先进行结构体类型的定义。访问结构体数据的成员可以用运算符“.”或“->”。如果是结构体变量，用“.”运算符，如果是结构体指针，用“->”运算符。

同样，结构体型数据也能作为函数参数，且有值传递和引用传递两种。对于结构体型数据，通常采取引用传递方式，这样可以减小结构体数据复制所带来的开销。也可定义结构体数组，结构体数组的初始化与其他类型数组的初始化方法类似。

单向链表综合了结构体和指针的有关内容。初学者对链表的学习可能感到困难。但是如果搞清楚了链表，有助于加深对指针、结构体等内容的理解和掌握。

另外，本章还简单介绍了共用体类型、枚举类型以及 typedef 的使用。

习　题

1. 选择题

（1）有如下定义：

```
struct person
{
    char name[9];
    int age;
};
struct person class[10]={"John",17,"paul",19,"Mary",18,"Adam",16};
```

根据上述定义，能输出字母 M 的语句是（　　）。

A. cout<<class[3].nam;　　　　B. cout<<class[3].name[1];

C. cout<<class[2].name[1];　　　　D. cout<<class[2].name[0]);

（2）当定义一个结构体变量时，系统为它分配的内存空间是（　　）。

A. 结构中一个成员所需的内存容量

B. 结构中第一个成员所需的内存容量

C. 结构体中占内存容量最大者所需的容量

D. 结构中各成员所需内存容量之和

（3）若有以下说明和定义语句，则变量 s 在内存中所占的字节数是（　　）。

```
union AA
{
    float x;
    float y;
    char c[6];
};
```

```
struct SS
{
    union AA v;
    float z[5];
    double ave;
}s;
```

A. 42　　B. 34　　C. 30　　D. 26

（4）若有以下的说明：

```
struct person{
    char name[20];
    int age;
    char sex;
}p1={"lisi", 20, 'm'}, *p=&p1;
```

则对字符串 lisi 的引用方式不可以的是（　　）。

A. (*p).name　　B. p.name　　C. p1.name　　D. p->name

（5）已知链表结点定义如下

```
struct Node {
    int data;
    Node * next;
};
```

其中 pPre 为指向链表中某结点的指针，pNew 是指向新结点的指针，以下伪码算法是将一个新结点插入到链表中 pPre 所指向结点的后面的是（　　）。

A. pPre-> next = pNew; pNew = null;

B. pPre-> next = pNew-> next; pNew-> next = null;

C. pNew-> next = pPre-> next; pPre-> next = pNew;

D. pNew-> next = pPre-> next; pPre-> next = null;

2. 编程题

（1）从键盘上输入年月日，计算该日在本年是第几天并将结果输出。注意闰年问题。

（2）有 10 个学生，每个学生的数据包括学号、姓名、三门课的成绩，从键盘输入 10 个学生的数据，要求打印出 3 门课的总平均成绩以及最高分的学生的数据。要求用结构体数组实现。

（3）定义描述复数类型的结构体变量，编写加法函数 add( )、减法函数 sub( )，乘法函数 mul( ) 和除法函数 div( )，分别完成复数的减法与乘法运算。在主函数中定义 6 个复数类型的变量 c1、c2、c3、c4、c5、c6，从键盘输入 c1、c2 的复数值，调用 add( ) 函数完成 c3=c1+c2，调用 sub( ) 函数完成 c4=c1-c2，调用 mul( ) 函数完成 c5=c1*c2，调用 div( ) 函数完成 c6=c1/c2，最后输出 c3、c4、c5、c6 的值。

（4）化简有理数。对输入的有理数进行化简。测试输入：-18/52，预期输出：-9/26；测试输入：128/4，预期输出：32。提示：有理数采用结构体表示，包括成员分子和分母两个部分。

（5）编写一个完整的程序，对输入的 n（n < 100）本书按照书名按字母表进行排序并输出。书的信息包括：书名、价格。

（6）建立一个单向链表，每个结点包含姓名、学号、英语成绩、数学成绩和 C++ 成绩，并通过链表操作，求出平均分最高和最低的同学并且输出。

（7）建立一个函数 InvertList( ) 实现把一个单向链表逆转过来，即将原来的表头变成表尾，原来的表尾变成表头。

（8）设计一个简单的班级学生成绩管理系统，每个学生的数据包括学号、姓名、性别、三门课的成绩，要求：①增加新学生数据；②按学号删除某学生数据；③按学号查找某学生数据；④按姓名查找某学生数据（遇到同名时输出所有同名学生的数据）；⑤计算每个学生的平均成绩；⑥计算并输出每门课的平均成绩；⑦全班按平均成绩从高到低排序；⑧输出全班学生的信息（排序后）；⑨输出平均成绩最高的学生数据；⑩输出挂科学生的数据。要求用链表实现。

第 8 章　类（Ⅰ）

从本章开始学习一种新的程序设计方法——面向对象的程序设计。面向对象程序设计是一种围绕真实世界的概念来组织模型的程序设计方法，它采用对象来描述问题空间中的实体。对象是能体现现实世界物体基本特征的抽象实体，反映在软件系统中就是一些属性和方法的封装体。从程序设计的角度看，对象就是“数据 + 作用于数据上的操作（方法）”。

类（Class）与对象（Object）是面向对象程序设计中的最重要的基本概念。面向对象程序设计的主要工作就是对类的设计。对象是类的实例，从语法上讲，类与对象的关系相当于数据类型和变量之间的关系。

8.1　类的定义

8.1.1　结构体和类

面向过程的程序设计是用函数来实现对数据的操作，且往往把描述某一事物的数据与处理数据的函数分开。这种方法的缺点是当描述事物的数据结构发生变化时，处理这些数据结构的函数必须重新设计和调试。

在下面的例子中，描述学生成绩数据的结构体变量 stu 与处理 stu 的函数是分开的，如果在学生成绩中增加一门英语成绩 eng，则函数 Display( ) 和 Average( ) 均要重新设计。在编写由多人参加的大型程序时会给程序的编写、调试和维护都带来很大的困难。由于把函数和要处理的数据分开，对数据结构或函数的任何不适当修改都可能导致整个程序不能正确执行。此外，在函数中可随意对学生成绩做修改，如在主函数中对数学进行修改，只要执行一条赋值语句 stu.math=95 即可，因此数据的安全性也得不到保证。

【例 8-1】定义一个学生成绩的结构体类型 student，再定义计算学生平均成绩的函数 Average( ) 与显示学生成绩的函数 Display( )，在主函数中输入学生成绩，并调用 Average( ) 计算平均成绩，调用 Display( ) 显示学生成绩。

```
#include<iostream>
using namespace std;
struct student {
    char name[8];       // 学生姓名
    float phi,math,ave;  // 物理、数学、平均成绩
};
void Display(student s) { // 输出学生成绩
    cout<<s.name<<'\t'<<s.phi<<'\t'<<s.math<<'\t'<<s.ave<<'\n';
}
void Average(student &s) { // 计算平均成绩
    s.ave=(s.phi+s.math)/2;
}
```

```
int main( ) {
    student stu;
    cin>>stu.name>>stu.phi>>stu.math;       // 输入姓名与成绩
    Average(stu);                           // 计算平均成绩
    Display(stu);                           // 显示输出学生成绩
    return 0;
}
```

运行结果如下：

```
Xue 90 100↙
Xue     90      100     95
```

为了克服前面所述的缺点，可以采用面向对象的程序设计方法（Object-Oriented Programming，OOP）。面向对象的程序设计方法是将描述某类事物的数据与处理这些数据的函数封装成一个整体，称为类。数据结构的变化仅影响封装在类中的函数，同样，修改函数时仅影响封装在类中的数据。真正实现了封装在类中的函数和数据不受外界的影响，即类可使程序模块具有良好的独立性和可维护性，这对大型程序的开发是特别重要的。此外，类中的私有数据在类的外部不能直接使用，外部只能通过类的公共接口函数来处理类中的数据，从而使数据的安全性得到保证。如将【例 8-1】中描述学生成绩的数据与处理这些数据的函数封装成名为 CStudent 的类（如【例 8-2】），则该类中的学生数据结构的变化只会影响类中的函数，而不会影响其他函数。由于学生数据均为私有数据成员，外部只能通过公共成员函数对其进行访问，从而保证了数据的安全性。

【例 8-2】类示例。

```
#include<iostream>
#include<string>
using namespace std;
class CStudent {
    private:
    string Name;      // 学生姓名、物理、数学、平均成绩为私有成员
    float Phi,Math,Ave;
    public:
    void Get(string& name,float &phi,float &math,float &ave) {
                // 定义 Get( ) 函数读取成绩
        name=Name;
        phi=Phi;
        math=Math;
        ave=Ave;
    }
    void Put(string name,float phi,float math) { // 定义 Put( ) 函数写入学生成绩
        Name=name;
        Phi=phi;
        Math=math;
    }
```

```
        void Display( ) { // 输出学生成绩
            cout<<Name<<'\t'<<Phi<<'\t'<<Math<<'\t'<<Ave<<'\n';
        }
        void Average( ) { // 计算平均成绩
            Ave=(Phi+Math)/2;
        }
};
int main( ) {
        CStudent stud1;
        stud1.Put("Zhang_San",90,100);
        //stud1.Phi=95; // 错误，在此不可访问 private 数据成员 Phi
        stud1.Average( );
        stud1.Display( );
        return 0;
}
```

8.1.2 基本概念

（1）类和对象的概念

类机制是 C++ 最重要的特征之一，C++ 语言的早期版本即被命名为“带类的 C”。类是一种编程人员自定义的数据类型。

类是对现实生活中一类具有共同特征的事物的抽象，对象是客观世界存在的具体事物，它可以是有形的实物，也可以是无形的事物。对象是构成世界的一个个独立单位，具有自己的静态特征（用数据描述）和动态特征（对象的行为或功能）。面向对象方法中，类的内部包括属性和行为两个主要部分。属性是用来描述对象静态特征的数据项，行为是用来描述对象动态特征的一系列操作。类为属于同一类的全部对象提供了统一的抽象描述，类给出了属于该类的全部对象的抽象定义，而对象则是符合该类特征的一个实体。因此，对象又称为类的一个实例（instance）。例如，从平常所见的具体分数（1/2、2/3、3/4、…）中概括出其共同的属性：每个分数都有分子和分母并且分母不得为 0，分数之间可以进行加、减、乘、除等运算。把这些共同属性描述出来就是在定义（分数）类，有了（分数）类就可以定义对象（具体分数）。每个具体分数（对象）都是分数类的实例。

类是创建对象的样板，在整体上代表一组对象。设计类而不是设计对象可以避免重复编码，类只需编码一次，就可以创建本类的各种对象。因此，在面向对象程序设计中，类的确定与划分非常重要，是软件开发中的关键环节，科学合理地划分将有效提高程序质量和代码的可重用性。因此，在分析和处理实际问题时，需要正确地分析一个类究竟表示哪一组对象，进行合理的分“类”。然而类的划分并没有统一的标准和固定的方法，主要依靠软件开发人员的经验、技巧以及对实际问题的深刻理解。另外，不能把一组函数组合在一起构成类，即不能把面向过程的若干个函数简单组合变成类，类不是函数的集合。

（2）面向对象程序设计方法的基本特征

面向对象程序设计方法的基本特征主要包括抽象性、封装性、继承性和多态性。

1）抽象（Abstract）性。抽象是指分析和提取事物与当前目标有关的本质特征，而忽略与当前目标无关的非本质特征，找出事物的共性。抽象包括两个方面：数据抽象和行为抽象。数据抽象抽象出了对象属性和状态的描述，行为抽象则抽象出了对象行为的描述。因此，抽象性是对事物本质特征的概括性描述，以便于采用面向对象技术准确描述客观事物，实现了客观世界向计算机世界的转化。将客观事物抽象成类及对象是比较难的过程，也是面向对象程序设计必须面对的首要问题。

2）封装（Encapsulation）性。封装是面向对象程序设计语言必须提供的机制。面向对象程序设计语言必须提供把对象的属性和操作结合在一起的程序手段，并且需要保证其他对象只能访问该对象的公共服务，这种机制称为面向对象语言的封装机制。C++ 面向对象方法的封装特性包含两层含义：第一层含义是将对象的全部属性和行为封装在对象内部，形成一个不可分割的独立单位，对象的属性值（公有属性值除外）只能由这个对象的行为来读取和修改；第二层含义是"信息隐蔽"，类和对象的设计者注意其内部细节，关心其对外提供的接口，使用者则不必关注这些，而只需关心类和对象能做什么，如何使用类和对象提供的服务等。就如同被封装的集成电路芯片一样，使用者无需关心它的内部结构，只需关心芯片引脚的个数、有关的电气参数、机械特性及其功能，通过这些引脚，可以将该芯片与其他芯片及各种不同的电路连接起来，集成为具有不同功能的应用系统。封装特性事实上隐蔽了程序设计的复杂性，提高了代码重用性，降低了软件开发的难度。

3）继承（Inherit）性。继承体现了类与类的层次关系。继承使派生类中无须重新定义在父类中已定义的属性和行为，而是自动地、隐含地拥有其父类的全部属性与行为。继承允许和鼓励类的重用，提供了一种明确表述共性的方法。派生类既有自己新定义的属性和行为，又具有继承下来的属性和行为。当派生类又被它更下层的子类继承时，这个派生类继承的及自身定义的属性和行为又被下一级子类继承下去。继承是可以传递的，体现了自然界和社会中特殊与一般的关系。继承对于软件重用有着重要意义，是面向对象程序设计能够提高软件开发效率的重要原因之一。

4）多态（Polymorphism）性。面向对象程序设计的多态性是指父类中定义的属性或行为，派生类继承之后，可以具有不同的数据类型或表现出不同的行为特性。如类中的同名函数可以对应多个具有相似功能的不同函数，可使用相同的调用方式来调用这些具有不同功能的同名函数。多态性使得同一个属性或行为在父类及其各派生类中具有不同的语义。多态性是面向对象的一个标志性特点，没有这个特点，就无法称为面向对象。

8.1.3　类的定义

定义一个类和定义一个结构体形式上是十分相似的。区别是关键字的不同，定义类使用"class"，而不是"struct"。

一般来说，类中包含数据成员和成员函数，用以模拟具有属性(数据成员)和行为(成员函数)的对象。定义一个类以后，就可以用这个类来定义该类的对象。

类的定义包含两部分：类头和类体。类头由关键字 class 及其后面的类名构成。类体则是由一对花括号把类的数据成员和成员函数括起来的部分。最后由分号结束类的定义。

定义形式如下：

```
class  类名 {          // 类头
    private: // 类体
        // 私有数据成员和成员函数 ;
    protected:
        // 保护数据成员和成员函数 ;
```

```
    public:
        // 公有数据成员和成员函数;
};
// 各个成员函数的实现，也可以放在类体内;
```

为后文叙述方便，假设需要实现一个商品销售的程序。在这个程序中，首先要实现一个商品类 Cgoods。该类应该包含商品编号 ID、商品名称 Name、进货价格 Purchasingprice、售出价格 Sellingprice、售出数量 SellCount 等数据属性。而行为应有能够设置相关信息、售出商品、统计利润及显示相关信息的成员函数完成。为简单起见，暂不考虑商品库存数量。

【例 8-3】类的定义。在此以商品类 Cgoods 为例进行说明。

```
class Cgoods { // 商品类
    private:
        string ID;// 商品编号
        string Name; // 商品名称
        double Purchasingprice; // 进货价格
        double Sellingprice; // 售出价格
        int SellCount; // 售出数量
        static double Profit; // 总利润，静态数据成员
    public:
    Cgoods(string id,string name) {// 构造函数
            // 函数体
    }
    Cgoods(string id,string name,double purchasingprice) { // 构造函数
              // 函数体
    }
    ~Cgoods( ) {     // 析构函数
    }
    void setPurchasingprice(double purchasingprice) {  // 设置进货价格
            // 函数体
    }
    void setSellingprice(double sellingprice) {  // 设置售出价格
              // 函数体
    }
    void setSellcount(int sellcount) {  // 设置出售商品数量
              // 函数体
    }
    void Sell(double sellingprice,int sellcount) {
        // 以 sellingprice 价格售出 sellcount 数量
              // 函数体
    }
    static double getProfit( ){// 获取总利润，静态成员函数
              // 函数体
```

```
        }
        void display( ) {// 显示相关信息
                // 函数体
        }
    };
```

其中，类头部分为 class Cgoods，由关键字 class 和类名 Cgoods 组成。类名是合法的标识符。类体部分为花括号括起来的部分。在类体中声明和定义数据成员和成员函数，并指定这些类成员的访问级别。它们可以被声明为 public（公有）的、private（私有）的、或者 protected（保护）的。其中 public:、private: 和 protected: 称为访问说明符。从一个访问说明符开始，它下面的所有数据成员和成员函数都为该说明符所指定的访问级别，直到另一个访问说明符出现为止。例如，上面的类 Cgoods 中，成员函数 Cgoods (string, string)、Cgoods (string,string,double) 、～Cgoods( )、setPurchasingprice (double)、setSellingprice(double)、setSellcount(int)、Sell(double,int)、getProfit( ) 和 display( ) 同为 public 型。而数据成员 ID、Name、Purchasingprice、Sellingprice、SellCount 和 Profit 同为 private 型。Profit 和 getProfit( ) 为类的静态成员，有关静态成员的内容将在后续 8.5 节中介绍。

private（私有）、public（公有）、protected（保护）三种成员的访问权限如下：

1）private：定义私有成员。说明为私有的成员只能被类本身的成员函数、友元函数及友元类的成员函数访问。其他类的成员函数，包括其派生类的成员函数都不能访问它们。若没有指明访问权限，则默认为 private。

2）public：定义公有成员。说明为公有的成员可以被程序中的任何代码访问。

3）protected：定义保护成员。说明为保护的成员除了类本身的成员函数、友元函数及友元类的成员函数可以访问外，该类的派生类成员也可以访问保护成员。友元的概念将在下一章中介绍。

通常，变量定义为私有成员，而公有成员尽量不定义变量。这样，类以外的代码不能直接访问类的私有数据，从而实现封装。公有成员通常只定义函数，这些函数提供了使用这个类的外部接口，接口实现的细节在类外是不可见的。

【例 8-4】类成员的访问控制权限。

```
#include<iostream>
using namespace std;
class Time
{
  public:
      void set_time( );          // 函数声明
      void show_time( );          // 函数声明
  private:
      int hour;                   // 私有数据成员
      int minute;
      int sec;
};
void Time::set_time( )          // 定义成员函数，向数据成员赋值
{
```

```
        cin>>hour;              // 在成员函数中可以访问本类的 private 成员
        cin>>minute;
        cin>>sec;
    }
    void Time::show_time( )         // 定义成员函数，输出数据成员的值
    {
        cout<<hour<<":"<<minute<<":"<<sec<<endl;
    }
    int main( )
    {
        Time t1;                    // 建立对象 t1
        t1.hour=8;                  // 错误，私有成员无法访问
        t1. minute=10;              // 错误，私有成员无法访问
        t1.set_time( );             // 正确，调用公有成员函数对 t1 的数据成员赋值
        t1.show_time( );            // 正确，调用公有成员函数显示 t1 的数据成员的值
        return 0;
    }
```

8.1.4 成员函数的定义

在 C++ 中有两种定义成员函数的方法：在类体内定义成员函数和在类体外定义成员函数。

（1）在类体内定义成员函数

【例 8-5】在 8.1.3 小节中【例 8-3】的 class Cgoods 部分成员函数实现，在类体内定义成员函数。

```
    class Cgoods { // 商品类
        private:
            string ID;// 商品编号
            string Name; // 商品名称
            double Purchasingprice; // 进货价格
            double Sellingprice; // 售出价格
            int SellCount; // 售出数量
        public:
        Cgoods(string id,string name) { // 构造函数
            ID=id;
            Name=name;
        }
        Cgoods(string id,string name,double purchasingprice) { // 构造函数
            ID=id;
            Name=name;
            Purchasingprice=purchasingprice;
        }
        ~Cgoods( ) {
```

```
    }
    void setPurchasingprice(double purchasingprice) { // 设置进货价格
        Purchasingprice=purchasingprice;
    }
    void setSellingprice(double sellingprice) {  // 设置售出价格
        Sellingprice=sellingprice;
    }
    void display( ) {  // 显示相关信息
        cout<<" 编号："<<ID<<endl;
        cout<<" 名称："<<Name<<endl;
        cout<<" 进货价格："<<Purchasingprice<<endl;
        cout<<" 出售价格："<< Sellingprice<<endl;
    }
};
```

由上例可以看出，类的定义的花括号中包含的成员函数是在类体内定义的。一般来说，在类体内定义的成员函数规模都比较小。

> 📖 在类体内定义的成员函数，即便没有用 inline 来修饰，编译器也默认将其视为内联函数。

（2）在类体外定义成员函数

对于比较复杂的成员函数，若直接把函数定义放在类体内，使用起来十分不便。为了避免这种情况，C++ 允许在类体外定义成员函数。这个时候要用作用域运算符“::”来指定成员函数属于哪个类。

【例 8-6】 class Cgoods 部分成员函数在类体外定义。

```
class Cgoods { // 商品类
    private:
    string ID;// 商品编号
    string Name; // 商品名称
    double Purchasingprice; // 进货价格
    double Sellingprice; // 售出价格
    int SellCount; // 售出数量
        // 其他数据成员
    public:
    Cgoods(string id,string name);    // 构造函数
    Cgoods(string id,string name,double purchasingprice);// 构造函数
    ~Cgoods( ){
    }
    void setPurchasingprice(double purchasingprice); // 设置进货价格
    void setSellingprice(double sellingprice);        // 设置售出价格
    void display( );  // 显示相关信息
        // 其他成员函数
};
```

```
Cgoods::Cgoods(string id,string name) {
    ID=id;
    Name=name;
}
Cgoods::Cgoods(string id,string name,double purchasingprice) {
    ID=id;
    Name=name;
    Purchasingprice=purchasingprice;
}
void Cgoods::setPurchasingprice(double purchasingprice) {
    Purchasingprice=purchasingprice;
}
void Cgoods::setSellingprice(double sellingprice) {
    Sellingprice=sellingprice;
}
void Cgoods::display( ) {
    cout<<" 编号："<<ID<<endl;
    cout<<" 名称："<<Name<<endl;
    cout<<" 进货价格："<<Purchasingprice<<endl;
    cout<<" 售出价格："<< Sellingprice<<endl;
}
```

由以上程序可知，在类体外定义成员函数相比在类体内定义时，成员函数名前要多加上“类名 ::”，以说明这个函数是属于哪个类的成员函数，否则编译器就会认为该函数是一个普通函数。

关于类的定义需要注意以下几点：

1）若在类体内没有明确指明成员的访问权限，则默认的访问权限为私有 private。

2）为了使类体定义更简洁明了，对于代码较长的成员函数只在类体内做声明，而将成员函数的定义部分放在类体外。在类体外定义成员函数的格式为：

```
返回类型 类名 :: 成员函数名 ( 参数说明 )
    {  函数体  }
```

其中，“::”称为域运算符，它指出成员函数是属于“类名”所指的类中定义的成员函数。

3）关键词 private、public、protected 在类中使用先后次序无关紧要，且可使用多次。每个关键词为类成员所确定的权限从该关键词开始到下一关键词结束。

4）数据成员与成员函数在类中的声明或定义次序无关紧要。为了程序的可读性，通常将数据成员放在类体的前面，而将成员函数放在类体的后面。

5）因为类是一种数据类型，系统并不会为其分配内存空间，所以在定义类中的数据成员时，不能对其进行初始化，也不能指定其存储类型。例如，在类 Cgoods 中定义数据成员并初始化的语句 double Purchasingprice=2.1 是错误的。对类中非 static 数据成员的初始化通常使用构造函数进行（构造函数将在本章 8.3 节中介绍）。

6）类和结构体的关系。从类的定义格式可以看出，类与结构体类型是非常相似的，类的成员可以是数据成员或成员函数，结构体中的成员也可以是数据成员或成员函数。并且在结构体中，也可以使用 public、private、protected 限定其成员的访问权限。结构体和类的区别：第一，struct 中的成员默认是 public 的，class 中的默认是 private 的；第二，在用模板的时候只能写 template <class T> 或 template <typename T>，不能写 template <struct T>（类模板将在下一章中介绍）。

8.1.5　内联成员函数

可以用 inline 来定义内联函数。在 C++ 中，在类体内定义了函数体的函数，被默认为是内联函数，而不管是否有 inline 关键字。

【**例 8-7**】inline 函数。

```
class Person {
    private:                // 私有数据成员
    string name;        // 姓名
    int age;            // 年龄
    char gender;        // 性别，'f' 女性，'m' 男性
    string idNumber;        // 身份证号码
    public:
    //……其他成员函数
    inline string getName( ) { // 不管有无 inline，getName( ) 都是内联函数
        return name;
    }
};
```

如果成员函数在类体外定义，系统并不把它默认为内联函数。如果想将这些成员函数指定为内联函数，应当用 inline 作显式声明。

【**例 8-8**】类体外定义 inline 函数。

```
class Person {
    private:                    // 私有数据成员
    string name;        // 姓名
    int age;            // 年龄
    char gender;        // 性别，'f' 女性，'m' 男性
    string idNumber;        // 身份证号码
    public:
    Person(string, int, char, string);
    Person(Person &);
    ~Person( ) {}
    inline string getName( ); // 函数声明
    void showInfo( );  // 函数声明
};
//……其他成员函数实现
inline string Person::getName( ) {  // 必须显示声明 inline
    return name;
}
```

内联函数在C++类中，应用最广的应该是用来定义存取函数。对于类的私有或者保护成员的读写必须使用成员函数来进行。如果把这些读写成员函数定义成内联函数，将会获得比较好的效率。

```
class Sample {
    private:
    int nTest;
    public:
    Sample(int I)  { // 构造函数
        nTest=I;
    }
    int readTest( )  {//inline 函数
        return nTest;
    }
    void setTest(int I)  {//inline 函数
        nTest=I;
    }
};
```

内联函数的代码会在任何调用它的地方展开，从而获得较好的执行效率。但是，inline说明对编译器来讲只是一种建议，编译器可以选择忽略这个建议。

8.2 对象

8.2.1 对象的定义

类是一种抽象的数据类型，编译系统并不为之分配可供使用的内存，用户只能使用类的“变量”——对象。这就像C语言中的结构体，实际应用中只能使用结构体的变量而不能直接使用结构体类型一样。由类定义的“变量”通常称为“对象”。属于同一类的对象，具有相同的属性和函数，属于不同类的对象，一般是不会具有完全相同的属性和函数。由类定义对象的方法与由结构体定义变量的方法极其相似。通常有三种方法定义对象。

第一种方法：先定义类的类型，然后再定义对象：

```
class 类名 {
成员表；
};
[class] 类名  对象名列表；
```

例如：

```
class Cgoods goods1("1001001"," 元气森林 ");// 建立对象 goods1
Cgoods goods1("1001001"," 元气森林 ");      // 两种方法等价
```

第二种方法：在定义类类型的同时定义对象：

```
class 类名 {
成员表；
} 对象名表；
```

例如：

```
class  Cgoods{
    private:      // 声明以下部分为私有的
        ┆
    public:      // 声明以下部分为公用的
        ┆
} goods1("1001001"," 元气森林 ");
```

第三种方法：不出现类名，直接定义对象：

```
class{
成员表 ;
} 对象名表 ;
```

例如：

```
class{
    private:      // 声明以下部分为私有的
        ┆
    public:      // 声明以下部分为公用的
        ┆
} goods1("1001001"," 元气森林 ");
```

第三种方法由于没有类名，所以只能一次性的声明多个对象，此后就再无法声明此类的对象，因此这种方法缺乏灵活性。常用的多是第一种方法。

8.2.2　成员访问

在介绍成员访问方法之前，先简单介绍一下类作用域的概念。类作用域又称类域，是指在类的定义中由一对花括号所括起来的部分。在类中声明的数据成员和成员函数，都属于类的作用域。在类域中定义的数据成员不能使用 auto、register 和 extern 等修饰符，只能用 static 修饰符，定义的函数也不能用 extern 修饰符。

一个对象的成员就是该对象的类所定义的成员，包括数据成员和成员函数。在类作用域内，类的成员可以被该类的所有成员函数直接访问，只要简单地指出它的名字即可。在类的作用域外，则需要通过对象名或指向对象的指针来引用类的成员。对象名与成员访问运算符（.）一起使用，而指向对象的指针与箭头成员访问运算符（->）一起使用，成员使用时受成员访问控制权限的约束。

对于数据成员的访问表示如下：

```
对象名 . 成员名      // 数据成员访问
```

或

```
对象指针名 -> 成员名
```

或

```
(* 对象指针名 ). 成员名
```

对于成员函数的访问表示如下：

```
对象名 . 成员函数名 ( 参数表 )  // 成员函数访问
```

或

```
对象指针名 -> 成员函数名 ( 参数表 )
```

或

```
(* 对象指针名 ). 成员函数名 ( 参数表 )
```

例如：

```
class Time {
    private:
    int hour;
    int minute;
    public:
    int sec;
    void show_time( ) {
        // 在类作用域内，直接使用成员名称即可访问
        cout<<hour<<":"<<minute<<":"<<sec<<endl;
    }
    void set_time( );
};
void Time::set_time( ) {
    cin>>hour;  // 在类作用域内，直接使用成员名称即可访问
    cin>> minute;
    cin>>sec;
}
```

若在类域外有以下定义：

```
Time *pt;      // 指向对象的指针，一般形式为类名 * 对象指针名；
Time t1;
pt=&t1;
```

则有：

```
*pt                    //pt 所指向的对象，即 t1。
t1.sec=10                 // 通过对象名访问 public 成员 sec
(*pt).sec=10              // 指向的对象中的 public 成员 sec，即 t1.sec
pt->sec=10                 // 指向的对象中的 public 成员，即 t1.sec
(*pt).show_time ( )        // 调用 pt 所指向的对象中的 get_time 函数，即 t1.show_time( )
pt->set_time ( )         // 调用 pt 所指向的对象中的 set_time 函数，即 t1.set_time( )
t1.hour                  // 错误，hour 为 private 成员
```

8.3 构造函数

8.3.1 构造函数的定义

在声明一个变量时，如果对它进行了初始化，那么在为此变量分配内存空间时还会向内存单元中写入变量的初始值。声明对象有相似的过程，程序执行时遇到对象声明语句，会向操作系统申请一定的内存空间来存放这个对象，但是它能像一般变量那样初始化时写入指定的初始值吗？类的对象太复杂了，一个对象可能有许许多多的数据成员，因此，对象的初始化就意味

着要对许许多多的数据成员进行初始化。要实现这一点不太容易，这就需要构造（Constructor）函数来实现。构造函数的主要作用就是在对象被创建时利用特定的初始值构造对象，把对象置于某一个初始状态。

构造函数是一种特殊的成员函数，它具有如下一些性质：

1）必须与类有完全相同的名字。

2）构造函数没有类型说明，也不允许有返回值，即使是 void 也不行。

3）构造函数可以重载，即一个类允许定义多个参数不同的构造函数。

4）构造函数的参数可以在声明时的参数表里给予初始值。

5）C++ 规定，每个类必须至少有一个构造函数，如果没有显式地为类提供任何构造函数，则 C++ 提供一个默认的构造函数，这个构造函数是个无参函数，它只负责对象的创建，而不做任何初始化的工作。

6）一旦一个类定义了构造函数（有参或者无参），C++ 便不再提供默认的无参构造函数。也就是说，如果给类定义了带参的构造函数后，还想使用无参函数的话，就必须要自己定义。

7）程序中不能直接调用构造函数，它是在创建类的对象时自动调用的。

📖 构造函数最好是 public 的，private 构造函数不能直接用来初始化对象。

当定义了类的构造函数后，在产生该类的一个对象时，系统根据定义对象时给出的参数，自动调用对应的构造函数，完成对象数据成员的初始化工作。由于构造函数属于类的成员函数，它对 private、protected 和 public 数据成员均能进行初始化。在【例 8-5】和【例 8-6】中，定义了两个 Cgoods 类的构造函数。

（1）无参构造函数

【例 8-9】无参构造函数。

```
#include <iostream>
using namespace std;
class Time {
    public:
    Time( ) {           // 定义构造成员函数，函数名与类名相同
        hour=22;
        minute=22;
        sec=22;
    }
    void set_time( );         // 函数声明
    void show_time( );        // 函数声明
    private:
    int hour;                 // 私有数据成员
    int minute;
    int sec;
};
void Time::set_time( ) {    // 定义成员函数，向数据成员赋值
    cin>>hour;
    cin>>minute;
```

```
        cin>>sec;
    }
    void Time::show_time( ) {      // 定义成员函数，输出数据成员的值
        cout<<" 时间为："<<hour<<":"<<minute<<":"<<sec<<endl;
    }
    int main( ) {
        Time t1;                   // 建立对象 t1，同时调用构造函数 t1.Time( )
        t1.set_time( );            // 对 t1 的数据成员赋值
        t1.show_time( );           // 显示 t1 的数据成员的值
        Time t2;                   // 建立对象 t2，同时调用构造函数 t2.Time( )
        t2.show_time( );           // 显示 t2 的数据成员的值
        return 0;
    }
```

运行结果如下：

```
12 30 40↙
时间为：12:30:40
时间为：22:22:22
```

在上例中，使用的是无参数的构造函数，但是这种构造函数有时不能完全满足初始化的要求。C++ 中可以使用带有参数的构造函数，更好地进行初始化。

（2）带有参数的构造函数

带有参数的构造函数首部的一般格式为：

```
构造函数名 ( 类型 1  形参 1, 类型 2  形参 2,…)
```

实参是在定义对象时给出的。定义对象的一般格式为：

```
类名  对象名 ( 实参 1, 实参 2,…);
```

【例 8-10】带有参数的构造函数。

```
#include <iostream>
using namespace std;
class Cuboid {
    public:
    Cuboid (int,int,int);  // 带有三个参数的构造函数
    int volume( );
    private:
    int height;
    int width;
    int length;
};
Cuboid::Cuboid (int h,int w,int len) {
    height=h;
    width=w;
    length=len;
}
```

```
int Cuboid::volume( ) {
    return(height*width*length);
}
int main( ) {
    Cuboid cuboid1(15,45,30);// 定义对象时需要根据构造函数形参提供实参
    cout<<" cuboid1 的体积为："<< cuboid1.volume( )<<endl;
    Cuboid cuboid2 (10,30,22);
    cout<<" cuboid2 的体积为："<< cuboid2.volume( )<<endl;
    return 0;
}
```

运行结果如下：

```
cuboid1 的体积为：20250
cuboid2 的体积为：6600
```

在上例中，定义对象 cuboid1 的语句：

```
Cuboid cuboid1 (15,45,30);
```

通过构造函数的自动执行，完成了对象 cuboid1 的数据成员 height、weight、length 的初始化，如图 8-1 所示。

cuboid1.height	15
cuboid1.weight	45
cuboid1.length	30

图 8-1　对象 cuboid1 数据成员的初始化

对于构造函数数据成员的初始化除了在函数体内使用赋值语句来完成，在 C++ 中还提供了一种称为“参数初始化列表”的语法结构来完成数据成员的初始化。这种方法对数据成员的初始化是在构造函数首部来完成，而不是函数体内。如对【例 8-10】中定义的构造函数使用“参数初始化列表”进行改写如下：

```
Cuboid:: Cuboid(int h,int w,int len):height(h),width(w),length(len)
{ }
```

【例 8-5】和【例 8-6】中的构造函数 Cgoods(string id,string name) 和 Cgoods(string id,string name,double purchasingprice) 即为带有参数的构造函数。所以在 8.2.1 节中定义对象的方法为：

```
Cgoods goods1("1001001"," 元气森林 ");
```

（3）构造函数重载

C++ 允许构造函数进行重载，以适应不同对象初始化的需要。即在一个类中可以定义多个构造函数，以便给对象提供不同的初始化方法，供用户选用。这些构造函数具有相同的名字，而参数的个数或参数的类型不相同，这称为构造函数的重载。可以为一个类声明的构造函数数量是没有限制的，只要每个构造函数的形参表是唯一的。【例 8-5】和【例 8-6】中即定义了两个构造函数，它们的形式参数表是不同的，在定义对象时会根据提供的实参决定调用哪一个构造函数。例如，若定义对象形式如下，则将调用含有三个参数的构造函数：

```
Cgoods goods1("1001001"," 元气森林 ",3.1);
```

【例 8-11】构造函数重载。

```
#include <iostream>
using namespace std;
class Cuboid {
    public:
    Cuboid ( ); // 不带参数的构造函数
```

```
    Cuboid (int h,int w,int len) { // 带有参数的构造函数
        height=h;
        width=w;
        length=len;
    }
    int volume( );
    private:
    int height;
    int width;
    int length;
};
Cuboid::Cuboid ( ) {
    height=15;
    width=15;
    length=15;
}
int Cuboid::volume( ) {
    return (height*width*length);
}
int main( ) {
    Cuboid cuboid1;                    // 建立对象 cuboid1，调用无参构造函数
    cout<<" cuboid1 的体积为："<< cuboid1.volume( )<<endl;
    Cuboid cuboid2 (20,30,45);        // 建立对象 cuboid2，调用带有 3 个参数的构造函数
    cout<<" cuboid2 的体积为："<< cuboid2.volume( )<<endl;
    return 0;
}
```

运行结果如下：

```
cuboid1 的体积为：3375
cuboid2 的体积为：27000
```

注意：尽管在一个类中可以包含多个构造函数，但是对于任一个对象来说，建立对象时只执行其中一个构造函数，并非每个构造函数都被执行。具体执行哪一个构造函数需要由建立对象时提供的参数来决定。

（4）使用默认值的构造函数

在 C++ 中，构造函数的参数还允许部分或全部使用默认值。函数参数使用默认值的相关规定在前面章节中已有介绍，本节不再赘述。一般将无参或使用默认值参数的构造函数称为默认构造函数。

【例 8-12】使用默认值的构造函数。

```
#include <iostream>
using namespace std;
class Cuboid {
```

```
    private:
    int height;
    int width;
    int length;
    public:
    Cuboid (int h=15,int w=15,int len=15); // 使用全部默认值
    int volume( );
};
Cuboid::Cuboid (int h,int w,int len) { // 定义函数时可不指定默认值
    height=h;
    width=w;
    length=len;
}
int Cuboid::volume( ) {
    return (height*width*length);
}
int main( ) {
    Cuboid cuboid1;                // 没有给出实参，height=15,width=15, length=15
    cout<<" cuboid1 的体积为："<< cuboid1.volume( )<<endl;
    Cuboid cuboid2(25);            // 只给定一个实参，height=25,width=15, length=15
    cout<<" cuboid2 的体积为："<< cuboid2.volume( )<<endl;
    Cuboid cuboid3(25,40);         // 只给定 2 个实参，height=25,width=40, length=15
    cout<<" cuboid3 的体积为："<< cuboid3.volume( )<<endl;
    Cuboid cuboid4(25,30,40);      // 给定 3 个实参，height=25,width=30, length=40
    cout<<" cuboid4 的体积为："<< cuboid4.volume( )<<endl;
    return 0;
}
```

运行结果如下：

```
cuboid1 的体积为：3375
cuboid2 的体积为：5625
cuboid3 的体积为：15000
cuboid4 的体积为：30000
```

📖 注意：在一个类中定义了全部是默认参数的构造函数后，若再定义重载构造函数时容易引起错误。

8.3.2　子对象与构造函数

在定义一个新类时，可以把一个已定义类的对象作为该类的数据成员，这个类对象被称为子对象。产生新定义类的对象时，需要对其数据成员（包括子对象）的空间进行初始化，但由于类的封装性阻止在一个类内直接访问另一个类的私有数据，因此要完成子对象成员的初始化，必须通过调用子对象成员的构造函数来实现。

【例 8-13】子对象与构造函数。

```
#include<iostream>
using namespace std;
class Rectangle { // 定义矩形类
    private:
    int Width,Length; // 宽度、长度
    public:
    Rectangle(int w,int len) { // 定义带参构造函数
        Width=w;
        Length=len;
    }
    int Area( ) { // 计算面积
        return (Width*Length);
    }
};
class Cuboid { // 定义长方体类
    private:
    int Height; // 高度
    Rectangle r; // 使用已定义的类 Rectangle 的对象作为成员
    public:
    Cuboid(int w,int len,int h):r(w,len) {
        Height=h;
    }
    int Volume( ) {
        return (Height*r.Area( ));
    }
};
int main( ) {
    Cuboid c1(10,20,100);
    cout<<" 长方体 c1 的体积是："<<c1.Volume( )<<endl;
    return 0;
}
```

运行结果如下：

```
长方体 c1 的体积是：20000
```

在【例 8-13】中，类 Cuboid 中的一个成员是类 Rectangle 的对象 r，在定义 Cuboid 对象 c1 时自动调用其构造函数：

```
Cuboid(int w,int len,int h):r(w,len)
    {  Height=h;  }
```

进行初始化。初始化过程分成两步进行：

1）实参 10、20 通过形参 w、len 赋给 r(w,len)，然后调用 Rectangle 的构造函数完成对象 r 的初始化。

2）实参 100 通过形参 h 赋给 Height，完成对类 Cuboid 的数据成员 Height 的初始化。

说明：

1）子对象可以有多个，它们构造函数的调用顺序取决于这些子对象成员在类中的说明顺序，而与它们在成员初始化表的位置无关。

2）定义类的对象时，先调用各个子对象成员的构造函数，初始化相应的子对象成员，然后再执行类的构造函数，初始化类中的其他成员。析构函数的调用顺序与构造函数正好相反。

8.3.3　复制构造函数

对于普通类型的变量来说，它们之间的复制是很简单的，例如：

```
int a=10;  int b=a;
```

那么，用户自己定义的同一个类的对象也应该允许用类似的方式进行复制。在进行这种操作时，是将一个对象的非静态数据成员值一一复制给另一对象的对应成员。其一般形式为：

```
对象名 1 = 对象名 2;  // 对象名 1 和对象名 2 必须属于同一个类
```

【**例 8-14**】同类对象复制。

```
#include<iostream>
using namespace std;
class Sample {
    private:
    int nTest;
    public:
    Sample(int I) { // 构造函数
        nTest=I;
    }
    int readtest( ) {
        return nTest;
    }
    void settest(int I) {
        nTest=I;
    }
};
int main( ) {
    Sample S1(100);
    Sample S2=S1;
    cout<<S2.readtest( )<<endl;
    return 0;
}
```

运行结果如下：

```
100
```

对象与普通变量不同，对象内部结构一般较为复杂，存在各种类型的成员变量。因此，当它们采用同样的复制方法时，系统对它们进行的操作也不一样。对于对象，相同类型的对象是通过复制构造函数来完成整个复制过程的。但是，在【例 8-14】的代码中，并没有定义复制构造函数，同样完成了复制工作，这又是为什么呢？因为当一个类没有自定义的复制构造函数的时候，系统会自动提供一个默认的复制构造函数来完成复制工作。一个对象向该类的另一个对象做复制是通过依次复制每个非静态数据成员来实现的。当然也可以通过提供特殊的复制构造函数来改变默认的行为。如果定义了复制构造函数，则在用一个对象初始化该类另一个对象时它就会被调用。下面新定义一个类复制构造函数。

【例 8-15】新定义的复制构造函数。

```
#include<iostream>
using namespace std;
class Sample {
    private:
    int nTest;
    public:
    Sample(int I) {
        nTest=I;    // 构造函数
    }
    Sample(Sample &S) {          // 新定义的复制构造函数
        cout<<"copy constructor"<<endl;
        nTest=S.nTest+8;
    }
    int readtest( ) {
        return nTest;
    }
    void settest(int I) {
        nTest=I;
    }
};
int main( ) {
    Sample S1(100);
    Sample S2(S1); // 调用复制构造函数
    cout<<S2.readtest( )<<endl;
    return 0;
}
```

运行结果如下：

```
copy constructor
108
```

在上例的代码中 Sample(Sample &S) 就是自定义的复制构造函数。

📖 C++ 规定，复制构造函数的名称必须与类名称一致，函数的形式参数是本类型的一个引用变量，且必须是引用。

当用一个已经初始化过了的对象去初始化另一个新定义的对象时候，复制构造函数就会被自动调用。

【例 8-15】代码中对象 S2 初始化的核心语句就是通过复制构造函数 Sample (Sample &S) 内

的“nTest=S.nTest+8;”语句完成的。如果去掉这句代码，那么 S2 对象的成员 nTest 将得到一个未知的随机值。

既然复制构造函数与默认的复制构造函数功能一样，都能完成将原对象的数据成员一一赋给新对象中对应数据成员的功能，那编写复制构造函数还有什么必要呢？原因是复制对象的时候，不一定都是将原对象的全部数据成员原封不动地赋给新对象，可以有选择地复制，这个时候就需要自定义构造函数了。例如，上面的【例 8-15】中，对象 S1 的数据成员被修改后重新赋给 S2 的数据成员。

在【例 8-5】中，也可以增加一个复制构造函数来完成同一种商品的数据备份，同时，进货价格上涨 10%。

```
class Cgoods { // 商品类
    private:
    // 私有成员
    public:
    // 其他构造函数
    Cgoods(Cgoods &cgoods){ // 复制构造函数
        purchasingprice=cgoods.Purchasingprice*1.1;
    }
    // 其他成员函数
};
```

复制构造函数在以下三种情况被调用：

1）当用一个已经初始化过的对象去初始化同类另一个对象时，复制构造函数被调用：

```
Cgoods goods1("1001001"," 元气森林 ",3.1);
Cgoods goods2(goods1);
Cgoods goods3 = goods1;
```

2）如果某函数有一个参数是类 A 的对象，那么该函数被调用时，类 A 的复制构造函数将被调用：

```
void f( A    a ){
    a.x = 1;
};
A  aObj;
f ( aObj ) ;      // 导致 A 的复制构造函数被调用，生成形参传入函数
```

3）如果函数的返回值是类 A 的对象时，则函数返回时，A 的复制构造函数被调用：

```
Cgoods  f( ) {
    Cgoods goods;
    return goods; // 此时 Cgoods 的复制构造函数被调用 , 即调用 Cgoods(goods);
}
int main( ){
    Cgoods goods;
    goods = f( );
    return 0;
}
```

8.4 析构函数

8.4.1 析构函数的定义

析构（Destructor）函数是当对象脱离其作用域时（例如，对象所在的函数已调用完毕），系统自动执行的。析构函数往往用来做释放相关资源等“清理善后”的工作（例如，在建立对象时用 new 申请了一片内存空间，应在退出前在析构函数中用 delete 释放）。析构函数是与构造函数作用相反的函数。当对象的生命期结束时，会自动执行析构函数。【例 8-5】中的成员函数～Cgoods( ){} 就是类 Cgoods 的析构函数。

C++ 中的析构函数格式如下：

```
class 类名 {
public:
    ～类名 ( ) {  // 析构函数
          // 函数体
    }
};
```

与构造函数类似，析构函数也是一种特殊的成员函数，它具有如下一些性质：

1）在 C++ 中，析构函数名应与类名相同，只是在函数名前面加一个位取反符“～”，以区别于构造函数。

2）析构函数不能带任何参数，也没有返回值（void 类型也不行）。一个类最多只能有一个析构函数，不能重载。

3）如果用户没有编写析构函数，编译系统会自动生成一个默认的析构函数，它也不进行任何操作。

4）析构函数是在撤销对象时由系统自动调用的，其作用是在撤销对象前做好结束工作。在析构函数内要终止程序执行，不能使用 exit( ) 函数，只能使用 abort( ) 函数。这是因为 exit( ) 函数要做终止程序前的结束工作，它又会调用析构函数，形成无休止的递归；而 abort( ) 函数不做终止程序前的结束工作，直接终止程序的执行。

【例 8-16】析构函数。

```
#include <iostream>
#include <string>
using namespace std;
class Person {
    private:        // 私有数据成员
    string name;     // 姓名
    int age;         // 年龄
    char gender;     // 性别，'f' 女性，'m' 男性
    string idNumber;     // 身份证号码
    public:
    Person(string, int, char, string);
    Person(Person &);
    ～Person( );
```

```
        string getName( ); // 函数声明
        void showInfo( );  // 函数声明
};
// 成员函数在类体外实现
Person::Person(string theName, int theAge, char theGender, string theIdNumber) {
        name = theName;
        age = theAge;
        gender = theGender;
        idNumber = theIdNumber;
        cout<<name<<" Constructor called."<<endl;
}
Person::Person(Person &theObject) {
        name = theObject.name;
        age = theObject.age;
        gender = theObject.gender;
        idNumber = theObject.idNumber;
        cout<<"Copy Constructor called."<<endl; // 输出有关信息
}
Person::~Person( ) {    // 析构函数
        cout<<name<<"  Destructor called."<<endl;
}
string Person::getName( ) {
        return name;
}
void Person::showInfo( ) {
        cout<<"name: "<<name<<endl;
        cout<<"age: "<<age<<endl;
        cout<<"gender: "<<gender<<endl;
        cout<<"id number: "<<idNumber<<endl;
}
int main( ) {
        Person p1(" 张三 ", 12, 'm', "12345200006061111");// 建立对象 p1
        Person p2(" 李四 ", 31, 'f', "12345198111091234");// 建立对象 p2
        p1.showInfo( );
        p2.showInfo( );
        return 0;
}
```

运行结果如下：

```
张三 Constructor called.
李四 Constructor called.
name: 张三
```

```
age: 12
gender: m
id number: 12345200006061111
name: 李四
age: 31
gender: f
id number: 12345198111091234
李四 Destructor called.
张三 Destructor called.
```

上例的 main( ) 函数中定义了 p1、p2 两个对象，当主函数执行结束时，这两个对象生命周期结束，需要执行相应的析构函数。先执行 p2 的析构函数，再执行 p1 的析构函数。

对于析构函数，说明如下两点：

1）对象数组生命期结束时，对象数组的每个元素的析构函数都会被调用。

2）析构函数在对象作为函数返回值返回后被调用。函数调用过程中，在临时对象生成的时候会有构造函数被调用，临时对象消亡导致析构函数被调用。

【**例 8-17**】对象数组析构函数。

```
#include<iostream>
using namespace std;
class CSample {
    public:
    ~CSample( ) {
        cout<< "destructor called" << endl;
    }
};
int main ( ) {
    // 对象数组有两个元素，程序结束时每个对象元素都将调用析构函数
    CSample CSarray[2];
    cout << "This Program End." << endl;
    return 0;
}
```

运行结果如下：

```
This Program End.
destructor called
destructor called
```

8.4.2 构造函数和析构函数的调用顺序

在程序完成功能期间存在着对象的创建和消亡，因此构造函数和析构函数不可避免地会被频繁地调用。在使用构造函数和析构函数时，需要特别注意对它们的调用时机和调用顺序。在一般情况下，调用析构函数的次序正好与调用构造函数的次序相反：最先被调用构造函数的，其对应的（同一对象的）析构函数最后被调用，而最后被调用构造函数的，其对应的析构函数最先被调用。例如，在【例 8-16】中，对象 p1 和对象 p2 是在同一函数中定义的对象，对象 p1

先于 p2 创建，析构函数的调用则是 p2 先于 p1。

但是，并不是在任何情况下都是按这一原则处理的。在前面的章节中曾介绍过的作用域和存储类别的概念同样适用于对象。对象可以在不同的作用域中定义，可以有不同的存储类别。这些会影响调用构造函数和析构函数的时机和顺序。

下面归纳一下构造函数和析构函数调用的时机：

1）对于全局定义的对象（在函数体外定义的对象），在程序开始执行时（包括 main( ) 函数在内的所有函数执行之前）调用构造函数，到程序结束或调用 exit( ) 函数终止程序时才调用析构函数。

2）对于局部定义的对象（在函数内定义的对象），在程序执行到定义对象的地方时调用构造函数，到函数结束时才调用析构函数。

3）用 static 定义的局部对象，在首次到达对象定义位置时调用构造函数，在程序结束时调用析构函数。

4）对于用 new 运算符动态生成的对象，在产生对象时调用构造函数，只有用 delete 释放对象时，才调用析构函数。若不使用 delete 运算符来撤销动态生成的对象，则析构函数不会被调用。

8.4.3　对象的动态建立与释放

可以用 new 运算符动态地建立对象。用 new 运算符建立对象时，同样也要自动调用构造函数，以便完成对象数据成员的初始化。当用 new 运算符动态建立一个对象时，new 运算符首先为类的对象分配内存空间，然后自动调用构造函数初始化对象的数据成员，最后将该对象的起始地址返回给指针变量。动态分配的对象内存空间可以用 delete 运算符释放，只有在使用 delete 释放对象时，系统才会调用析构函数。如果不使用 delete 运算符来撤销动态生成的对象，程序结束时将不会调用析构函数。

【**例 8-18**】new 和 delete。

```
#include <iostream>
using namespace std;
class Complex {
    public:
    Complex(double r,double i) {
        real=r;
        imag=i;
        cout<<"Constructor called."<<endl;
    }
    ~Complex( ) {
        cout<<"Destructor called."<<endl;
    }
    void display( ) {
        cout<<"("<<real<<","<<imag<<"i)"<<endl;
    }
    private:
    double real;
```

```
        double imag;
    };
    int main( ) {
        Complex *pc1=new Complex (3,4);
        pc1->display( );    // 或者 (*pc1).display( );
        delete pc1;
        cout<<"This Program End"<<endl;
        return 0;
    }
```

运行结果如下：

```
Constructor called.
(3,4i)
Destructor called.
This Program End
```

程序在执行语句 Complex *pc1=new Complex (3,4); 时，系统为类 Complex 的对象分配内存空间，并自动调用其构造函数完成数据成员的初始化。将初始值 3、4 分别赋予 real、imag，然后将对象的内存首地址赋给指针 pc1。

语句 delete pc1; 回收给对象动态分配的内存空间。在用 delete pc1; 回收内存空间之前调用析构函数，所以结果中才有“Destructor called.”。如果缺少语句 delete pc1; 则在运行结果中也不会出现“Destructor called.”。

8.5 静态成员

声明为 static 的类成员称为静态成员，可以被类的所有对象所共享。类的静态成员包括静态数据成员和静态成员函数。类的静态数据成员主要是用来描述这一类对象所共有的数据，类的所有对象共用这一个存储空间。例如，在【例 8-3】中，需要描述出售商品获得的总利润，定义了静态数据成员 Profit，同时也定义了静态成员函数 static double getProfit( ) 用于获得总利润这个数据。总利润是所有出售商品获得，并不属于哪一个商品对象。如果使用全局变量，一则在任何地方都可以对全局变量进行访问，破坏了信息隐藏原则，二则过多使用全局变量会产生重名冲突。而静态数据成员的使用，既可以达到全局变量的效果，同时又可以避免以上问题。

8.5.1 静态数据成员

在类定义中的数据成员声明前加上关键字 static，就使该数据成员成为静态数据成员。静态数据成员可以是 public（公有）、private（私有）或 protected（保护）的。由于静态数据成员不属于类的某一个对象，而是由类的所有对象所共享，所以无论有多少个该类的对象，甚至没有任何对象，静态数据成员也存在。静态数据成员的存储空间不会随着对象的产生而分配，也不会随着对象的消失而释放。因此，静态数据成员不能在类体内进行初始化，而只能在类体内进行声明，在类体外进行初始化。例如：

```
class Cgoods { // 商品类
    private:
    string ID;// 商品编号
```

```
        string Name; // 商品名称
        double Purchasingprice; // 进货价格
        double Sellingprice; // 售出价格
        int SellCount; // 售出数量
        static double Profit; // 总利润，静态数据成员
        public:
        Cgoods(string id,string name);  // 构造函数
        Cgoods(string id,string name,double purchasingprice);// 构造函数
        ~Cgoods( ){// 析构函数
        }
        void setPurchasingprice(double purchasingprice); // 设置进货价格
        void setSellingprice(double sellingprice);   // 设置售出价格
        void setSellcount(int sellcount);// 设置出售商品数量
    // 以 sellingprice 价格售出 sellcount 数量
        void Sell(double sellingprice,int sellcount);
        static double getProfit( );// 静态成员函数，获取总利润
        void display( );  // 显示相关信息
    };
    // 静态数据成员的初始化必须在类体外进行，注意：不要加 "static" 关键词
    double Cgoods::Profit=0;// 静态数据成员初始化
```

在上面的例子中，将 Profit 声明为静态数据成员，表示总的利润。在类体内对 Profit 进行声明时，并不分配内存，所以不能在类体内对静态数据成员进行初始化。

```
    class Cgoods {
        private:
            ……
        static double Profit =0; // 错误，不能在类体内进行初始化
        public:
            ……
    };
```

如同一个成员函数被定义在类体外一样，在这种定义中的静态成员的名字必须通过作用域运算符“::”对其类名限定修饰。静态数据成员在类体外进行初始化时，其基本格式为：

```
    数据类型名类名 :: 静态数据成员名 = 初值
```

说明：

1）无论一个类的对象有多少个，其每个静态数据成员都只有一个，由这些对象所共享，可被任何一个对象所访问。如果该类的某个对象修改了静态数据成员的值，那么，其他所有同类的对象都将共享被修改后的数值。

2）在一个类的对象空间内，不包含静态成员的空间，所以静态成员所在空间不会随着对象的产生而分配，或随着对象的消失而回收。

3）静态数据成员存储空间的分配是在程序一开始运行时就被分配的，并不是在程序运行过程中在某一函数内分配空间和初始化。

4）静态数据成员的初始化语句，既不属于任何类，也不属于包括主函数在内的任何函数，

静态数据成员初始化语句应当写在程序的全局区域中，并且必须指明其数据类型与所属的类名。

5）如果未对静态数据成员赋初值，则编译系统会自动赋予初值0。但需要注意的是，此处所述未对静态数据成员赋初值是指在类体外书写时没有明确说明初值，仍需在类体外进行静态数据成员的定义。

```
class Cgoods {
    private:
        ......
    static double Profit; // 此处声明并不分配内存
    public:
        ......
};
double Cgoods::Profit; // 此处不可少，否则编译器将报错误，系统自动赋予 Profit 初值 0
```

8.5.2 静态成员函数

与静态数据成员一样，在成员函数前加上“static”也可以创建一个静态成员函数，例如，8.5.1节中类Cgoods的成员函数：static double getProfit( );。由于静态成员是属于全体对象的，因而静态成员函数亦是属于类的，而不是属于某个特定的对象。静态函数没有this指针（this指针的概念将在下一章中介绍），通常它只访问属于全体对象的成员——静态成员，也可以访问全局变量。静态成员函数若访问非静态成员，必须指明其所属的对象，这样既麻烦，又无多大的实际意义，因而一般情况下，静态成员函数不访问类的非静态成员，因为这些非静态成员是属于特定对象的。

例如，8.5.1节中类Cgoods的静态成员函数static double getProfit( ); 定义如下：

```
double Cgoods::getProfit( ) {
    return Profit;          // 使用了静态成员变量
}
```

在静态成员函数static double getProfit ( ); 中只涉及静态数据成员，函数的定义是完全正确的。

关于静态成员函数，总结说明下面几点：

1）出现在类体外的静态成员函数定义不能指定关键字static。

2）静态成员函数之间可以相互访问，包括静态成员函数访问静态数据成员和访问静态成员函数。

3）非静态成员函数可以任意地访问静态成员函数和静态数据成员。

4）静态成员函数不能直接访问非静态成员函数和非静态数据成员。

8.5.3 静态成员的访问

类的公有静态数据成员既可以用类的对象访问，也可以直接用作用域运算符“::”通过类名来访问。表示形式为：

```
类名 :: 静态数据成员名          // 建议使用此形式
```

或

```
对象名 . 静态数据成员名         // 不建议使用，如果使用，容易造成一种错觉，
                              // 使人误以为静态数据成员是属于某个对象的。
```

类的公有成员函数访问和公有静态数据成员一样，有两种形式：

```
类名 :: 静态成员函数                    // 建议使用此形式
```

或

```
对象名 . 静态成员函数                   // 不建议使用
```

【例 8-19】静态成员的访问。

```
#include<iostream>
#include<string>
using namespace std;
class CStudent {
    private:
    string SName;     // 保存学生姓名
    float Score;      // 保存学生的成绩
    static int studentTotal; // 静态数据成员声明，保存学生的总人数
    static float SumScore;  // 静态数据成员声明，保存所有学生的成绩和
    public :
    // 构造函数，当新建一个对象时，人数 studentTotal 加 1
    CStudent (string name, float sc);
    static float average( );  // 计算学生的平均分
    void Print( );    // 打印输出学生的姓名和分数
    ~CStudent( ); // 当减少一个对象时，studentTotal 减 1
};
int CStudent:: studentTotal =0; // 静态数据成员的初始化必须在类外进行
float CStudent:: SumScore =0; // 注意：不要加 "static" 关键词
CStudent::CStudent(string name, float sc) {
    SName=name;
    Score=sc;
    studentTotal++;  // 学生人数加 1
    SumScore+=sc;  // 总分数增加
    cout<<SName<<" Constructor called."<<endl;
}
void CStudent::Print( ) {
    cout<<SName<<": "<<Score<<endl;
}
float CStudent::average( ) { // 静态成员函数访问静态数据成员
    return (SumScore/studentTotal);
}
CStudent::~CStudent( ) {
    studentTotal--; // 学生人数减 1
    SumScore-=Score; // 总分数减少
    cout<<SName<<" Destructor called."<<endl;
}
```

```
int main( ) {
    // 简单测试，可以使用对象数组进行
    CStudent stud1("Zhang_San",90);
    CStudent stud2("Li_Si",80);
    stud1.Print( );
    stud2.Print( );
    cout<<" 平均分为："<<CStudent::average( )<<endl;  // 调用静态成员函数
    return 0;
}
```

运行结果如下：

```
Zhang_San  Constructor called.
Li_Si  Constructor called.
Zhang_San: 90
Li_Si: 80
平均分为：85
Li_Si  Destructor called.
Zhang_San Destructor called.
```

8.6 应用实例

【**例 8-20**】定义描述矩形的类。用构造函数完成矩形对象的初始化，编写计算矩形面积的函数，并输出矩形面积。

```
#include<iostream>
using namespace std;
class Rectangle {
    private:
    int X,Y; // 左上角坐标点
    int Width,Length; // 宽度、长度
    public:
    Rectangle(int x,int y,int w,int len) { // 定义带参构造函数
        X=x;
        Y=y;
        Width=w;
        Length=len;
    }
    Rectangle( ) { // 定义无参构造函数
        X=Y=0;
        Width=Length=0;
    }
    Rectangle(Rectangle& r) { // 定义复制构造函数
        X=r.X;
```

```
            Y=r.Y;
            Width=r.Width;
            Length=r.Length;
        }
        void setXY(int x,int y) { // 设置左上角坐标点
            X=x;
            Y=y;
        }
        void setWH(int w,int len) { // 设置宽度、长度
            Width=w;
            Length=len;
        }
        int Area( ) {
            return (Width*Length);
        }
    };
    int main( ) {
        // 简单测试
        Rectangle r1(10,20,100,50);
        cout<<" 矩形 r1 的面积是："<<r1.Area( )<<endl;
        Rectangle r2;
        cout<<" 矩形 r2 的面积是："<<r2.Area( )<<endl;
        Rectangle r3(r2);
        cout<<" 矩形 r3 的面积是："<<r3.Area( )<<endl;
        r3.setWH(50,20);
        cout<<" 矩形 r3 的面积是："<<r3.Area( )<<endl;
        return 0;
    }
```

运行结果如下：

```
矩形 r1 的面积是：5000
矩形 r2 的面积是：0
矩形 r3 的面积是：0
矩形 r3 的面积是：1000
```

【例 8-21】设计一个复数类，进行复数的运算。并能实现运算结果的输出。

```
#include<iostream>
using namespace std;
class Complex {
    private:
    double real;
    double imag;
    public:
```

```
    Complex(double r=0,double i=0) { // 带有默认值的构造函数
        real=r;
        imag=i;
    }
    void show( );   // 显示复数
    Complex Add(Complex&);// 复数加法
    Complex Sub(Complex&);// 复数减法
    Complex Multi(Complex&);// 复数乘法
};
void Complex::show( ) {
    cout<<"("<<real<<","<<imag<<"i)"<<endl;
}
Complex Complex::Add(Complex& c2) {
    Complex c;
    c.real=real+c2.real;
    c.imag=imag+c2.imag;
    return c;
}
Complex Complex::Sub(Complex& c2) {
    Complex c;
    c.real=real-c2.real;
    c.imag=imag-c2.imag;
    return c;
}
Complex Complex::Multi(Complex& c2) {
    Complex c;
    c.real=real*c2.real-imag*c2.imag;
    c.imag=real*c2.imag+imag*c2.real;
    return c;
}
int main( ) {
    Complex c1(1,1),c2(1,-1);
    Complex c;
    c=c1.Add(c2);
    cout<<"c1+c2=";
    c.show( );
    c=c1.Sub(c2);
    cout<<"c1-c2=";
    c.show( );
    c=c1.Multi(c2);
    cout<<"c1*c2=";
```

```
    c.show( );
    return 0;
}
```

运行结果如下：

```
c1+c2=(2,0i)
c1-c2=(0,2i)
c1*c2=(2,0i)
```

【例 8-22】编写一个简单的卖玩具的程序。类内必须具有玩具单价、售出数量以及每种玩具售出的总金额等数据，为该类建立一些必要的函数，在主程序中使用对象数组建立若干个带有单价和售出数量的对象，显示每种玩具售出的总金额，并统计卖出玩具的总数量。

分析：题目中的卖出玩具总数量是被所有对象共享的数值，应该设计成静态数据成员。

```
#include<iostream>
using namespace std;
class SellToy {
    public:
    SellToy( ) {}
    void Input(int P,int C);
    void Compute( );
    void Print( );
    static int getToTalCount( );
    private:
    int Price;  // 价格
    int Count; // 数量
    long Total; // 总价钱
    static int ToTalCount;  // 卖出玩具的总数量
};
int SellToy::ToTalCount=0; // 静态数据成员初始化
int SellToy::getToTalCount( ) {
    return ToTalCount;
}

void SellToy::Input(int P,int C) {
    Price=P;
    Count=C;
    ToTalCount+=C;
}
void SellToy::Compute( ) {
    Total=(long)Price*Count;
}
void SellToy::Print( ) {
    cout<<" 价格 = "<<Price<<"        数量 = "<<Count<<"        总价 = "<<Total<<endl;
```

```
}
int main( ) {
    SellToy* st;
    st=new SellToy[4];
    st[0].Input(15,150);
    st[1].Input(30,55);
    st[2].Input(10,30);
    st[3].Input(25,120);
    for(int i=0; i<4; i++)
      st[i].Compute( );
    for(int i=0; i<4; i++)
      st[i].Print( );
    delete[ ] st;
    cout<<endl<<" 卖出玩具件数总计："<<SellToy::getToTalCount( )<<endl;
    return 0;
}
```

运行结果如下：

```
价格 =15   数量 =150   总价 =2250
价格 =30   数量 =55   总价 =1650
价格 =10   数量 =30   总价 =300
价格 =25   数量 =120   总价 =3000

卖出玩具件数总计：355
```

8.7 小结

类由描述某类事物的数据（数据成员）及处理数据的函数（成员函数）组成。类是一种复杂的数据类型。“对象”就是类的具体实例，是指现实世界中各种各样的实体。类的成员有 public（公有）、private（私有）、protected（保护）三种访问权限。

构造函数主要用于对象数据成员的初始化。构造函数名必须与类名相同，且无返回类型。构造函数允许重载，将无参或有默认值参数的构造函数称为默认构造函数。当用户没有定义构造函数时，系统会自动产生一个默认的构造函数，该构造函数体为空。复制构造函数的形参必须为类的对象引用。

析构函数名由类名前加“～”组成，且无参数及返回类型。

定义一个对象时，系统先为其分配内存空间，然后调用构造函数对数据成员进行初始化。当对象结束其生命期，系统调用析构函数。

用类定义对象时，除了要调用本类构造函数外，还要调用各子对象的构造函数，完成对子对象的初始化。构造函数的调用顺序是先调用各子对象的构造函数，再调用类本身构造函数。一般情况下，析构函数的调用顺序和构造函数相反。

用 new 动态建立对象时，系统先为对象分配内存空间，后调用构造函数对对象初始化。用 new 运算符动态建立的对象，用 delete 运算符撤销时调用析构函数。

类的静态成员包括静态数据成员和静态成员函数。类的静态成员主要是用来描述这一类对象所共有的数据。类的静态数据初始化必须在类体外进行。对静态成员的访问，一般使用类名加上限定符“::”。

习　题

1. 填空题

（1）一个类的____________函数实现对该类对象的初始化功能。

（2）假定用户没有给一个名为 AB 的类定义构造函数，则系统为其定义的构造函数为____________。

（3）假定 AB 为一个类，则执行 "AB a[10]," 语句时，系统自动调用该类构造函数的次数为____________。

（4）假定 AB 类中包含一个整型数据成员 a，并且它是一个 static 成员，对其进行初始化为 10，则初始化语句为____________。

（5）在面向对象方法中，信息隐藏是通过____________性来实现的。

（6）已知 void show( ) 是类 MC 中的一个公有成员函数，假定已经通过执行语句 MC *v=new MC(6); 定义了 MC 的一个对象指针，则调用 show 函数的正确方法是____________。

2. 选择题

（1）类 clase Test 的说明如下，错误的语句是（　　）。

```
class Test{
    int a=2;        //A
    Test( );        //B
  public:
    Test (int val);  //C
    ~Test ( );       //D
}
```

（2）下列描述错误的是（　　）。

A. 在创建对象前，静态成员不存在　　B. 静态成员是类的成员

C. 静态成员函数不能是虚函数　　D. 静态成员函数不能直接访问非静态成员

（3）下列关于构造函数的描述中，错误的是（　　）。

A. 构造函数可以设置默认参数　　B. 构造函数在定义类对象时自动执行

C. 构造函数可以是内联函数　　D. 构造函数不可以重载

（4）如果在类外有函数调用 CPoint::func( )；则函数 func( ) 是类 CPoint 的（　　）。

A. 私有静态成员函数　　B. 公有非静态成员函数

C. 公有静态成员函数　　D. 友元函数

（5）X 是一个类，执行下面语句后，调用类 X 的构造函数的次数是（　　）。

X a[2],*p = new X;

A. 0　　B. 1　　C. 2　　D. 3

（6）类的静态成员函数没有（　　）。

A. 返回值　　B.this 指针　　C. 指针参数　　D. 返回类型

（7）下面类的定义，有（　　）处错误。

```
class MyClass{
        int i=0;
    public:
        void MyClass( );
    ~MyClass(int Value);
};
```

A.1　　B.2　　C.3　　D.4

（8）下面程序的运行结果为（　　）。

```
#include<iostream>
using namespace std;
class A{
static int n;
public:
    A( ){n=1;}
    A(int num){n=num;}
    void print( ){cout<<n;}
};
int A::n=2;
void main( ){
    A a,b(3);
    a.print( );
    b.print( );
}
```

A. 11　　B. 13　　C. 23　　D. 33

（9）下列关于类的定义的说法中，正确的是（　　）。

A. 类的定义中包括数据成员与函数成员的声明

B. 类成员的默认访问权限是保护的

C. 数据成员必须被声明为私有的

D. 成员函数只能在类体外进行定义

（10）任意一个类，析构函数的个数最多是（　　）。

A. 不限个数　　B. 1　　C. 2　　D. 3

（11）在类的定义中，说明成员的访问权限：private, protected, public 可以出现次数为（　　）。

A. 次数没有具体限定　　B. 每种至多一次

C. public 至少一次　　D. 每种至少一次

（12）（　　）不是构造函数的特征。

A. 构造函数的函数名与类名相同　　B. 构造函数可以重载

C. 构造函数可以设置默认参数　　D. 构造函数必须指定类型说明

（13）关于 new 运算符的下列描述中，（　　）是错的。

A. 它可以用来动态创建对象和对象数组

B. 使用它创建的对象和对象数组可以使用运算符 delete 删除

C. 使用它创建对象时要调用构造函数

D. 使用它创建对象数组时必须指定初始值

（14）(　　) 只能访问静态成员变量。

A. 静态成员函数　　B. 虚函数　　C. 构造函数　　D. 析构函数

（15）下列关于成员函数特征的描述中，(　　) 是错误的。

A. 成员函数一定是内联函数　　B. 成员函数可以重载

C. 成员函数的函数体可以为空　　D. 成员函数可以是静态的

3. 编程题

（1）定义一个复数类 Complex，复数的实部 real 和虚部 imag 定义为类的私有数据成员。公有成员函数 Input( ) 为实部和虚部赋值，公有成员函数 Output( ) 输出复数。

（2）定义名为 Number 的类，其中有两个整型数据成员 n1 和 n2，应声明为私有。编写构造函数，赋予 n1 和 n2 初始值，再为该类定义加（addition）、减（subtration）、乘（multiplication）、除（division）等公有成员函数，分别对两个成员变量进行加、减、乘、除运算。

（3）定义一个 NetUser 类，私有成员有用户 ID（UserID）、用户密码（UserPWD）、电子邮件（email）。在建立对象时，把以上三个信息都作为构造函数的参数输入，其中用户 ID 和用户密码是必须的，默认的 email 地址是用户 ID 加上字符串“@cumt.edu.cn”。

（4）定义一个学生成绩类 Score，描述学生的私有数据成员为学号 (No)、姓名 (Name[8])、数学 (Math)、物理 (Phi)、英语 (Eng)。定义能输入学生成绩的公有成员函数 Input( )，能计算学生总分的公有成员函数 Sum( )，能显示输出学生成绩的公有成员函数 Show( )。

（5）在第（1）题复数类 Complex 基础上增加适当的构造函数（可以重载），满足定义复数对象时进行初始化的要求；增加公有成员函数满足复数间算术运算的要求。并在主函数中进行测试。

（6）根据第（4）题定义的学生成绩类 Score，在主函数中定义学生成绩对象数组 s[6]。用 Input( ) 输入每个学生的成绩，用 Sum( ) 计算每个学生的总成绩，用 Show( ) 显示每个学生的成绩。增加静态成员函数 getAvg( )，用于返回学生的总平均分。通过增加合适的成员，修改成员函数等完成这一功能。

（7）下面是类 Clock（时钟）的说明：

```
class  Clock{
     int hh,mm,ss;
public:
     Clock(int h=0,int m=0,int s=0):hh(h),mm(m),ss(s){}
     void setClock(int h=0,int m=0,int s=0);
     void increamentHour( );
     void increamentMinute( );
     void increamentSecond( );
     void show( );
};
```

其中 hh、mm、ss 分别表示时（最大值 24）、分（最大值 59）、秒（最大值 59），函数 setClock( ) 将时钟调为指定的钟点，函数 increamentHour( ) 的功能是使时钟前进 1h（到 24 点自动回归 0 点），函数 increamentMinute( ) 的功能是使时钟前进 1min，函数 increamentSecond( ) 的功能是使时钟前进 1s（注意：到 24 点自动回归 0 点），函数 show 的功能是按“时 : 分 : 秒”的格式显示当前的时钟时间。请实现这个 Clock 类。

（8）设有一描述坐标点的类 Point，其私有变量 x 和 y 代表一个点 (x,y) 的坐标值。请编写程序实现以下功能：利用构造函数传递参数，在定义对象时将 x、y 坐标值初始化为（60,80），并利用成员函数 display( ) 输出这一坐标值；利用公有成员函数 setPoint( ) 将坐标值修改为（80,160），并利用成员函数输出修改后的坐标值。

（9）设计一个日期类 Date，用来实现日期的操作。例如，setDate( ) 用来设置日期，isLeapYear( ) 用来判断是否是闰年，getSkip( ) 用来计算两个日期之间相差的天数，setYear( ) 和 getYear( ) 分别用来表示设置和得到年份等。

（10）定义一个描述圆柱体的类 Cylinder，定义圆柱体的底面半径 Radius 与高 Height 为私有数据成员。用公有成员函数 Volume( ) 计算出圆柱体的体积，公有成员函数 Show( ) 显示圆柱体的半径、高与体积。在主函数中用 new 运算符动态创建圆柱体对象，初值为（10，10）。然后调用 Show( ) 显示圆柱体的半径、高与体积。最后用 delete 运算符回收为圆柱体动态分配的存储空间。

（11）先定义一个能描述平面上一条直线的类 Beeline，其私有数据成员为直线两个端点的坐标（X1，Y1，X2，Y2）。在类中定义形参默认值为 0 的构造函数，计算直线长度的公有成员函数 Length( )，显示直线两个端点坐标的公有成员函数 show( )。然后再定义一个能描述平面上三角形的类 Triangle，其数据成员为用 Beeline 定义的对象 line1、line2、line3 与三角形三条边长 l1、l2、l3。在类中定义的构造函数要能对对象成员与边长进行初始化。再定义计算三角形面积的函数 Area( ) 及显示三条边端点坐标及面积的函数 Print( )，Print( ) 函数中可调用 show( ) 函数显示三条边两端点坐标。

在主函数中定义三角形对象 tri（10,10,20,10,20,20），调用 Print( ) 函数显示三角形三条边端点坐标及面积。

第 9 章　类（Ⅱ）

上一章介绍了面向对象程序设计的一些基本知识，本章将在上一章的基础上继续深入介绍面向对象的相关知识。

9.1　对象的存储

当定义一个普通变量时（如 int i=10），系统将会给其分配内存空间，并将初始化数值写入。同样，当定义对象时，系统也会为其分配相应的内存空间。只不过，一个对象包含多个数据成员，为对象分配内存空间的大小取决于在定义类时所定义的数据成员类型和数量。

由于不同对象存放不同的数据，如【例 9-1】中，对象 r1 中存放的 Width、Length 为 2、2，而对象 r2 中存放的 Width、Length 为 6、8，因此不同对象的数据成员必须分配不同的内存空间，以便存放不同的数据。但是对数据成员进行操作的成员函数代码是相同的，如 r1.Area( ) 和 r2.Area( ) 是相同的。如果定义 10 个对象，就要为这 10 个对象分别分配自己的内存空间，在内存中开辟 10 段空间存储相同的代码，这显然是浪费。因此，为了减少存储空间，C++ 中是将各个对象的数据成员存储在程序数据区，而将成员函数的代码统一放在程序的代码区。也就是说，定义对象的时候，系统给对象分配的内存只是用来存储其数据成员的。如图 9-1 所示。

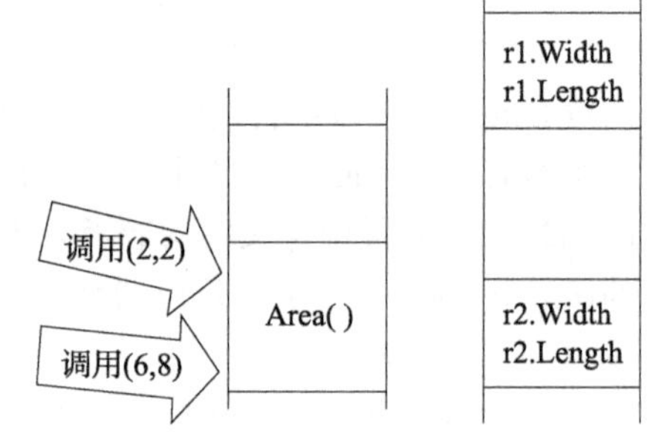

图 9-1　对象的存储

【例 9-1】对象的存储。

```
#include<iostream>
using namespace std;
class Rectangle { // 定义矩形类
    private:
    int Width,Length; // 宽度、长度
    public:
    Rectangle( ) { // 不带参数的构造函数
        Width=0;
        Length=0;
    }
    Rectangle(int w,int len) { // 定义带参构造函数
        Width=w;
        Length=len;
    }
    void setWL(int w,int len) {
        Width=w;
```

```
            Length=len;
        }
        int Area( ) { // 计算面积
            return (Width*Length);
        }
    };
    int main( ) {
        Rectangle r1,r2(6,8);
        r1.setWL(2,2);
        cout<<"r1 面积为："<<r1.Area( )<<endl;
        cout<<"r2 面积为："<<r2.Area( )<<endl;
        cout<<"sizeof(int)="<<sizeof(int)<<endl;
        cout<<" 对象 r1 占用内存字节数："<<sizeof(r1)<<endl;
        cout<<" 对象 r2 占用内存字节数："<<sizeof(r2)<<endl;
        return 0;
    }
```

运行结果如下：

```
r1 面积为：4
r2 面积为：48
sizeof(int)=4
对象 r1 占用内存字节数：8
对象 r2 占用内存字节数：8
```

sizeof( ) 方法用于求类型或变量占用的内存字节数。由【例 9-1】的运行结果可以看出，int 的字节数为 4，即有 sizeof(int)==4，而类 Rectangle 只有两个 int 类型的数据成员，所以输出结果中 sizeof(r1)==sizeof(r2)==8，只含有数据成员占用的内存空间大小，没有包括成员函数。由【例 9-1】的输出结果可知一个对象所占的内存空间大小只取决于该对象中数据成员所占的空间，而与成员函数无关。

虽然所有的同类对象调用同一个成员函数，执行的是同一段代码，但是执行的结果往往是不同的。如在【例 9-1】中，r1 和 r2 执行相同的 Area( ) 函数，得到不同的面积。虽然调用的时候向函数传递了实参，但是，在定义成员函数时还没有具体的对象出现，成员函数的定义中却往往要对它所要依附的对象数据进行处理，怎么能区分这些参数的来源是哪个对象呢？ C++ 语言为类的定义设置了一个抽象的指针变量：this 指针，它无须用户的定义。下面就详细介绍一下 this 指针。

9.2 this 指针

每个类成员函数都含有一个指向调用它的对象的指针，这个特殊的指针被称为 this 指针。this 指针指向正在操作该成员函数的对象。当对一个对象调用非静态成员函数时，编译程序先将对象的地址赋给 this 指针，然后调用成员函数。每次非静态成员函数存取数据成员时，this 指针隐式引用对象的数据成员（当然也可以显式使用）。如在【例 9-1】中，当对象 r1 调用 Area( ) 时，this 指针就指向对象 r1，成员函数访问的就是 r1 的数据成员值。而当对象 r2 调用 Area( ) 时，this 指针就指向对象 r2，成员函数访问的就是 r2 的数据成员值。

成员函数不能定义 this 指针，而是由编译器隐含地定义。成员函数的函数体可以显式地使用 this 指针，但不是必须这么做。尽管在成员函数内部显式引用 this 指针通常是不必要的，但有一种情况下必须这样做：当需要将一个对象作为整体引用，而非引用其某一个成员时。最常见的情况是在这样的函数中使用 this 指针：该函数返回的是对调用该函数的对象的引用，即 return *this。另外一种情况是当参数与成员变量名相同时，由于参数优先，所以对数据成员必须显式使用 this 指针修饰。

由于 this 指针的值是当前被调用的成员函数所在的对象的起始地址，所以对于【例 9-1】中的成员函数 Area( ) 来说，下面三种表示形式完全是等价的：

```
return (Width*Length);
return (this->Width*this->Length);
return ((*this).Width*(*this).Length);
```

【例 9-2】 this 指针的使用。

```
#include<iostream>
using namespace std;
class Point {
    private:
    int x,y;
    public:
    Point(int xx,int yy) {
        x=xx;
        y=yy;
    }
    Point& setPoint(int x,int y) {
        this->x=x+8;  // 参数与数据成员同名，此处 this-> 修饰是必须的
        (*this).y=y+8;
        return *this;  // 返回对象
    }
    int getX( ) {
        return x;
    }
    int getY( ) {
        return y;
    }
};
int main( ) {
    Point p1(8,8);
    cout<<" 执行 setPoint( ) 前 p1:"<<p1.getX( )<<","<<p1.getY( )<<endl;
    p1=p1.setPoint(8,8);  // 直接写成 p1.setPoint(8,8); 结果也是相同的
    cout<<" 执行 setPoint( ) 后 p1:"<<p1.getX( )<<","<<p1.getY( )<<endl;
    return 0;
}
```

运行结果如下：

```
执行 setPoint( ) 前 p1:8,8
执行 setPoint( ) 后 p1:16,16
```

每个对象都可以通过 this 指针访问自己的地址。对象的 this 指针不是对象本身的一部分，即 this 指针不在对该对象进行 sizeof( ) 操作的结果中体现。

类的静态成员函数没有 this 指针。这是因为静态成员函数为类的所有对象所共有，不专属于某一个对象。所以在静态成员函数中不能直接访问非静态数据成员。

关于 this 指针可以用下面四句话来理解：

1）this 指针是一个指向对象的指针。

2）this 指针是一个隐含于成员函数中的对象指针。

3）this 指针是一个指向正在调用成员函数的对象的指针。

4）类的静态成员函数没有 this 指针。

9.3 信息的保护

尽管 C++ 已经采取了一些安全措施来增强数据的安全性，但是对于有些共享数据（如实参和形参、变量及引用等）却可以通过不同的途径去访问修改。如果要使这些数据既可以在一定范围内实现共享，而又不被任意修改，可以使用 const 进行定义。

9.3.1 常对象

常对象是指对象的数据成员的值在对象被调用时不能被改变。常对象必须进行初始化，且不能被更新。不能通过常对象调用非 const 型的普通成员函数，但是可以通过普通对象调用 const 成员函数。常对象只能调用 const 成员函数。常对象的声明如下：

```
const    类名  对象名 [( 实参列表 )]
类名   const   对象名 [( 实参列表 )]
```

两种声明完全一样，没有任何区别。

例如：

```
const Point P1(1,1);
Point const P2(0,0);
```

上面定义了两个常对象 P1、P2。这样在任何场合，对象 P1 和 P2 中的成员值不能被修改。

但是，怎么才能保证 P1、P2 的数据成员不被改变呢？为了确保 const 对象的数据成员不会被改变，在 C++ 中，const 对象只能调用 const 成员函数。如果一个成员函数实际上没有对数据成员作任何形式的修改，但是它没有被 const 关键字限定，也不能被常对象调用。

【例 9-3】常对象。

```
#include<iostream>
using namespace std;
class Rectangle { // 定义矩形类
    private:
    int Width,Length; // 宽度、长度
    public:
```

```
        Rectangle( ) {
            Width=0;
            Length=0;
        }
        Rectangle(int w,int len) { // 定义带参构造函数
            Width=w;
            Length=len;
        }
        void setWL(int w,int len) {
            Width=w;
            Length=len;
        }
        int Area( ) { // 计算面积
            return (Width*Length);
        }
    };
    int main( ) {
        Rectangle r1; // 普通对象，可以不初始化
        r1.setWL(2,2);
        Rectangle const r2(6,8); // 常对象，声明的同时必须初始化
        cout<<"r1 面积为："<<r1.Area( )<<endl;
        // 下面语句编译错误，常对象不能调用非 const 成员函数
        cout<<"r2 面积为："<<r2.Area( )<<endl;
        return 0;
    }
```

如果编译【例 9-3】中的代码，编译器就会出现错误提示。虽然成员函数 Area( ) 实际上并没有改变常对象 r2 的数据成员的值，但是由于没有 const 的修饰，依然不能被常对象 r2 调用。如果把 Area( ) 函数改成：

```
    int Area( ) const{      // 常成员函数
        return (Width*Length);
    }
```

再重新编译，就不会出现错误了。

虽然常对象中的数据成员只能引用，不可以修改。但是如果一定要修改，可将需要修改的数据成员声明为 mutable，例如：mutable int Width;，这样就可以用声明为 const 的成员函数来修改它的值了。

【例 9-4】 mutable 的使用。

```
    #include<iostream>
    using namespace std;
    class Rectangle {
        private:
        int Width;
```

```
        mutable int Length; // 可以通过常对象调用常成员函数修改
        public:
        Rectangle(int w,int len) { // 定义带参构造函数
            Width=w;
            Length=len;
        }
        int Area( ) const { // 计算面积
            Length*=2;  // 修改 Length 的值
            return (Width*Length);
        }
    };
    int main( ) {
        Rectangle const r(6,6); // 常对象
        cout<<"r 面积为："<<r.Area( )<<endl; // 调用 Area( )，Length 变为 12
        return 0;
    }
```

运行结果如下：

```
r 面积为：72
```

注意：常对象只保证其数据成员是常数据成员，值不能被修改，但并不对成员函数有约束力。

可以定义指向常对象的指针变量。

定义指向常对象的指针变量的一般形式为：

```
const 类名 * 指针变量名
```

例如：

```
Rectangle r1(6,6);
const Rectangle *pr=&r1;
```

定义的指针 pr 是指向常对象的指针变量。试图通过 pr 修改对象 r1 值的操作都是非法的。但是指针 pr 可以指向另外一个 Rectangle 的对象，例如：

```
Rectangle r2(8,8);
pr=&r2;
```

但是，此时依然不能通过 pr 修改 r2 的值。

9.3.2 常数据成员

在类体中将数据成员声明为 const 型，即为常数据成员。常数据成员不同于一般的符号常量，它在成员说明时不能被赋值，而是在对象说明时被赋值。一旦对象被创建，这个值就不允许改变，任何类内外函数只可读它，而不可改变它。值得注意的是，因为不能对常数据成员赋值，所以对常数据成员的初始化必须要用构造函数的参数初始化列表来完成。

例如，声明 Length 为常数据成员：

```
const int Length;    // 声明 Length 为常数据成员
```

下面的代码在构造函数中对 Length 进行赋值，这种用法是错误的：

```
Rectangle(int w,int len){
```

```
        Width=w; Length=len; // 错误，常数据成员不能被赋值
    }
```

正确的写法应该是：

```
    Rectangle(int w,int len):Length(len){ // 正确，使用参数初始化列表完成常数据成员的初始化
        Width=w;
    }
```

9.3.3 常成员函数

在定义的类成员函数中，常常有一些成员函数不改变类的数据成员，也就是说，这些函数是“只读”函数，而有一些函数要修改类数据成员的值。如果把不改变数据成员的函数都加上 const 关键字进行标识，显然，可提高程序的可读性。其实，它还能提高程序的可靠性，已定义成 const 的成员函数，一旦企图修改数据成员的值，则编译器按错误处理。

常成员函数声明格式为：

```
    返回类型　函数名称　（参数列表）const;      // 函数声明
```

类体外常成员函数定义格式为：

```
    返回类型　所属类名 :: 函数名称　（参数列表）　const{      // 函数定义
    …
    }
```

例如：

```
    int Area( ) const;       // 常成员函数 Area( ) 的声明
    int Rectangle::Area( ) const{       // 在类体外对常成员函数 Area( ) 的定义
    …
    }
```

需要注意：

1）关键字 const 是函数的一部分，在函数声明和定义部分都必须包含。

2）常成员函数可以引用 const 或非 const 型数据成员，但只能引用，不可修改。

3）常成员函数不能调用另一个非 const 型成员函数。

【例 9-5】常成员函数。

```
    #include<iostream>
    using namespace std;
    class Rectangle { // 定义矩形类
        private:
        int Width,Length; // 宽度、长度
        public:
        Rectangle(int w,int len) { // 定义带参构造函数
            Width=w;
            Length=len;
        }
        int Area( ) const;  // 常成员函数声明
        void Print( ) {
            cout<<"Print"<<endl;
```

```
	}
};
int Rectangle::Area( ) const { // 类体外常成员函数定义
	//Width=10; // 错误，常成员函数不可修改数据成员
	// Print( );	// 错误，常成员函数不能调用非 const 型成员函数
	return (Width*Length); // 正确，常成员函数只能使用数据成员
}
int main( ) {
	Rectangle r(6,8);
	cout<<"r 面积为："<<r.Area( )<<endl;
	return 0 ;
}
```

9.3.4 const 指针

将指针变量声明为 const 型，这样指针值就始终保持为其初值，不能改变，即指针指向的内存中存放的数值可以改变，但是指针所指向的地址不可以改变。使用常指针，目的是不允许改变指针变量的值，而使其始终指向原来的对象。

定义指向对象的常指针的一般形式为：

```
类名 * const 指针变量名 =& 对象名 ;	// 对象名是一个已经定义过的对象
```

例如：

```
Rectangle r1(6,6);
Rectangle *const pr=&r1;
```

指向对象的常指针 pr 的值不能改变，即只能指向对象 r1，但是可以改变对象 r1 的值。例如：

```
pr->setWL(2,2); // 通过指针 pr 修改对象 r1 的数据成员
```

【**例 9-6**】指向对象的常指针。

```
#include<iostream>
using namespace std;
class Rectangle { // 定义矩形类
	private:
	int Width,Length; // 宽度、长度
	public:
	Rectangle( ) {
		Width=0;
		Length=0;
	}
	Rectangle(int w,int len) { // 定义带参构造函数
		Width=w;
		Length=len;
	}
	void setWL(int w,int len) {
```

```
            Width=w;
            Length=len;
        }
        int Area( ) { // 计算面积
            return (Width*Length);
        }
};
int main( ) {
        Rectangle r1(6,6);
        Rectangle *const pr=&r1; // 将指针 pr 和对象 r1 绑定在一起，pr 不允许指向其他对象
        cout<<"r1 面积为："<<pr->Area( )<<endl;
        pr->setWL(2,2); // 通过指针 pr 修改 r1 的数据成员值
        cout<<"r1 面积为："<<r1.Area( )<<endl;
        //Rectangle r2(8,8);
        //pr=&r2; // 错误，pr 值不能指向其他对象
        return 0;
}
```

运行结果如下：

```
r1 面积为：36
r1 面积为：4
```

📖 注意：定义指向对象的常指针和定义指向常对象的指针变量时 const 的位置是不同的。

9.3.5　常引用

一个变量的引用就是变量的别名。实质上，变量名和引用名都指向同一段内存单元。如果形参为变量的引用名，实参为变量名，则在调用函数进行虚实结合时，并不是为形参另外开辟一个存储空间（建立实参的一个备份），而是把实参变量的地址传给形参（引用名），这样引用名也指向实参变量。

如果不希望在函数中修改实参的值，则可以把引用变量名（形参）声明为 const（常引用）。

【**例 9-7**】常引用。

```
#include<iostream>
using namespace std;
class Rectangle { // 定义矩形类
        private:
        int Width,Length;
        public:
        Rectangle(int w,int len) {
            Width=w;
            Length=len;
        }
        void setWL(int w,int len) {
```

```
            Width=w;
            Length=len;
        }
        int Area( ) {
            return (Width*Length);
        }
};
void setRec(const Rectangle& r1) { // 常引用
//      r1.setWL(2,2);   // 错误，r1 为常引用，不能修改其值
}
int main( ) {
        Rectangle r(6,8);
        cout<<"r 面积为："<<r.Area( )<<endl;
        setRec(r);
        cout<<"r 面积为："<<r.Area( )<<endl;
        return 0;
}
```

上例中，void setRec(const Rectangle& r1) 将形参 r1 声明为常引用，则在函数中不能改变 r1 的值，也就是不能改变实参 r 的值。

9.4 友元

C++ 用关键字 friend 说明友元的关系。在类的说明语句中出现：

1）位于一个函数说明语句之前，指出该函数为这个类的友元函数。

2）位于一个类名之前，指出该类是这个类的友元类。

9.4.1 友元函数

如果要允许一个不属于某个类的函数存取该类中的数据，该如何做？一种方法是将类中的数据成员声明为公有的，但这样就使得任何函数都可以无约束地访问它；另一种方法是可以在类内部声明这个函数为友元（friend），则这个函数可以访问该类的私有成员，而对于其他不属于该类的函数来说，类的私有成员仍然是不可见的。显然，第二种方法更好。

如果在本类以外的其他地方定义了一个函数（这个函数可以是不属于任何类的非成员函数，也可以是其他类的成员函数），在本类体中用 friend 对该函数进行声明，此函数就称为本类的友元函数。一个类的友元函数可以访问这个类中的 private 成员和 protected 成员。友元的声明必须在类内进行。

【例 9-8】普通函数声明为友元函数。例如，将上一章【例 8-16】中类 Person 的成员函数 showInfo( ) 修改为类 Person 的友元函数。

```
#include <iostream>
#include <string>
using namespace std;
class Person {
```

```
    private:            // 私有数据成员
    string name;        // 姓名
    int age;            // 年龄
    char gender;        // 性别，'f' 女性，'m' 男性
    string idNumber;      // 身份证号码
    public:
    Person(string, int, char, string);
    Person(Person &);
    ~Person( ) {}
    string getName( ); // 函数声明
    friend void showInfo(Person &p);  // 声明 showInfo 为类 Person 的友元函数
};
Person::Person(string theName, int theAge, char theGender, string theIdNumber) {
    name = theName;
    age = theAge;
    gender = theGender;
    idNumber = theIdNumber;
}
Person::Person(Person &theObject) {
    name = theObject.name;
    age = theObject.age;
    gender = theObject.gender;
    idNumber = theObject.idNumber;
}
string Person::getName( ) {
    return name;
}
void showInfo(Person &p) { //showInfo 为普通函数，是类 Person 的友元函数
// 可以访问类 Person 的私有成员
    cout<<"name: "<<p.name<<endl;
    cout<<"age: "<<p.age<<endl;
    cout<<"gender: "<<p.gender<<endl;
    cout<<"id number: "<<p.idnumber<<endl;
}

int main( ) {
    Person p1(" 张三 ", 12, 'm', "12345200006061111");// 建立对象 p1
    showInfo(p1);
    return 0;
}
```

运行结果如下：

```
name: 张三
age: 12
gender: m
id number: 12345200006061111
```

在【例 9-8】中，普通函数 showInfo(Person &p) 被声明友元函数，所以在函数 showInfo (Person &) 中可以引用类 Person 的对象 p 的私有数据成员 name、age、gender、idnumber。但是，由于函数 showInfo(Person &) 不是类的成员函数，所以在使用私有成员时需要加上对象名，不能写成：

```
cout<<"name: "<<name<<endl; // 错误，友元函数中使用私有成员需加上对象名
```

注意：友元函数是类外函数，因此友元函数不能直接访问类中的私有成员和保护成员，而需要通过对象参数进行访问。

【例 9-9】友元函数是另一个类的成员函数。

```
#include<iostream>
using namespace std;
class Rectangle; // 第三行，提前引用声明
class Cuboid {
    private:
    int Height;
    public:
    Cuboid(int h) {
        Height=h;
    }
    int Volume(Rectangle &r); // 此处只能声明，不能定义。因为 Rectangle 类还未定义
};
class Rectangle {
    private:
    int Width,Length;
    public:
    Rectangle(int w,int len) {
        Width=w;
        Length=len;
    }
    friend int Cuboid::Volume(Rectangle &r); // 友元函数 Volume( ) 是类 Cuboid 的成员函数
};
int Cuboid::Volume(Rectangle &r) { // Volume( ) 的定义
    return r.Length*r.Width*Height;
}
int main( ) {
    Rectangle R(6,8);
    Cuboid C(20);
```

```
        cout<<" 长方体的体积为："<<C.Volume(R)<<endl;
        return 0;
    }
```

运行结果如下：

```
    长方体的体积为：960
```

【例 9-9】中将类 Cuboid 的成员函数 Volume( ) 声明为类 Rectangle 的友元函数，这样就可以在 Volume( ) 中使用 Rectangle 的私有数据成员 Width、Length。

程序第三行是对类 Rectangle 的提前引用声明，只包含类名，不包含类体。由于类 Cuboid 的成员函数 int Volume(Rectangle &r); 的声明中用到了类 Rectangle，而对类 Rectangle 的定义却在后面。如果将类 Rectangle 定义提到前面也不可以，因为在类 Rectangle 的定义中又用到了类 Cuboid。所以在 C++ 中，如果需要在类定义之前，使用该类的名字去定义指向该类对象的指针或引用，可以使用提前引用声明。但是，不能因为提前引用声明，而去定义一个类的对象，这是不允许的。例如：

```
class Rectangle; // 提前引用声明
Rectangle  r1; // 紧接着定义一个 Rectangle 的对象 r1，这是不允许的
…
class Rectangle   { … };
```

还可以将一个函数（普通函数或某个类的成员函数）声明为多个类的友元函数，这个函数就可以访问多个类的私有数据成员。

9.4.2　友元类

C++ 中允许将一个类声明为另外一个类的友元，称为友元类。友元类中的所有成员函数都可以访问另一个类中的私有成员或保护成员。例如：

```
class A{
  …
  friend class B; // 类 B 声明为当前类 A 的友元
  …
};
```

经过上述声明后，类 B 声明为当前类 A 的友元。此时，类 B 中的所有成员函数都是当前类 A 的友元函数。类 B 中的所有成员函数都可以访问当前类 A 的 private 成员或 protected 成员。

【例 9-10】友元类。

```
#include<iostream>
using namespace std;
class Rectangle; // 提前引用声明
class Cuboid {
    private:
    int Height;
    public:
    Cuboid(int h) {
        Height=h;
    }
```

```
    int Volume(Rectangle &r);
};
class Rectangle {
    private:
    int Width,Length;
    public:
    Rectangle(int w,int len) {
        Width=w;
        Length=len;
    }
    friend class Cuboid;  // 类 Cuboid 是类 Rectangle 的友元类
};
int Cuboid::Volume(Rectangle &r) {
    return r.Length*r.Width*Height;
}
int main( ) {
    Rectangle r(6,8);
    Cuboid C(20);
    cout<<" 长方体的体积为："<<C.Volume(r)<<endl;
    return 0;
}
```

运行结果如下：

```
长方体的体积为：960
```

在【例 9-10】中，类 Cuboid 是类 Rectangle 的友元类，则在类 Cuboid 中可以使用 Rectangle 的私有数据成员来计算体积。

对于友元，说明以下四点：

1）友元关系是不传递的。类 A 是类 B 的友元，类 B 是类 C 的友元，但类 A 并不是类 C 的友元。

2）友元关系不具有交换性。类 A 是类 B 的友元，但类 B 并不一定是类 A 的友元。

3）友元关系是不能继承的。例如，函数 f( ) 是类 A 的友元，类 A 派生出类 B，函数 f( ) 并不是类 B 的友元，除非在类 B 中做了特殊说明。

4）友元还有另外一个作用，就是方便运算符的重载，这部分内容将在后面章节中介绍。

9.5 类模板

在实际应用中，有时有两个或多个类，其功能是相同的，仅仅是数据类型不同。例如，下面程序段计算任意两个整数的和：

```
class A {
    private:
    int x,y;
    public:
```

```
        A(int xx,int yy) {
            x=xx;
            y=yy;
        }
        int sum( ) {
            return (x+y);
        }
    };
```

如果想计算任意两个浮点数的和，则需要重新声明一个类：

```
    class A {
        private:
        double x,y;
        public:
        A(double xx, double yy) {
            x=xx;
            y=yy;
        }
        double sum( ) {
            return (x+y);
        }
    };
```

这两段代码的差别只是数据类型的不同，显然是做了重复的工作。1989 年，C++ 中引入了模板。采用类模板是解决这一问题的最好方法。类模板就是一系列相关类的模型或样板，这些类的成员组成相同，成员函数的源代码形式相同，所不同的只是类型（成员的类型以及成员函数的参数的类型）。对于类模板，数据类型本身成了它的参数，因而是一种参数化类型的类。类模板是类的抽象，类是类模板的实例。C++ 通过模板的机制允许推迟对某些类型的选择。

类模板的说明就是一个带有类型参数的类定义，其格式为：

```
    template < 模板参数表 >
    class 类模板名 {
    类模板定义体
    };
```

说明：

1）template：关键字，指明本说明为类模板说明或函数模板说明。

2）模板参数表：用尖括号 <> 括起来，其最简单的形式是 <class T>，T 为类参数名。

3）class：关键字 class 指出定义的是类模板，也可以用 typename 关键字。

4）类模板名：标识符。

5）类模板定义体：它实际上是一个类的定义，在定义中，以类参数 T（标识符）作为某一类或类型名。

例如：

```
    template <class T>  // 声明一个模板，虚拟类型名为 T
    class A { // 类模板名为 A
```

```
    private:
    T x,y;
    public:
    A(T xx,T yy) {
        x=xx;
        y=yy;
    }
    T sum( ) {
        return(x+y);
    }
};
```

类模板不能直接生成对象，因为其类型参数是不确定的，故需首先对模板参数指定“实参”，实例化的形式为：

```
类模板名 < 具体类型 >[( 构造函数实参列表 )]
```

例如：

```
A<int> IntA (6,8);  // 实际数据类型为 int
A<double> DoubleA (6.6,8.8); // 实际数据类型为 double
```

上面例子中，尖括号 <> 括起来的就是实际类型。在进行编译时，编译系统就用 int 或 double 取代类模板中的类型参数 T，这样就把类模板具体化了，或者说实例化了。

【例 9-11】 类模板，一个简单的链表操作示例。

```
#include<iostream>
using namespace std;
template <class T>
class Node { // 结点类
    public:
    T data;       // 数据域
    Node<T> *next; // 指向下一结点的指针
    Node(const T d,Node<T> *nextV=0) { // 含参构造函数
        data=d;
        next=nextV;
    }
    Node( ) {  // 无参构造函数
        next=0;
    }
};
template <class T>
class linkedlist { // 简单的单链表
    private:
    Node<T> *head,*tail; // 头指针和尾指针，头指针不储存元素
    int size; // 结点数
    Node<T> * getPos(const int i); // 返回下标为 i 的结点地址
```

```
public:
    linkedlist( ) { // 无参构造函数
        head=tail=new Node<T>;
        size=0;
    }
    ~linkedlist( ) { // 析构函数
        Node<T> *tmp;
        while(head!=NULL) { // 从头结点开始逐个删除结点
            tmp=head;
            head=head->next;
            delete tmp;
        }
    }
    bool isEmpty( ); // 链表为空，返回 true
    void clear( ); // 清空链表
    int length( ); // 返回链表存储结点个数
    void insertFirst(const T value); //value 插入头结点之后
    void append(const T value); //value 插入尾节点之后
    bool delFirst( ); // 删除头结点之后的第一个结点
    bool delEnd( ); // 删除尾结点
    bool insert(const int p,const T value); // 在下标为 p 的位置插入数据域为 value 的结点
    bool deleteNode(const int p); // 删除下标 p 位置的结点
    void display( ); // 输出链表的结点个数和每个结点的数据域值
};
template <class T>
Node<T> * linkedlist<T>::getPos(const int i) {
    int coun=-1; // 计数器初始化为 -1，若 i 为 -1，直接返回头结点
    Node<T> *p;
    p=head;
    while(p!=0&&coun<i) { // 从头节点开始逐个访问直到无结点可访问或找到 i 结点
    p=p->next;
    coun++;
    }
    if(coun==i) // 若找到 i 结点，返回它的指针
    return p;
    else // 没找到返回 NULL
    return 0;
}
template <class T>
bool linkedlist<T>::isEmpty( ) { // 链表为空，返回 true
    return size==0?true:false;
```

```
}
template <class T>
void linkedlist<T>::clear( ) { // 清空链表，保留头结点
    Node<T> *p,*q; //p 指向要删除的结点的下一结点，q 指向要删除的结点
    p=head->next; // 头结点不要删除，p 首先指向第一个元素
    head->next=0;
    tail=head;
    size=0;
    while(p!=NULL) {
    q=p; // 先将 p 的地址赋给 q，让 p 指向下一结点，删除 q 指向的元素
    p=p->next;
    delete q;
    }
}
template <class T>
int linkedlist<T>::length( ) { // 返回结点个数
    return size;
}
template <class T>
void linkedlist<T>::insertFirst(const T value) { // 将 value 插入链表头结点之后
    if(size==0) { // 链表为空时，插入结点后要修改尾指针
    Node<T> *p=new Node<T>(value);
    head->next=p;
    tail=p;
    } else { // 链表不空时，插入结点的 next 指针要指向当前第一个结点
    Node<T> *p=new Node<T>(value,head->next);
    head->next=p;
    }
    size++;
}
template <class T>
void linkedlist<T>::append(const T value) { // 将 value 插入链表尾结点之后
    Node<T> *p=new Node<T>(value);
    tail->next=p;
    tail=p;
    size++;
}
template <class T>
bool linkedlist<T>::delFirst( ) { // 删除头结点之后的第一个结点
    if(size>0) {
    Node<T> *p;
```

```
        p=head->next;
        if(tail==p)
            tail=head;
        head->next=p->next;
        delete p;
        size--;
        return true;
        } else {
        cout << " 链表是空的，无法删除 " <<endl;
        return false;
        }
}
template <class T>
bool linkedlist<T>::delEnd( ) { // 删除尾结点
        if(tail==head) {
        cout << " 链表是空的，无法删除 " <<endl;
        return false;
        } else {
        Node<T> *p,*q; //p 指向最后一个结点，q 指向它的前一个结点
        p=head;
        while(p->next!=0) {
            q=p;
            p=p->next;
        }
        delete p;
        tail=q; // 尾节点元素被删除，q 成为新的尾节点
        q->next=0; // 将 q 的 next 置空
        size--;
        return true;
        }
}
template <class T>
bool linkedlist<T>::insert(const int i,const T value) { // 在下标为 p 的位置插入 value
        if(i<0||i>size-1) { // 判断位置是否合法
        cout << " 插入位置为无效位置 " <<endl;
        return false;
        }
        Node<T> *p,*q; //q 为新插入结点，p 为它的前一个结点
        p=getPos(i-1);
        q=new Node<T>(value,p->next);// 先将 q 的 next 指向 p 的 next，再修改 p 的 next
        p->next=q;
```

```
        if(p==tail)
        tail=q;
        size++;
        return true;
}
template <class T>
bool linkedlist<T>::deleteNode(const int i) { // 删除下标为 p 位置的结点
        Node<T> *p,*q; //q 为要删除的结点，p 为它的前一个结点
        if((p=getPos(i-1))==0||p==tail) {
        cout << " 删除位置为无效位置 " <<endl;
        return false;
        } else {
        q=p->next;
        if(q==tail)
            tail=p;
        p->next=q->next;
        delete q;
        size--;
        return true;
        }
}
template <class T>
void linkedlist<T>::display( ) { // 输出
        cout << " 链表长度 :" << size <<endl;
        if(size==0) {
        cout<<" 链表数据：无 "<<endl;
        return;
        }
        Node<T> *p;
        p=head;
        cout<<" 链表数据：" ;
        while(p->next!=0) {
        p=p->next;
        cout <<p->data <<' ';
        }
        cout<<endl << " 尾结点 :" << tail->data <<endl;
}
int main( ) {
        linkedlist<int> list;
        for(int i=0; i<10; i++)
        list.append(i);
```

```
    list.display( );
    list.delEnd( );
    cout<<" 删除尾结点后："<<endl;
    list.display( );
    list.clear( );
    cout<<" 清空链表后："<<endl;
    list.display( );
    for(int i=0; i<10; i++)
    list.insertFirst(i);
    list.display( );
    list.delFirst( );
    cout<<" 删除第一个结点后："<<endl;
    list.display( );
    list.insert(0,222);
    list.insert(9,333);
    list.insert(10,444);
    list.insert(12,555);
    cout<<" 插入一系列结点后："<<endl;
    list.display( );
    list.deleteNode(0);
    cout<<" 删除第一个结点后："<<endl;
    list.display( );
    list.deleteNode(10);
    cout<<" 删除第 10 个位置结点后："<<endl;
    list.display( );
    return 0;
}
```

运行结果如下：

```
链表长度：10
链表数据：0 1 2 3 4 5 6 7 8 9
尾结点：9
删除尾结点后：
链表长度：9
链表数据：0 1 2 3 4 5 6 7 8
尾结点：8
清空链表后：
链表长度：0
链表数据：无
链表长度：10
链表数据：9 8 7 6 5 4 3 2 1 0
尾结点：0
```

```
插入位置为无效位置
插入一系列结点后：
链表长度：12
链表数据：222 8 7 6 5 4 3 2 1 333 444 0
尾结点：0
删除第一个结点后：
链表长度：11
链表数据：8 7 6 5 4 3 2 1 333 444 0
尾结点：0
删除第 10 个位置结点后：
链表长度：10
链表数据：8 7 6 5 4 3 2 1 333 444
尾结点：444
```

从【例 9-11】中可以看出，如果成员函数在类模板外定义，其定义格式为：

```
template <class 虚拟类型参数 >
函数返回类型类模板名 < 虚拟类型参数 >:: 成员函数名 ( 函数形参列表 ){
…
}
```

例如：

```
template <class T>
T A<T>::sum( ){
    return (x+y);
}
```

如果有多个在类外定义的成员函数，则在每一个成员函数定义前都需要加上：
template <class 虚拟类型参数 >

说明：

1）类模板的类型参数可以有一个或多个，每个类型前面都必须加 class，例如：

```
template <class T1,class T2>
class someclass{
…
};
```

在定义对象时分别代入实际的类型名，例如：

```
someclass<int,double> obj;
```

2）非类型模板参数。模板参数并不局限于类型，普通值也可以作为模板参数。当要使用基于值的模板时，必须显式地指定这些值，才能够对模板进行实例化，并获得最终代码。例如：

```
template<typename T, int MAXSIZE>
// 参数 MAXSIZE 不指定具体值，由使用的用户自己指定
class Stack {
        private:
T elems[MAXSIZE];
…
```

```
};
void main( ) {
Stack<int, 20> int20Stack;  // 显式地指定 MAXSIZE 的值
Stack<int, 40> int40Stack;
...
};
```

9.6　C++ 标准模板库 STL 简介

标准模板库（Standard Template Library，STL）是 C++ 标准库的一个重要组成部分，它由 Stepanov and Lee 等人在惠普实验室工作时最先开发。1996 年，惠普公司免费公开了 STL，为 STL 的推广做了很大的贡献。从根本上说，STL 是一些"容器"的集合，这些"容器"有 list、vector、set、map 等，STL 也是算法和其他一些组件的集合。STL 的目的是标准化组件，这样就不用重新开发，可以使用现成的组件。STL 现在是 C++ 的一部分，因此不用额外安装。

在 C++ 标准中，STL 被组织为下面的 13 个头文件：<algorithm>、<deque>、<functional>、<iterator>、<vector>、<list>、<map>、<memory>、<numeric>、<queue>、<set>、<stack> 和 <utility>。

STL 可分为算法（algorithms）、容器（containers）、迭代器（iterators）、内存配置器（allocator）、适配器（adaptors）、仿函数（functors，也称函数对象）六个部分。下面对这几个部分进行简单介绍。

（1）算法

算法部分主要由头文件 <algorithm>、<numeric> 和 <functional> 组成。<algorithm> 是所有 STL 头文件中最大的一个，它是由一大堆模板函数组成的，可以认为每个函数在很大程度上都是独立的，其中常用到的功能范围涉及比较、交换、查找、遍历操作、复制、修改、移除、反转、排序、合并等；<numeric> 体积很小，只包括几个在序列上面进行简单数学运算的模板函数，包括加法和乘法在序列上的一些操作；<functional> 中则定义了一些模板类，用以声明函数对象。STL 提供了大约 100 个实现算法的模板函数。

（2）容器

容器是 STL 最重要的组成部分。容器类是以容纳其他对象为目的类，如 vector、list 等。每一个容器就是一个类模板，可依据需容纳对象类型的不同而生成不同的容器实例。例如，用 vector<int> 可定义整型数组，可以像普通的 int 型数组那样使用，但更为方便（大小可变动，有大量算法支持），更安全（可以随时获得大小信息，以避免下标越界），而且不用为内存空间的分配、释放操心。STL 中包含了大量的操纵存储于容器中的数据算法：倒置、插入、唯一化、排序等。

容器分为向量（vector）、双端队列（deque）、列表（list）、队列（queue）、堆栈（stack）、集合（set）、多重集合（multiset）、映射（map）、多重映射（multimap）。容器部分主要由头文件 <vector>、<list>、<deque>、<set>、<map>、<stack> 和 <queue> 组成。

（3）迭代器

一个容器可以作为一个整体来处理，但有时也需要处理其中的单个元素，这时就需要用到迭代器。STL 的所有容器都支持迭代器操作。迭代器是一种一般化的指针，可从容器中获得。调用容器的成员函数 begin( ) 可获得一个指向容器中第一个元素的迭代器，而调用 end( ) 则可获得

一个指向容器中结束位置（最后一个元素的下一个位置）的迭代器。调用 rbegin( ) 和 rend( ) 也可获得类似的迭代器，但用于反向扫描容器中的元素。迭代器提供 ++、-- 等操作，用以移动这种一般化的指针。使用迭代器的方式与使用普通指针有类似的地方。概括来说，迭代器在 STL 中用来将算法和容器联系起来，起着一种黏和剂的作用。几乎 STL 提供的所有算法都是通过迭代器存取元素序列进行工作的，每一个容器都定义了其本身所专有的迭代器，用以存取容器中的元素。

迭代器部分主要由头文件 <utility>、<iterator> 和 <memory> 组成。<utility> 是一个很小的头文件，它包括了贯穿使用在 STL 中的几个模板的声明，<iterator> 中提供了迭代器使用的许多方法，而对于 <memory> 的描述则十分的困难，它以不同寻常的方式为容器中的元素分配存储空间，同时也为某些算法执行期间产生的临时对象提供机制，<memory> 中的主要部分是模板类 allocator，它负责产生所有容器中的默认分配器。

（4）内存配置器

STL 的内存配置器在实际应用中几乎不用涉及，但它却在 STL 的各种容器背后默默做了大量的工作，STL 内存配置器为容器分配并管理内存。统一的内存管理使得 STL 库的可用性、可移植性以及效率都有了很大的提升。

（5）适配器

适配器是用来修改其他组件接口的 STL 组件，是带有一个参数的类模板（这个参数是操作的值的数据类型）。STL 定义了 3 种形式的适配器：容器适配器、迭代器适配器、函数适配器。

1）容器适配器：包括栈（stack）、队列（queue）、优先队列（priority_queue）。使用容器适配器，stack 就可以被实现为基本容器类型（vector、dequeue、list）的适配。可以把 stack 看作是某种特殊的 vector、deque 或者 list 容器，只是其操作仍然受到 stack 本身属性的限制。queue 和 priority_queue 与之类似。容器适配器的接口更为简单，只是受限比一般容器要多。

2）迭代器适配器：修改为某些基本容器定义的迭代器的接口的一种 STL 组件。反向迭代器和插入迭代器都属于迭代器适配器，迭代器适配器扩展了迭代器的功能。

3）函数适配器：通过转换或者修改其他函数对象使其功能得到扩展。这一类适配器有否定器（相当于“非”操作）、绑定器、函数指针适配器。函数对象适配器的作用就是使函数转化为函数对象，或是将多参数的函数对象转化为少参数的函数对象。

（6）仿函数

所谓仿函数（也称函数对象 Function object）就是定义了函数调用操作符 Operator( ) 的类对象。这样，当操作符 Operator( ) 作用于这样的对象时，在形式和功能上与调用一个函数相同，“函数对象”因此而得名。

函数对象的主要作用是作为参数传递给某些通用算法，从而进一步提高算法的通用性。STL 以模板类的形式提供了很多函数对象。程序设计者也可以设计自己的函数对象。很多函数对象可以 inline 展开，因而比起使用函数效率更高。函数对象可以有数据成员，因而能够保存程序的运行状态。

下面对 C++ 标准模板库 STL 的使用举一个例子。

【例 9-12】列表 list 的使用，list 属于顺序访问的容器。

```
#include <iostream>
#include <list>
using namespace std;
void display (list<int> _list) { // 参数为整数列表
```

```
        if(!_list.empty( )) { // 判断如为非空
        list<int>::iterator it; // 迭代器
        for(it=_list.begin( ); it!=_list.end( ); it++) {
            cout<<"\t"<<*it;
        }
        cout<<endl;
        } else
        cout<<"Null list"<<endl;
    }
    int main( ) {
        int array[5]= {1,22,7,9,3};
        list<int> list1;
        list1.insert(list1.begin( ),array,array+5); // 将数组 array 所有元素插入 list1
        cout<<"list1 中的元素为："<<endl;
        display(list1);
        list1.sort(greater<int>( ));// 按降序排列，greater 为降序函数对象
        cout<<" 降序排序后 list1 中的元素为："<<endl;
        display(list1);
        list1.sort( ); // 升序排列
        cout<<" 升序排序后 list1 中的元素为："<<endl;
        display(list1);
        list<int> list2=list1;
        for(int i=0; i<4; i++) { // 将列表中小于 4 的元素移除
           list2.remove(i);    //remove(val) 作用是移除列表中值为 val 的元素
        }
        cout<<" 移除小于 4 的元素后，list2 中的元素为："<<endl;
        display(list2);
        list1.merge(list2);       // 合并 list1 和 list2
        cout<<" 列表合并后，list1 中的元素为："<<endl;
        display(list1);
        cout<<" 列表合并后，list2 中的元素为："<<endl;
        display(list2);
        list1.reverse( );       // 逆序
        cout<<"list1 逆序后的元素为："<<endl;
        display(list1);
        return 0;
    }
```

运行结果如下：

```
list1 中的元素为：
        1       22      7       9       3
降序排序后 list1 中的元素为：
```

```
        22    9    7    3    1
升序排序后 list1 中的元素为：
        1    3    7    9    22
移除小于 4 的元素后，list2 中的元素为：
        7    9    22
列表合并后，list1 中的元素为：
        1    3    7    7    9    9    22    22
列表合并后，list2 中的元素为：
Null list
list1 逆序后的元素为：
        22    22    9    9    7    7    3    1
```

9.7 应用实例

【**例 9-13**】编写 Teacher 和 Student 两个类。setScore( ) 为 Teacher 类的成员函数，完成对学生的成绩赋值，将 setScore( ) 声明为 Student 类的友元函数。

```
#include<iostream>
#include<string>
using namespace std;
class Student; // 提前引用声明
class Teacher {
    public:
    Teacher(long num,string tn):tnumber(num),tname(tn) {} // 构造函数
    void setScore(Student& s,double sc);
    private:
    long tnumber;
    string tname;
};
class Student {
    public:
    Student(long num,string sn):snumber(num),sname(sn) {}
    friend void Teacher::setScore(Student& s,double sc);    // 友元函数
    double getScore( ) {
        return score;
    }
    string getName( ) {
        return sname;
    }
    private:
    long snumber;
    string sname;
```

```
    double score;
};
void Teacher::setScore(Student& s,double sc) {
    s.score=sc;
}
int main( ) {
    Teacher t(108,"Xue");
    Student s(123456,"Zhang");
    t.setScore(s,90); //Teacher t 将 Student s 成绩赋于 90
    cout<<s.getName( )<<" 学生成绩为："<<s.getScore( )<<endl;
    return 0;
}
```

运行结果如下：

```
Zhang 学生成绩为：90
```

【例 9-14】编写一个使用类模板对数组进行排序、查找和求元素和的程序。

```
#include<iostream>
using namespace std;
template <class T> // 模板虚拟类型 T
class Array {
    T *set;
    int n;
    public:
    Array(T *data,int i) {
        set=data;  // 构造函数
        n=i;
    }
    ~Array( ) {} // 析构函数
    void sort( ); // 排序
    int seek(T key); // 查找指定的元素
    T sum( ); // 求和
    void disp( ); // 显示所有的元素
};
template<class T>
void Array<T>::sort( ) {
    int i,j;
    T temp;
    for(i=1; i<n; i++)
    for(j=n-1; j>=i; j--)
        if(set[j-1]>set[j]) {
            temp=set[j-1];
            set[j-1]=set[j];
```

```
            set[j]=temp;
        }
}
template <class T>
int Array<T>::seek(T key) {
    int i;
    for(i=0; i<n; i++)
    if(set[i]==key)
        return i;
    return -1;
}
template<class T>
T Array<T>::sum( ) {
    T s=0;
    int i;
    for(i=0; i<n; i++)
        s+=set[i];
    return s;
}
template<class T>
void Array<T>::disp( ) {
    int i;
    for(i=0; i<n; i++)
        cout<<set[i]<<" ";
    cout<<endl;
}
int main( ) {
    int a[ ]= {6,3,8,1,9,4,7,5,2};
    double b[ ]= {2.3,6.1,1.5,8.4,6.7,3.8};
    Array<int>arr1(a,9); //int 型
    Array<double>arr2(b,6); //double 型
    cout<<" arr1:"<<endl;
    cout<<" 原序列 :";
    arr1.disp( );
    cout<<" 8 在 arr1 中的位置 :"<<arr1.seek(8)<<endl;
    arr1.sort( );
    cout<<" 排序后 :";
    arr1.disp( );
    cout<<"arr2:"<<endl;
    cout<<" 原序列 :";
    arr2.disp( );
```

```
        cout<<" 8.4 在 arr2 中的位置 :"<<arr2.seek(8.4)<<endl;
        arr2.sort( );
        cout<<" 排序后 :";
        arr2.disp( );
        return 0;
}
```

运行结果如下：

```
arr1:
原序列 :6 3 8 1 9 4 7 5 2
8 在 arr1 中的位置 :2
排序后 :1 2 3 4 5 6 7 8 9
arr2:
原序列 :2.3 6.1 1.5 8.4 6.7 3.8
8.4 在 arr2 中的位置 :3
排序后 :1.5 2.3 3.8 6.1 6.7 8.4
```

9.8　小结

在定义对象时，系统为对象分配相应的内存空间。一个对象所占的内存空间大小只取决于该对象中数据成员所占的空间，而与成员函数无关。所有同类的对象成员函数的代码空间是共享的，只是数据成员占用不同的内存空间。

对象在调用成员函数时，需要向其传递参数，而成员函数之所以能够区分这些参数来源于哪个对象，主要归功于 this 指针。this 指针是一个指向正在操作该成员函数的对象。

为了保证有些数据既可以在一定范围内实现共享，而又不被任意修改，可以使用 const 进行定义。包括：常对象、常数据成员、常成员函数、常指针、常引用。

为了在有些情况下能在类外直接使用类的私有成员或保护成员，C++ 提供了友元。某个类的友元可使用该类的所有数据成员和成员函数。友元分为友元函数和友元类。虽然友元方便了用户，但却破坏了数据的安全性，因此友元的使用要适度。

模板是 C++ 最常用的代码复用机制。如果一个类中数据成员的数据类型不能确定，或者是某个成员函数的参数或返回值的类型不能确定，就必须将此类声明为模板。模板的存在不是代表一个具体的、实际的类，而是代表着一类类。一个类模板允许用户为类定义一种模式，使得类中的某些数据成员、成员函数的参数、某些成员函数的返回值能够取任意类型（包括系统预定义的和用户自定义的）。STL 是 C++ 标准库的一个重要组成部分，使用 STL 可以大大简化程序的编写。

习　题

1. 问答题

（1）this 指针的含义是什么？它在 C++ 中的作用是什么？

（2）什么是友元函数？它有什么作用？怎样定义？

（3）使用 const 修饰符定义指针时，const 的位置对指针定义有何影响？
（4）常成员函数有何特点，在什么情况下需定义常成员函数？
（5）常数据成员的初始化如何实现？

2. 选择题

（1）如果类 A 被说明成类 B 的友元，则正确的叙述是（　　）。
A. 类 A 的成员即类 B 的成员
B. 类 B 的成员即类 A 的成员
C. 类 A 的成员函数不得访问类 B 的成员
D. 类 B 不一定是类 A 的友元

（2）关于友元函数的描述中，（　　）是错的。
A. 友元函数是成员函数，它被说明在类体内
B. 友元函数可直接访问类中的私有成员
C. 友元函数破坏封装性，使用时尽量少用
D. 友元类中的所有成员函数都是友元函数

（3）下列关于 this 指针的描述中，错误的是（　　）。
A. this 指针是一个由系统自动生成的指针
B. this 指针指向当前对象
C. this 指针在通过对象引用成员函数时系统创建
D. this 指针只能隐含使用，不能显式使用

（4）对于常成员函数，下列描述正确的是（　　）。
A. 常成员函数只能修改常数据成员
B. 常成员函数可以调用其他非 const 成员函数
C. 常成员函数绝对不能修改任何数据成员
D. 常成员函数只能通过常对象调用

（5）关于类模板的模板参数说法正确的是（　　）。
A. 只可作为数据成员的类型
B. 只可作为成员函数的返回值类型
C. 只可作为成员函数的参数类型
D. 既可作为数据成员的类型，也可说明成员函数的类型

（6）在程序代码：A::A(int a, int *b) { this->x = a; this->y = b; } 中，this 的类型是（　　）。
A. int　　B. int *　　C. A　　D. A *

（7）对于类模板 Tany，执行语句 Tany <int> ty(23,32); 后（　　）。
A. ty 是类模板名　　B. ty 是类名
C. ty 是对象名　　D. ty 是 int 型变量

（8）已知 print( ) 函数是一个类的常成员函数，返回值类型为 void，下列表示中，正确的是（　　）。
A. void print( ) const;　　B. const void print( );
C. void const print( );　　D. void print(const);

（9）定义类 A 的非静态成员函数 A&f(A& one) 时，需有语句 return exp; 则 exp 不能是（　　）。

A. 类 A 中类型为 A 的静态数据成员　　B. f 中用语句 A a = one; 定义的量 a

C. one　　D. *this

（10）下面对模板的声明，正确的是（　　）。

A. template<T>　　B. template<class T1, T2>

C. template<class T1, class T2>　　D. template<class T1; class T2>

3. 编程题

（1）设计一个类模板，其中包括数据成员 T a[n] 以及在其中进行查找数据元素的函数 int search(T)。

（2）使用类模板编写一个对具有 n 个元素的数组 x[ ] 求最大值的程序。

（3）设计一个类模板 Sample，用于对一个有序数组采用二分法查找元素下标。

（4）定义学生成绩类 Score，其私有数据成员有学号、姓名、物理、数学、外语、平均成绩。再定义一个能计算学生平均成绩的普通函数 Average( )，并将该普通函数定义为 Score 类友元函数。在主函数中定义学生成绩对象，通过构造函数输入除平均成绩外的其他信息，然后调用 Average( ) 函数计算平均成绩，并输出学生成绩的所有信息。

（5）有一个学生类 Student，包括学生姓名、成绩。设计一个友元函数，输出成绩对应的等级：大于等于 90：优；80～90：良；70～79：中；60～69：及格；小于 60：不及格。

第 10 章　运算符重载

运算符重载是 C++ 的一个新知识点，但如果把运算符看作是特殊的函数的话，则 C++ 运算符重载的本质是函数重载。通过运算符重载，不仅能使运算符应用于 C++ 基本数据类型的操作，而且也能用于更多用户自定义数据类型的操作，从而增强了 C++ 运算符的可扩充性，使 C++ 代码更直观、易读，并且易于对用户自定义数据类型进行操作。

10.1　运算符重载

在介绍运算符重载的概念之前，首先回顾一下函数重载的相关知识。在前面的章节中，已经学习过函数重载的概念及实现方法，明确了函数重载的实质是函数名重载，即支持多个不同的函数采用同一名字，例如：

```
int add(int a,int b) {  // 整型变量求和运算
    return a+b;
}
float add(float a,float b) {  // 单精度实型变量求和运算
    return a+b;
}
double add(double a,double b) {  // 双精度实型变量求和运算
    return a+b;
}
```

以上 3 个函数的功能都是求和运算，使用同一个函数名 add，完成了对整型、单精度实型和双精度实型 3 种类型变量的求和运算，用户仅需要记忆一个函数名，即可实现对不同数据类型的求和运算操作，更加符合用户的习惯，也便于记忆。

与上面使用场景类似，在程序设计过程中程序员经常面临类似的问题：对于若干种不同数据类型的运算，参与运算的数据变量本身类型不同（如整型变量、实型变量、字符串变量、用户自定义变量等），具体的运算操作含义类似（如 + 运算），但具体运算操作实现的功能不同（例如，整型变量的“+”运算是求和，字符串变量的“+”运算是求字符串的连接），对于这样的场景，人们考虑是否能把函数重载的概念扩展到运算符的使用中，使不同运算操作的运算符可以取相同的名字。

C++ 语言中的运算符实际上是函数的方便表示形式，例如，算术运算符“+”也可以表示为函数形式：

```
int add(int a,int b){
    return a+b;
}
```

此时，a+b 和 add(a,b) 的含义是一样的。既然函数可以重载（使用相同的函数名表示不同数据类型的运算），那么运算符也可以重载。

运算符重载的语法为：

```
函数类型 operator 运算符名称 ( 形参列表 ) {
    运算符重载处理
}
```

运算符重载的语法中，operator 是 C++ 中专门用于定义运算符重载的关键字，运算符名称是 C++ 提供的预定义运算符（可以重载的运算符见下节），形参列表是重载运算符所需要的参数。下面结合一个例子，说明运算符重载的实现方法。

【**例 10-1**】复数运算重载举例。

```
#include<iostream>
using namespace std;
class Complex {
    public:
        Complex( ) {
            real=0;
            imag=0;
        }
        Complex(double r,double i) {
            real=r;
            imag=i;
        }
        Complex operator+(Complex &c2);
        Complex operator-(Complex &c2);
        void display( );
    private:
        double real;
        double imag;
};
Complex Complex::operator+(Complex &c2) {
    Complex c;
    c.real=real+c2.real;
    c.imag=imag+c2.imag;
    return c;
}
Complex Complex::operator-(Complex &c2) {
    Complex c;
    c.real=real-c2.real;
    c.imag=imag-c2.imag;
    return c;
}
void Complex::display( ) {
    cout<<"("<<real<<","<<imag<<"i)"<<endl;
}
```

```
int main( ) {
    Complex c1(3,4),c2(5,-10),c3;
    c3=c1+c2;
    cout<<"c1+c2=";
    c3.display( );
    c3=c1-c2;
    cout<<"c1-c2=";
    c3.display( );
    return 0;
}
```

运行结果如下：

```
c1+c2=(8,-6i)
c1-c2=(-2,14i)
```

在【例 10-1】中，对运算符“+”和“-”进行了重载，使得复数对象 c1、c2 之间也能像普通的实型变量一样进行“+”和“-”的运算，方便了用户的操作。其实质是运算符重载，c1+c2 等价于 c1.operator+(c2)，c1-c2 等价于 c1.operator-(c2)。

10.2 运算符重载规则

C++ 中的多数运算符都可以重载，这些运算符包括：

单目运算符：

```
-，～，！，++，--，new，delete
```

双目运算符：

```
+，-，*，/,%                    （算术运算符）
&，|，^，<<，>>                 （位运算符）
&&，||                          （逻辑运算符）
==，！=，<，<=，>，>=            （关系运算符）
=，+=，-=，*=，/=，%=           （赋值运算符）
^=，&=，|=，>>=，<<=            （赋值运算符）
，                              （逗号运算符）
<<，>>                          （I/O 运算符）
()，[]                          （其他运算符）
```

在使用运算符重载时需要注意以下几点：

1）C++ 中有 5 个运算符不能重载，它们依次是：

```
成员访问运算符 .
作用域运算符 ::
条件运算符 ?:
成员指针运算符 *
长度运算符 sizeof( )
```

2）重载运算符时，不能改变运算符的优先级、结合性、操作数的数目，也不能改变运算符的语法语义。

3）运算符重载有两种实现形式，分别是类的成员函数和友元函数，其中只能使用类的成员函数形式重载的运算符有“=”“( )”“[ ]”“->”“new”“delete”。

4）算术运算符、逻辑运算符、位运算符和关系运算符中的“<”“>”“<=”“>=”运算符都与基本数据类型相关，通过运算符重载，能够使它们适用于用户自定义数据类型的运算。

5）赋值运算符“=”、关系运算符“==”“!=”、指针运算符“&”和“*”、下标运算符“[ ]”等运算符所涉及的数据类型按照 C++ 语言规定，并非只限于基本数值类型。因此，这些运算符可以自动地扩展到任何用户自定义数据类型，一般不需要做重载定义就可“自动”地实现重载（当然也有特殊的情况，需要根据具体情况重新进行重载）。

6）单目运算符“++”和“--”分别有两种不同的用法，即前置自增（自减）和后置自增（自减）。对于这两种不同的用法，编译器无法从重载函数的原型上予以区分，因为函数名（operate ++）的参数表完全一样。为了区别前置自增（自减）和后置自增（自减），C++ 语言规定，在后置自增（自减）的重载函数原型参数表中增加一个 int 型的无名参数，例如，运算符“++”的原型形式为：

```
前置自增 ++：    < 类型 > operator ++( )            // 作为类成员
              < 类型 > operator ++(< 类型 >)      // 作为友元函数
后置自增 ++：    < 类型 > operator ++(int)          // 作为类成员
              < 类型 > operator ++(< 类型 >，int)  // 作为友元函数
运算符“--”的重载方法类似，我们把它留给读者思考。
```

10.3　运算符重载的实现形式

运算符重载可以有两种实现形式：一种形式是重载为类的成员函数，另一种形式是重载为友元函数，下面分别详细介绍这两种实现方法。

10.3.1　重载为类的成员函数

将运算符重载为类的成员函数时，在此函数中可以访问本类的任何数据成员和成员函数。实际使用时，总是通过该类的某个对象来访问重载的运算符，下面分别介绍单目运算符和双目运算符的重载方法。

（1）单目运算符重载为类的成员函数

将单目运算符重载为类的成员函数时，唯一的操作数就是对象本身，所以无需传递任何参数（实际上是通过对象的 this 指针访问该类的成员）。此外，单目运算符还有前置和后置之分，对于前置单目运算符（如“++”“--”），如果想实现用表达式 ++object1 或 --object1（其中 object1 为类 A 的对象），将其重载为类的成员函数时，不需要形参。经过重载之后，表达式 ++object1 和 --object1 相当于函数调用 object1.operator++( ) 和 object1.operator--( )。

当单目运算符（如“++”“--”）后置时，如果想实现表达式 object1++ 或 object1--（其中 object1 为类 A 的对象），将其重载为类的成员函数，函数要带有一个整型 (int) 形参（仅仅是为了让编译器从重载函数的原型上区分前置和后置）。重载之后，表达式 object1++ 和 object1-- 就相当于函数调用 object1.operator++(0) 和 object1.operator--(0)。

【例 10-2】单目运算符重载为类的成员函数举例，实现时间对象的自增自减运算。

```
#include <iostream>
using namespace std;
```

```
class Time {
    public:
        Time( ) {
            minute=0;
            sec=0;
        }
        Time(int m,int s):minute(m),sec(s) {}
        Time& operator++( );    // 前置 ++
        Time& operator--( );    // 前置 --
        Time operator++(int);  // 后置 ++
        Time operator--(int);  // 后置 --
        void display( ) {
            cout<<minute<<":"<<sec<<endl;
        }
    private:
        int minute;
        int sec;
};
Time& Time::operator++( ) {
    sec+=1;
    if(sec>=60) {
        sec-=60;
        ++minute;
    }
    return *this;
}
Time Time::operator++(int) {
    Time result=*this;
    sec+=1;
    if(sec>=60) {
        sec-=60;
        ++minute;
    }
    return result;
}
Time& Time::operator--( ) {
    sec=sec-1;
    if(sec<0) {
        sec+=60;
        --minute;
    }
```

```
        return *this;

    }
    Time Time::operator--(int) {
        Time result=*this;
        sec=sec-1;
        if(sec<0) {
            sec+=60;
            --minute;
        }
        return result;

    }
    int main( ) {
        Time time1(34,0);
        ++time1;
        cout<<"++time1 后的结果 "<<endl;
        time1.display( );
        time1++;
        cout<<"time1++ 后的结果 "<<endl;
        time1.display( );
        --time1;
        cout<<"--time1 后的结果 "<<endl;
        time1.display( );
        time1--;
        cout<<"time1-- 后的结果 "<<endl;
        time1.display( );
        return 0;
    }
```

运行结果如下：

```
++time1 后的结果
34:1
time1++ 后的结果
34:2
--time1 后的结果
34:1
time1-- 后的结果
34:0
```

（2）双目运算符重载为类的成员函数

对于双目运算符 B（如加运算符“+”），如果想实现表达式 object1 B object2（其中 object1 和 object2 为类 A 的对象），将其重载为类的成员函数，函数只需要一个形参，形参的类型是

object1 所属的类型。经过重载之后，表达式 object1 B object2 就相当于函数调用 object1.operator B(object2)。

下面通过一个复数加减法的例子说明双目运算符重载的实现方法。

【例 10-3】双目运算符重载为类的成员函数举例，实现复数的乘除运算（注意：复数的加减运算请自行查阅相关资料）。

```
#include <iostream>
using namespace std;
class  CComplex {                              // 复数类声明
    private:
        double real;
        double imag;
    public:
        CComplex(double r=0, double i=0);
        void Print( );
        CComplex operator *(CComplex c);               // 声明运算符函数，重载 *
        CComplex operator /(CComplex c);               // 声明运算符函数，重载 /
};
CComplex::CComplex (double  r, double i) {
    real = r;
    imag = i;
}
void CComplex::Print( ) {
    cout << "(" << real << "," << imag << ")" << endl;
}
CComplex CComplex::operator *(CComplex c) {   // 定义 * 运算符函数
    CComplex temp;
    temp.real = real*c.real -imag*c.imag ;
    temp.imag = imag*c.real + real*c.imag;
    return temp;
}
CComplex CComplex::operator /(CComplex c) {   // 定义 / 运算符函数
    CComplex temp;
    temp.real = (real*c.real + imag*c.imag)/(c.real*c.real+c.imag*c.imag);
    temp.imag = (imag*c.real - real*c.imag)/(c.real*c.real+c.imag*c.imag);
    return temp;
}
int main(void) {
    CComplex  c1(1, 1), c2(3, -2), c;
    c = c1*c2;
    cout << "c = ";
    c.Print( );
```

```
        CComplex  c3(3, 4), c4(1,1);
        c = c3/c4;
        cout << "c = ";
        c.Print( );
        return 0;
    }
```

运行结果如下：

```
    c = (5,1)
    c = (3.5,0.5)
```

10.3.2　重载为友元函数

运算符重载也可以通过类的友元函数实现。此时，运算符所需要的操作数都需要通过函数的形参表来传递，参数表中形参从左到右的顺序就是运算符操作数的顺序。

（1）单目运算符重载为友元函数

由于单目运算符分为前置运算符和后置运算符两种不同的形式，下面分别进行说明：

对于前置单目运算符（如“++”和“--”），如果要实现表达式 ++object1 或 --object1（其中 object1 为类 A 的对象），将其重载为类 A 的友元函数，函数的形参为类 A 的对象。经过重载之后，表达式 ++object1 和 --object1 就相当于函数调用 operator++(object1) 和 operator--(object1)。

当单目运算符（如“++”和“--”等）后置时，如果要实现表达式 object1++ 或 object1--（其中 object1 为 A 类的对象），将其重载为类 A 的友元函数时，函数形参有两个，一个是 A 类对象 object1，另一个是整型（int）形参，第二个参数是用于与前置运算符函数相区别的。重载之后，表达式 object1++ 和 object1-- 就相当于函数调用 operator++(object1,0) 和 operator--(object1,0)。

【例 10-4】单目运算符重载为友元函数举例。

```
    #include <iostream>
    using namespace std;
    class Time {
        public:
            Time( ) {
                minute=0;
                sec=0;
            }
            Time(int m,int s):minute(m),sec(s) {}
            friend Time& operator++(Time &t);              // 前置 ++
            friend Time& operator--(Time &t);              // 前置 --
            friend Time operator++(Time &t,int);        // 后置 ++
            friend Time operator--(Time &t,int);        // 后置 --
            void display( ) {
                cout<<minute<<":"<<sec<<endl;
            }
        private:
```

```
        int minute;
        int sec;
};
Time& operator++(Time &t) {
    t.sec+=1;
    if(t.sec>=60) {
        t.sec-=60;
        ++t.minute;
    }
    return t;
}
Time operator++(Time &t,int) {
    Time result=t;
    t.sec+=1;
    if(t.sec>=60) {
        t.sec-=60;
        ++t.minute;
    }
    return result;
}
Time operator--(Time &t,int) {
    Time result=t;
    t.sec=t.sec-1;
    if(t.sec<0) {
        t.sec+=60;
        --t.minute;
    }
    return result;
}
Time& operator--(Time &t) {
    t.sec=t.sec-1;
    if(t.sec<0) {
        t.sec+=60;
        --t.minute;
    }
    return t;
}

int main( ) {
    Time time1(34,0);
    ++time1;
```

```
        cout<<"++time1 后的结果 "<<endl;
        time1.display( );
        time1++;
        cout<<"time1++ 后的结果 "<<endl;
        time1.display( );
        --time1;
        cout<<"--time1 后的结果 "<<endl;
        time1.display( );
        time1--;
        cout<<"time1-- 后的结果 "<<endl;
        time1.display( );
        return 0;
    }
```

运行结果如下：

```
    ++time1 后的结果
    34:1
    time1++ 后的结果
    34:2
    --time1 后的结果
    34:1
    time1-- 后的结果
    34:0
```

（2）双目运算符重载为友元函数

对于双目运算符 B，如果它的一个操作数为类 A 的对象，就可以将 B 重载为类 A 的友元函数，该函数有两个形参，其中一个形参的类型是类 A。经过重载之后，表达式 object1 B object2 就相当于函数调用 operator B(object1，object2)。

【例 10-5】双目运算符重载为友元函数举例。

```
    #include<iostream>
    using namespace std;
    class TriCoor {
        public:
            TriCoor(int mx = 0,int my = 0,int mz = 0);
            friend TriCoor operator + ( TriCoor &t1, TriCoor &t2) ;
            friend TriCoor operator - ( TriCoor &t1, TriCoor &t2) ;
            friend TriCoor& operator ++ (TriCoor &t) ;
            void show( ) ;
            void assign( int mx, int my, int mz ) ;
        private:
            int x, y, z ;        // 3_d coordinates
    } ;
    TriCoor::TriCoor( int mx, int my, int mz ) {
```

```
    x = mx ;
    y = my ;
    z = mz ;
}
TriCoor operator + (TriCoor &t1, TriCoor &t2) {
    TriCoor temp ;
    temp.x = t1.x + t2.x ;
    temp.y = t1.y + t2.y ;
    temp.z = t1.z + t2.z ;
    return temp ;
}

TriCoor operator - ( TriCoor &t1, TriCoor &t2 ) {
    TriCoor temp ;
    temp.x = t1.x-t2.x ;
    temp.y = t1.y-t2.y ;
    temp.z = t1.z-t2.z ;
    return temp ;
}

TriCoor& operator ++ (TriCoor &t) {
    t.x ++ ;
    t.y ++ ;
    t.z ++ ;
    return t ;
}

void TriCoor :: show( ) {
    cout << x << " , " << y << " , " << z << endl;
}

void TriCoor::assign( int mx, int my, int mz ) {
    x = mx;
    y = my;
    z = mz;
}
int main( ) {
    TriCoor a( 1, 2, 3 ), b, c ;
    a.show( );
    b.show( );
    c.show( );
```

```
        for(int i = 0; i < 5; i ++ ) ++b ;
        b.show( ) ;
        c.assign( 3, 3, 3 ) ;
        c = a + b;
        c.show( );
        c = b = a;
        c.show( ) ;
        return 0;
    }
```

运行结果如下：

```
1 , 2 , 3
0 , 0 , 0
0 , 0 , 0
5 , 5 , 5
6 , 7 , 8
1 , 2 , 3
```

10.4　应用实例

【**例 10-6**】重载赋值运算符“=”。

分析：在本例中，通过重载赋值运算符“=”，使其适用于 String 类型（自定义数据类型）的赋值运算，基本思路是使用 C++ 语言中的 strcpy( ) 函数实现两个字符串的直接赋值。

```
#include <iostream>
#include <cstring>
using namespace std;
class String {
    public:
        String( ) {                              // 定义构造函数
            cout<<"String( )..."<<endl;
            len=0;
            con=0;
        }
        String(String &str) {
            cout<<"String(String &str)..."<<endl;
            len=str.len;
            if(str.len) {
                con=new char[len+1];
                strcpy(con,str.con);
            }
        }
        String(char *str) {
```

```
            cout<<"String(char *)..."<<endl;
            if(str) {
                len=strlen(str);
                con=new char[len+1];
                strcpy(con,str);
            } else {
                len=0;
                con=0;
            }
        }
        ~String( ) {                              //声明析构函数
            cout<<"~String( )... ";
            if(con) {
                cout<<"con="<<con<<endl;
                delete [ ]con;
            }
        }
        friend String & operator +(String s1,String s2);          //声明运算符函数，重载+
        String & operator =(String &str) {                        //声明运算符函数，重载=
            cout<<"operator ="<<endl;
            if(this == &str) {
                return *this;
            } else {
                len=str.len;
                if(con)
                    delete [ ]con;
                con=new char[len+1];
                strcpy(con,str.con);
                return *this;
            }
        }
    private:
        int len;
        char *con;
};
String & operator +(String s1,String s2) {              //定义运算符函数
    String st;
    st.len=s1.len+s2.len;
    if(st.con)
        delete [ ]st.con;
    st.con=new char[st.len+1];
```

```
        strcpy(st.con,s1.con);
        strcat(st.con,s2.con);
        s1 = st;
        return s1;
    }
    int main( ) {
        String s1("123"),s2("45678"),s3;
        s3=s1+s2;
        return 0;
    }
```

运行结果如下：

```
String(char *)...
String(char *)...
String( )...
String(String &str)...
String(String &str)...
String( )...
operator =
~String( )... con=12345678
operator =
~String( )... con=12345678
~String( )... con=45678
~String( )... con=12345678
~String( )... con=45678
~String( )... con=123
```

【**例 10-7**】重载输入输出运算符。

分析：C++ 的输入输出运算符能够自动判断输入输出变量的类型（仅指简单数据类型），方便了用户进行输入输出的操作。但其并不适用于用户定义数据类型。在本例中针对 MatrixOper（矩阵）类型，重新定义了输入输出运算符的功能，使其能够直接对 MatrixOper（矩阵）对象进行输入和输出操作，能够极大地方便用户输入和输出操作。

```
#include <iostream>
#include <cstring>
#include <iomanip>
using namespace std;
class MatrixOper { // 声明运算符函数，重载 >>、<<、+、-、*
    public:
        friend istream& operator>>(istream& in,MatrixOper& m_matrix);
        friend ostream& operator<<(ostream& out,MatrixOper& m_matrix);
        friend MatrixOper& operator+(MatrixOper& m_matrix1,MatrixOper& m_matrix2);
        friend MatrixOper& operator-(MatrixOper& m_matrix1,MatrixOper& m_matrix2);
        friend MatrixOper& operator*(MatrixOper& m_matrix1,MatrixOper& m_matrix2);
```

```
        MatrixOper(int m_row,int m_col):row(m_row),col(m_col) {
            if (m_col<=0||m_row<=0) {
                cout<<"Invalidate row or col "<<endl;
                return ;
            }
            Value=new double[m_row*m_col];
            memset(Value,0,sizeof(double)*m_col*m_row);
        }
        ~MatrixOper( ) { // 析构函数
            if (this->Value) {
                delete [ ]Value;
                Value=NULL;
            }
            return ;
        }
        void InitMatrix( ) {
            cout<<"please input the matrix data:"<<endl;
            cin>>*this;
        }
        // 运算符函数定义
        double& operator( )(int row,int col);
        MatrixOper& operator=(const MatrixOper&);
    private:
        int row;
        int col;
        double* Value;
};
double& MatrixOper::operator( )(int m_row,int m_col) {
    if(m_col>=1&&m_col<=col&&m_row>=1&&m_row<=row) {
        return Value[(m_row-1)*col+(m_col-1)];
    } else {
        return Value[0];
    }
}
MatrixOper& MatrixOper::operator=(const MatrixOper& m_matrix1) {
    if (this==&m_matrix1) {
        cout<<"This is the same object"<<endl;
    } else {
        this->row=m_matrix1.row;
        this->col=m_matrix1.col;
        memcpy(this->Value,m_matrix1.Value,sizeof(double)*m_matrix1.row*m_matrix1.col);
```

```
        }
        return *this;
    }
    istream& operator>>(istream& in,MatrixOper& m_matrix) {
        int Index=0;
        while (Index<m_matrix.col*m_matrix.row) {
            in>>m_matrix.Value[Index];
            Index++;
        }
        return in;
    }
    ostream& operator<<(ostream& out,MatrixOper& m_matrix) {
        for (int i=1; i<=m_matrix.row; i++) {
            for (int j=1; j<=m_matrix.col; j++) {
                out<<setw(5)<<m_matrix(i,j);
            }
            cout<<endl;
        }
        return out;
    }
    MatrixOper& operator+(MatrixOper& m_matrix1,MatrixOper& m_matrix2) {
        static MatrixOper result(m_matrix1.row,m_matrix1.col);
        if (m_matrix1.row!=m_matrix2.row||m_matrix1.col!=m_matrix2.col) {
            cout<<"The two matrix cannot be added"<<endl;
        } else {
            for (int i=1; i<=m_matrix1.row; i++)
                for (int j=1; j<=m_matrix1.col; j++) {
                    result(i,j)=m_matrix1(i,j)+m_matrix2(i,j);
                }
        }
        return result;
    }
    MatrixOper& operator-(MatrixOper& m_matrix1,MatrixOper& m_matrix2) {
        static MatrixOper result(m_matrix1.row,m_matrix1.col);
        if (m_matrix1.row!=m_matrix2.row||m_matrix1.col!=m_matrix2.col) {
            cout<<"the two matrix cannot be match"<<endl;
        } else {
            for (int i=1; i<=m_matrix1.row; i++) {
                for (int j=1; j<=m_matrix1.col; j++) {
                    result(i,j)=m_matrix1(i,j)-m_matrix2(i,j);
                }
```

```
            }
        }
        return result;
    }
    MatrixOper& operator*(MatrixOper& m_matrix1,MatrixOper& m_matrix2) {
        static MatrixOper result(m_matrix1.row,m_matrix2.col);
        if (m_matrix1.col!=m_matrix2.row) {
            cout<<"The row of the matrix is not match"<<endl;
        } else {
            double temp=0;
            for (int i=1; i<=m_matrix1.row; i++) {
                for (int j=1; j<=m_matrix2.col; j++) {
                    temp=0;
                    for (int k=1; k<=m_matrix1.col; k++) {
                        temp+=m_matrix1(i,k)*m_matrix2(k,j);
                    }
                    result(i,j)=temp;
                }
            }
        }
        return result;
    }
    int main( ) {
        MatrixOper a(2,2),b(2,2);
        a.InitMatrix( );
        b.InitMatrix( );
        cout<<"The Data of matrix A is:"<<endl<<a;
        cout<<"The Data of matrix B is:"<<endl<<b;
        cout<<"The Data of matrix A+B="<<endl<<a+b;
        cout<<"The Data of matrix A-B="<<endl<<a-b;
        cout<<"The Data of matrix A*B="<<endl<<a*b;
        return 0;
    }
```

运行结果如下：

```
please input the matrix data:
1 2
3 4
please input the matrix data:
5 6
7 8
The Data of matrix A is:
```

```
    1    2
    3    4
The Data of matrix B is:
    5    6
    7    8
The Data of matrix A+B=
    6    8
   10   12
The Data of matrix A-B=
   -4   -4
   -4   -4
The Data of matrix A*B=
   19   22
   43   50
```

10.5　小结

本章介绍了运算符重载的概念。运算符重载的实质为函数重载，通过运算符重载方便用户使用已有运算符操作用户自定义数据类型，扩展了 C++ 中已有运算符的使用范围。

C++ 中的多数运算符都可以被重载，重载后的运算符保持原运算符的优先级别、结合方向等特性不变。C++ 中运算符重载主要有两种实现方法：一是通过类的成员函数实现运算符重载；二是通过友元函数实现运算符重载。对于常用的单目运算符和双目运算符，分别讨论了使用类的成员函数和使用友元函数重载的不同实现方法及注意事项。

在实例研究中，通过多个例子说明了不同类型运算符重载的应用场合，加强对运算符重载的理解。

习　题

1. 简答题

（1）运算符重载实质是什么？有什么作用？

（2）运算符重载有几种实现形式，分别是什么，有什么区别？

2. 选择题

（1）下列运算符中，（　　）运算符在 C++ 中不能重载。

A. ?:　　B. [ ]　　C. new　　D. &&

（2）下面关于友元的描述中，错误的是（　　）。

A. 友元函数可以访问该类的私有数据成员

B. 一个类的友元类中的成员函数都是这个类的友元函数

C. 友元可以提高程序的运行效率

D. 类与类之间的友元关系可以继承

3. 程序阅读题

（1）分析下列程序的输出结果。

```
#include <iostream>
#include <string.h>
using namespace std;
class Words
{public:
        Words(char *s){
    str=new char[strlen(s)+1];
            strcpy(str,s);
        }
        void Print( ) { cout<<str<<endl; }
        char& operator [ ](int i) { return *(str+i); }
private:
        char *str;
};
void main( ){
        char *s="hello";
           Words word(s);
           word.Print( );
           int n=strlen(s);
           while(n>=0){
              word[n-1]=word[n-1]-32;
              n--;
           }
           word.Print( );
}
```

（2）分析下列程序的输出结果。

```
#include <iostream>
#include <string.h>
#include <stdlib.h>
using namespace std;
class Sales{
public:
void Init(char n[ ]) { strcpy(name,n); }
int& operator[ ](int sub);
char* GetName( ) { return name; }
private:
char name[25];
int divisionTotals[5];
```

```
};
int& Sales::operator [ ](int sub){
if(sub<0||sub>4){
cerr<<"Bad subscript! "<<sub<<" is not allowed."<<endl;
        abort( );
  }
  return divisionTotals[sub];
}
void main( )
{   int totalSales=0,avgSales;
    Sales company;
    company.Init("Swiss Cheese");
    company[0]=123;
    company[1]=456;
    company[2]=789;
    company[3]=234;
    company[4]=567;
    cout<<"Here are the sales for "<<company.GetName( )<<"'s divisions:"<<endl;
    for(int i=0;i<5;i++)
        cout<<company[i]<<"\t";
    for(i=0;i<5;i++)
        totalSales+=company[i];
  cout<<endl<<"The total sales are "<<totalSales<<endl;
  avgSales=totalSales/5;
  cout<<"The average sales are "<<avgSales<<endl;
}
```

4. 编程题

（1）定义 Point 类，有数据成员 X 和 Y，重载 ++ 和 -- 运算符，要求同时重载前缀方式和后缀方式。

（2）声明计数器 Counter 类，对其重载运算符“+”。

（3）分别用成员函数和友元函数重载运算符，使对实型的运算符 =、+、-、*、/ 适用于复数运算。

（4）复数的乘法运算，在上例的基础上添加乘法运算符重载函数。

第 11 章　继承与派生

继承与派生是面向对象程序设计的重要特性，是人们对自然界中事物间关系观察、分类的体现，反映了事物从抽象到具体的描述。有了继承与派生的机制，程序员就可以从一个抽象的基类开始，以较小的代价建立起一个派生类，派生类在继承基类成员的基础上，还可以进行改进和扩展，不仅实现了“代码重用”，而且也保持了足够的灵活性。

11.1　类的继承与派生

11.1.1　继承与派生的实例

面向对象程序设计中类的继承和派生的概念，是人们对自然界中事物进行观察、分类和认识过程在程序设计中的体现。尽管现实世界中的事物纷繁复杂，但它们之间都是相互联系、相互作用的。人们在认识事物过程中，首先依据这些事物的实际特征，提炼共同特性，忽略细微差别，然后再利用分类的方法进行分析和描述。例如，对于运输工具分类的问题，可用图 11-1 所示的分类树说明。

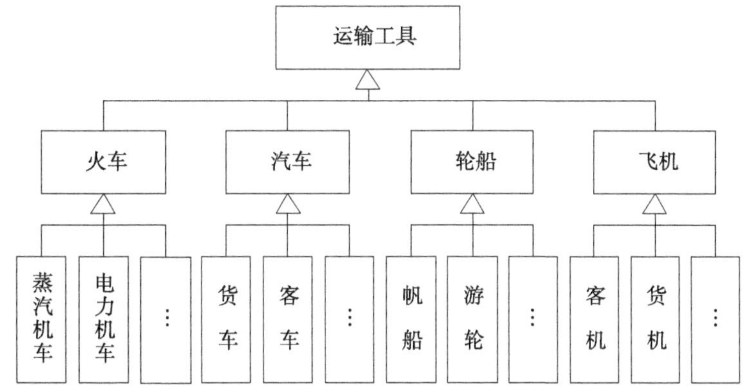

图 11-1　运输工具分类示意图

图 11-1 所示的运输工具分类示意图反映了运输工具的派生关系，最高层（如运输工具）的抽象程度最高，是最具有普遍和一般意义的概念，下层具有上层的特性，同时也加入了自己的新特性，而最下层（如电力机车、客车）是最具体的。在这个层次结构中，由上到下是一个具体化、特殊化的过程；由下到上，是一个抽象化、概括化的过程。上下层之间的关系可以看作是基类与派生类的关系。

假如要开发一个系统对这四类运输工具（火车、汽车、轮船、飞机）进行管理。在系统中不仅需要管理这些运输工具的属性信息，如编号、名称、速度、燃料类型、载客量或载货量等，还要管理这些运输工具的动态信息（如燃油消耗计算、运输费用计算等），由于这些动态信息的计算方法都不尽相同，因此不能用同一个类来描述，只能考虑设计四个类分别描述这四类运输工具。该如何描述这四类运输工具呢？最简单的方法应该是首先统一描述运输工具的共性，包括针对所有运输工具都应该具有的处理功能（如描述该运输工具的名称、编号等）；其次当描述到每一类具体的运输工具时，首先说明它是运输工具，然后在此基础上逐一描述特殊运输工具的个性（如不同的燃油消耗计算方法和运输费用计算方法），其中还包括对同种功能的不同实现方法（如客车和货车的燃油计算方法是不一样的）。这种描述方法反映到面向对象的程序设计中就是类的继承与派生，对各类运输工具的统一描述构成了一个基类（或称父类），而对每一类具体运输工具的详细描述则可以通过从基类导出的派生类（或称子类）来实现。

面向对象程序设计的重要特性之一就是代码重用，通过代码重用能提高程序的开发效率。为了达到这个目的，在面向对象的程序设计中，采取的措施之一就是使用继承与派生。类的派生实际是一种演化、发展过程，即通过扩展、改进和具体化，从一个已知类出发建立一个新类，通过类的派生可以建立具有共同关键特征的对象家族，从而实现代码重用。

11.1.2　派生类定义

在 C++ 中，派生类的定义如下：

```
class 派生类名 : 继承方式  基类名 {
    派生类成员声明
};
```

注意：

1）class 是系统关键字，用于告诉编译器声明的是一个类。

2）派生类名是新声明的类名，类名必须符合 C++ 标识符的命名规定。

3）继承方式有三种，分别为 private（私有继承）、public（公用继承）和 protected（保护继承），默认情况下是 private。类的继承方式决定了派生类成员以及类外对象对从基类继承来的成员的访问权限，在后面的章节中会有详细介绍。

4）派生类成员声明是指派生类新增的数据成员和成员函数，这些新增成员体现了派生类与基类的不同，是派生类对基类的扩充和发展。当然，派生类也继承了基类的成员。

例如，定义人员类及其派生类学生类和教师类：

```
class Person {  // 定义 Person 类
    public:
    Person(const char* Name,int Age,char Sex);              //Person 类构造函数
    char* GetName( );
    int  GetAge( );                                          //Person 类成员函数的声明
    char  GetSex( );
    void  Display( );
    private:
    char  name[11];
    char  sex;
    int  age;
};
class Student:public Person {              // 定义公用继承的 Student 类
    public:
    Student(char* pName,int Age,char Sex,char* pId,float score):Person(pName,Age,Sex);
                                                             // 派生类的构造函数
    char * GetId( );                        // 派生类的新成员
    float  GetScore( );                     // 派生类的新成员
    void  Display( );                       // 派生类的新成员
    private:
    char sid[9];
```

```
        float score;
    };
    class Teacher:public Person {                    // 定义公用继承的教师类
        public:
        Teacher(char* pName,int Age,char Sex,char* pId,char* pprof,float Salary):
        Person(pName,Age,Sex) ;                      // 派生类的构造函数
        char* GetId( );                              // 派生类的新成员
        char* GetProf( );                            // 派生类的新成员
        float GetSalary( );
        void Display( );                             // 派生类的新成员
        private:
        char id[9];
        char prof[12];
        float salary;
    };
```

在上面的例子中，可以看出在基类 Person 的基础上，定义了派生类 Student 和类 Teacher。其中派生类 Student 和 Teacher 完全继承了基类 Person 的成员（数据成员和成员函数），实现了“代码重用”；同时派生类 Student（增加了 sid、score、GetId( ) 等数据成员及成员函数）和 Teacher（增加了 id、prof、GetSalary( ) 等数据成员及成员函数）也增加了新成员，实现了对基类 Person 的扩充和发展。

11.1.3 派生类生成过程

在编译过程中，派生类的生成过程分为 3 个步骤：继承基类成员、改造基类成员和增加新的成员。

（1）继承基类成员

类继承中，派生类继承了除基类的构造函数和析构函数之外的所有数据成员和成员函数。尽管某些基类的成员，特别是非直接基类（多层继承的情况下）的成员可能没有什么作用或根本没有访问权限，但其却完全实现了代码重用的设计思想。

（2）改造基类成员

派生类不仅仅是简单的继承基类的所有成员（构造函数和析构函数除外），而是可以对继承的基类成员进行改造。对基类成员的改造包括两方面：一是依靠派生类的继承方式来控制派生类类内和类外对基类成员的访问，实现基类信息的保护和隐藏；二是对基类数据成员覆盖或对基类成员函数进行重新定义，以满足派生类自身行为的要求，体现了派生类的可扩展性。

（3）增加新的成员

除了继承和改造基类的成员外，派生类还可以增加自己特有的成员，体现派生类不同于基类的特性和行为。特别需要注意的是派生类不能继承基类的构造函数和析构函数，如果派生类在初始化或退出时有特殊的要求（例如，初始化某些变量或退出时释放某些资源），就需要重新

定义派生类自己的构造函数和析构函数。

11.2　类的继承方式

如前所述，基类的成员可以有 public（公用）、protected（保护）和 private（私有）三种访问限定。派生类的继承方式包括 public（公用继承）、private（私有继承）和 protected（保护继承）。尽管派生类继承了基类的全部成员，但其对基类成员的访问却受到基类成员自身访问限定和派生类继承方式的共同制约，派生类的不同继承方式，会导致基类成员原来的访问属性在派生类中有所变化。表 11-1 列出了不同继承方式下基类成员访问属性的变化情况。

表 11-1　不同继承方式下基类成员访问属性的变化情况

继承方式	访问属性		
	在父类中的访问属性	在派生类中的访问属性	在派生类外的访问属性
public	public protected private	public protected 不可访问	可访问 不可访问 不可访问
protected	public protected private	protected protected 不可访问	不可访问 不可访问 不可访问
private	public protected private	private private 不可访问	不可访问 不可访问 不可访问

从表 11-1 中可以看出：

1）基类的私有成员在派生类中及派生类外均是不可访问的，它只能由基类的成员函数访问。

2）在公用继承方式下，基类中的公用成员和保护成员在派生类中的访问属性保持不变，在派生类外仅能访问从基类继承的公用成员。

3）在保护继承方式下，基类中的公用成员和保护成员在派生类中均为保护成员，在派生类外不能访问从基类继承的任何成员。

4）在私有继承方式下，基类中的公用成员和保护成员在派生类中均为私有成员，在派生类外不能访问从基类继承的任何成员。

11.2.1　公用继承

公用继承时，基类的公用成员和保护成员的访问属性在派生类中不变，派生类的成员函数可直接访问基类的公用成员和保护成员，在派生类外只能直接访问从基类继承来的公用成员，无法直接访问从基类继承来的保护成员和私有成员，见表 11-1。

【**例 11-1**】从 Person 基类公用派生出 Student 类。

```
#include <iostream>
#include <string>
using namespace std;
class Person {                                    // 定义 Person 类
    public:
```

```
        Person(const char* Name,int Age,char Sex);  //Person 类构造函数
        char* GetName( );
        int  GetAge( );                          // 基类成员函数的声明
        char  GetSex( );
        void  Display( );
    private:
        char  name[11];
        char  sex;
    protected:                                   // 保护成员
        int age;
};
Person::Person(const char *Name,int Age,char Sex) { // 基类构造函数的实现
    strcpy(name,Name);
    age=Age;
    sex=Sex;
}
char *Person::GetName( ) {
    return (name);
}
int Person::GetAge( ) {                      // 基类成员函数的实现
    return (age);
}
char Person::GetSex( ) {
    return (sex);
}
void Person::Display( ) {
    cout<<"name:"<<name<<'\t';               // 直接访问本类私有成员
    cout<<"age:"<<age<<'\t';
    cout<<"sex:"<<sex<<endl;
}
class Student:public Person {               // 定义公用继承 Student 类
    public:
        // 调用基类的构造函数初始化基类的数据成员
        Student(char* pName,int Age,char Sex,char* pId,float Score): Person(pName,Age,Sex) {
            strcpy(id,pId);                 //Student 类的数据初始化
            score=Score;
        }
        char* GetId( ) {                    // 派生类的新成员
            return(id);
        }
        float GetScore( ) {                 // 派生类的新成员
```

```
            return score;
        }
        void Display( );                            // 派生类的新成员
    private:
        char id[9];
        float score;
};
void Student::Display( ) {                  // 派生类的成员函数的实现
    cout<<"id:"<<id<<'\t';                  // 直接访问本类私有成员
    cout<<"age:"<<age<<'\t';                // 访问基类的保护成员
    cout<<"score:"<<score<<endl;
}
int main( ) {
    char name[11];
    cout<<"Enter a person's name:";
    cin>>name;
    Person p1(name,29,'m');                         // 基类对象
    p1.Display( );                          // 基类对象访问基类公用成员函数
    char pId[9];
    cout<<"Enter a student's name:";
    cin>>name;
    Student s1(name,19,'f',"03410101",95);          // 派生类对象
    cout<<"name:"<<s1.GetName( )<<'\t';     // 派生类对象访问基类成员函数
    cout<<"id:"<<s1.GetId( )<<'\t';
    cout<<"age:"<<s1.GetAge( )<<'\t';
    cout<<"sex:"<<s1.GetSex( )<<'\t';
    cout<<"score:"<<s1.GetScore( )<<endl;
    return 0;
}
```

运行结果如下：

```
Enter a person's name:xiaoming
name:xiaoming   age:29   sex:m
Enter a student's name:xiaoliang
name:xiaoliang   id:03410101    age:19   sex:f   score:95
```

派生类 Student 公用继承了 Person 类的全部成员（构造和析构函数除外）。因此，在派生类中实际所拥有的成员就是从基类继承过来的成员与派生类新声明的成员的总和。继承方式为公用继承，这时基类中的公用和保护成员在派生类中的访问属性保持原样，派生类 Student 的成员及访问属性如图 11-2 所示。

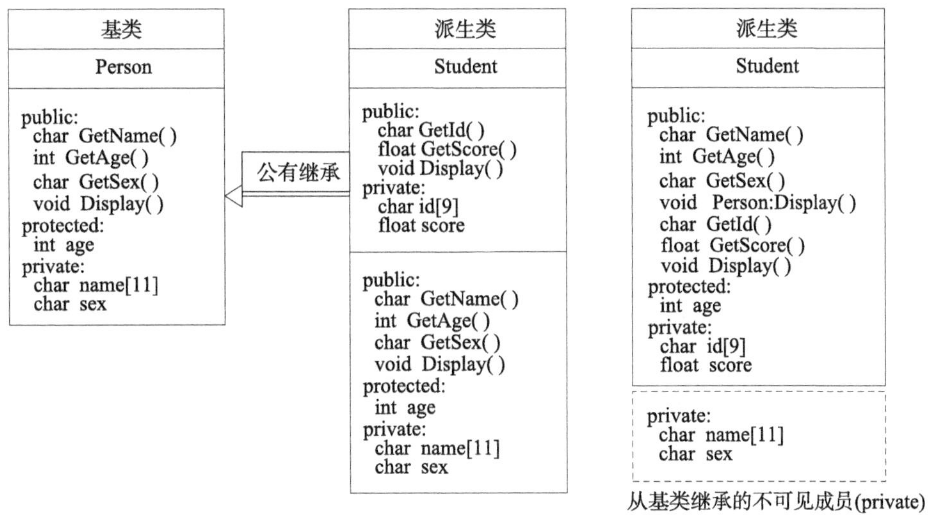

图 11-2 Student 类公用继承 Person 类

11.2.2 私有继承

私有继承时，基类的公用成员和保护成员被继承为派生类的私有成员，派生类的成员函数可以直接访问从基类继承而来的公用和保护成员（变成了私有成员），派生类外无法直接访问从基类继承来的成员。需要注意的是私有继承过于严格，实际上应用的很少，可参见表 11-1。

【例 11-2】从 Person 基类私有派生出 Student 类。

```
#include <iostream>
#include <cstring>
using namespace std;
class Person { // 定义基类 Person
    public:                                     // 外部接口
    Person(const char* Name,int Age,char Sex);   // 基类构造函数
    char* GetName( ) {
        return (name);
    }
    int  GetAge( );                             // 基类成员函数的声明
    char  GetSex( );
    void  Display( );
    private:
    char  name[11];
    char  sex;
    protected:                                      // 保护成员
    int age;
};
Person::Person(const char *Name,int Age,char Sex) {  // 基类构造函数的实现
```

```
        strcpy(name,Name);
        age=Age;
        sex=Sex;
}
int Person::GetAge( ) {                    // 基类成员函数的实现
        return (age);
}
char Person::GetSex( ) {
        return (sex);
}
void Person::Display( ) {
        cout<<"name:"<<name<<'\t';                    // 直接访问本类私有成员
        cout<<"age:"<<age<<'\t';
        cout<<"sex:"<<sex<<endl;
}
class Student:private Person {                    // 定义公用继承的学生类
        public:     // 调用基类的构造函数初始化基类的数据成员
        Student(char* pName,int Age,char Sex,char* pId,float Score): Person(pName,Age,Sex) {
                strcpy (id,pId);
                score=Score;
        }
        char* GetId(char* pId) {               // 派生类的新成员
                return (id);
        }
        float GetScore( ) {                    // 派生类的新成员
                return score;
        }
        void Display( );                              // 派生类的新成员
        private:
        char id[9];
        float score;
};
void Student::Display( ) {                  // 派生类的成员函数的实现
        cout<<"name:"<<GetName( )<<'\t'; // 访问变为私有的基类成员函数
        cout<<"id:"<<id<<'\t';                        // 成员函数直接访问本类私有成员
        cout<<"age:"<<age<<'\t';                // 访问基类的保护成员（现为本类私有的）
        cout<<"sex:"<<GetSex( )<<endl;
        cout<<"score:"<<GetScore( )<<endl;
}
```

```
int main( ) {
    Student s2("wang min",20,'m',"03410102",80);            // 派生类对象
    s2.Display( );
    return 0;
}
```

运行结果如下：

```
name:wang min  id:03410102  age:20  sex:m  score:80
```

派生类 Student 私有继承了 Person 类的全部成员（构造和析构函数除外）。因此，在派生类中实际所拥有的成员就是从基类继承过来的成员与派生类新声明的成员的总和。继承方式为私有继承，这时基类中的公用和保护成员在派生类中的访问属性变成了私有属性，派生类 Student 的成员及访问属性如图 11-3 所示。

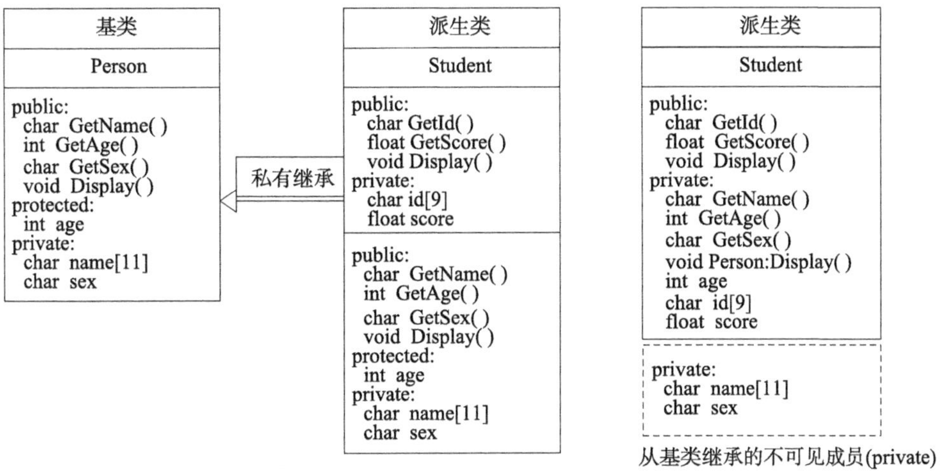

图 11-3 Student 类私有继承 Person 类

11.2.3 保护继承

保护继承时，基类的公用成员和保护成员被继承为派生类的保护成员，派生类的成员函数可以直接访问从基类继承而来的公用和保护成员（变成了保护成员），派生类外无法直接访问从基类继承来的成员，可参见表 11-1。

【例 11-3】保护继承例子。

```
#include <iostream>
#include <cstring>
using namespace std;
class Person {                    // 定义基类 Person
    public:                                   // 外部接口
    Person(const char* Name,int Age,char Sex);    // 基类构造函数
    char* GetName( ) {
        return (name);
    }
```

```
        int  GetAge( );                          // 基类成员函数的声明
        char  GetSex( );
        void  Display( );
        private:
        char  name[11];
        char  sex;
        protected:                                  // 保护成员
        int age;
    };
    Person::Person(const char *Name,int Age,char Sex) { // 基类构造函数的实现
        strcpy(name,Name);
        age=Age;
        sex=Sex;
    }
    int Person::GetAge( ) {
        return (age);  // 基类成员函数的实现
    }
    char Person::GetSex( ) {
        return (sex);
    }
    void Person::Display( ) {
        cout<<"name:"<<name<<'\t';                // 直接访问本类私有成员
        cout<<"age:"<<age<<'\t';
        cout<<"sex:"<<sex<<endl;
    }
    class Student:protected Person {                // 定义公用继承的学生类
        public:                              // 外部接口
        // 调用基类的构造函数初始化基类的数据成员
        Student(char* pName,int Age,char Sex,char* pId,float Score): Person(pName,Age,Sex) {
            strcpy(id,pId);                // 学生类的数据初始化
            score=Score;
        }
        char* GetId(char* pId) {
            return (id);          // 派生类的新成员
        }
        float GetScore( ) {
            return score;   // 派生类的新成员
        }
        void Display( );                              // 派生类的新成员
```

```
    private:
    char id[9];
    float score;
};
void Student::Display( ) {                    // 派生类的成员函数的实现
    cout<<"name:"<<GetName( )<<'\t'; // 访问变为私有的基类成员函数
    cout<<"id:"<<id<<'\t';                    // 成员函数直接访问本类私有成员
    cout<<"age:"<<age<<'\t';                  // 访问基类的保护成员（现为本类私有的）
    cout<<"sex:"<<GetSex( )<<endl;
    cout<<"score:"<<GetScore( )<<endl;
}
int main( ) {
    Student s2("wang liang",25,'m',"03410103",85);       // 派生类对象
    s2.Display( );
    return 0;
}
```

运行结果如下：

```
name:wang liang  id:03410103   age:25  sex:m  score:85
```

派生类 Student 保护继承了 Person 类，派生类 Student 实际所拥有的成员就是从基类继承过来的成员与派生类新声明的成员的总和。但在保护继承方式下，基类的公用和保护成员在派生类中变成了保护成员，派生类 Student 的成员及访问属性如图 11-4 所示。

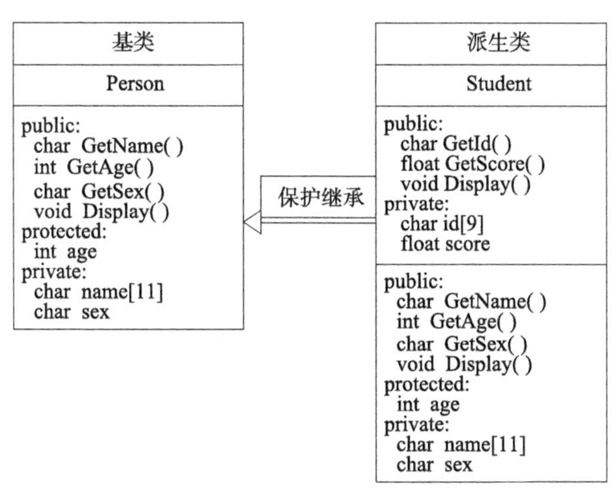

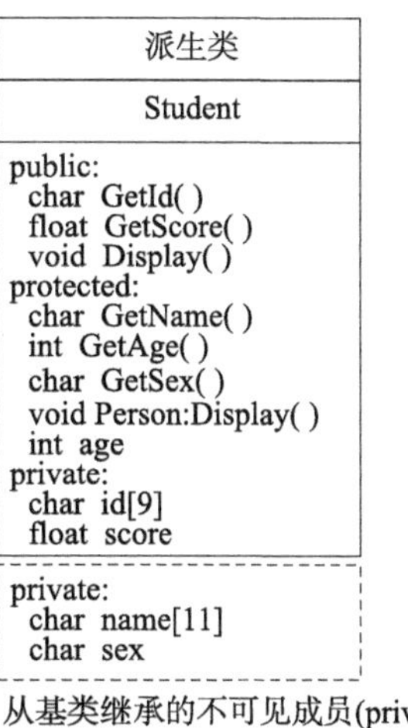

图 11-4 Student 类保护继承 Person 类

总的来说，【例 11-1】、【例 11-2】、【例 11-3】中阐述的类的公用继承、私有继承和保护继承三种方式可用图 11-5 统一说明。

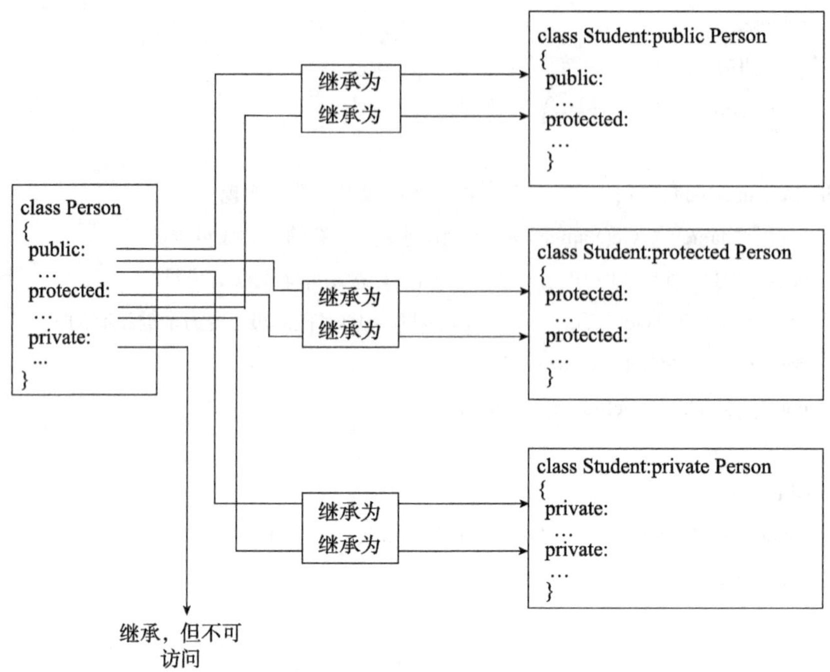

图 11-5　Student 类继承 Person 类的三种方式

11.3　派生类的构造函数和析构函数

在前面的章节中已经介绍过类的构造函数和析构函数，其中构造函数负责类实例化（即建立对象）时数据成员的初始化，析构函数负责销毁对象时回收资源。由于派生类不能继承基类的构造函数，因此派生类仅在其构造函数中负责新增成员的初始化，必要时可调用基类的构造函数完成基类成员的初始化。同理，派生类的析构函数也仅负责对派生类资源的清理，而基类资源的清理由基类的析构函数完成，这是派生类构造函数和析构函数不同于前面章节中类的构造函数和析构函数的地方，本书将在下面的章节中进行介绍。

11.3.1　派生类的构造函数

类的构造函数负责对类的数据成员进行初始化。一般情况下，如果没有显式提供类的构造函数，系统会提供默认的构造函数。在派生类需要做一些特殊初始化操作的情况下应该定义自己的构造函数。

派生类构造函数声明的一般语法形式如下：

```
派生类构造函数 ( 参数表 ): 参数化列表 {
    派生类新增成员的初始化语句
}
```

注意：

1）派生类构造函数名与派生类名相同。

2）参数表需要列出初始化基类数据、新增对象成员数据以及新增普通成员数据所需要的全部参数，各项之间使用逗号分隔，例如：

```
派生类构造函数 ( 参数表 ): 基类构造函数 ( 参数表 ), 对象成员 1 的构造函数 ( 参数表 ) , …, 对象
```

```
成员 n 的构造函数 ( 参数表 ){
        派生类新增普通成员的初始化语句
    }
```

3）派生类对象构造函数的执行顺序是首先调用基类的构造函数；其次执行参数化列表中所列出的对象成员的构造函数；最后执行派生类构造函数的函数体。即先祖先（基类），再客人（对象成员），后自己（派生类本身）。

【例 11-4】构造函数的调用顺序举例。

```
#include <iostream>
using namespace std;
class Base {
    int a;
    public:
    Base(int x):a(x) {  // 基类的构造函数
        cout << "construct Base class " << a << endl;
    }
};
class subBase : public Base {    // 类 subBase 公用继承类 Base
    private:
    int  b,c;           // 类 subBase 中新增的普通成员
    const int d;
    Base  x,y;          // 类 subBase 中新增的对象成员
    public:
    subBase(int t) : y(t+2), x(t+1), d(t+3), Base(t) { //subBase 类的构造函数
        b = t;
        c = t;
        cout << "construct subBase class " << b <<" "  << c << " " << d << endl;
    }
};
int main( ) {
    subBase s1(9);
    return 0 ;          // 建立 subBase 类对象 s1
}
```

运行结果如下：

```
construct Base class 9
construct Base class 10
construct Base class 11
construct subBase class 9 9 12
```

在【例 11-4】中，类 subBase 公用继承了类 Base，同时在类 subBase 中定义了两个 Base 类对象 x、y（对象成员）和三个普通数据成员 b、c、d。在主函数中，声明了 subBase 类的对象 s1，在调用 s1 对象的构造函数时，其调用顺序依次为基类 Base 的构造函数（先祖先），对象成员 x、y 的初始化（再客人），派生类普通数据成员 b、c、d 的初始化（后自己）。

11.3.2　派生类的析构函数

派生类析构函数负责在对象消亡前进行一些必要的清理工作。如果没有显式定义派生类的析构函数，系统会在对象消亡前自动调用默认的析构函数，完成清理工作。但是当派生类对象自己需要在消亡前完成特定的清理工作时，就需要显式定义析构函数。需要注意的是派生类对象的析构函数只负责完成自己的清理工作，基类及成员对象的析构函数会被系统自动调用，完成其各自的清理工作。派生类对象析构函数的执行顺序为：

1）执行派生类的析构函数。

2）按着对象成员声明的相反顺序，依次调用对象成员的析构函数。

3）调用基类的析构函数。

相对于派生类构造函数的调用顺序，派生类析构函数的调用顺序可概括为先自己（派生类本身）、再客人（对象成员）、后祖先（基类），其与构造函数的调用顺序刚好相反。

【**例 11-5**】析构函数的调用顺序举例。

```
#include <iostream>
using namespace std;
class Base {
    int a;
    public:
    Base(int x):a(x) {           // 基类的构造函数
        cout << "construct Base class: " << a << endl;
    }
    ~Base( ) {                   // 基类 Base 的析构函数
        cout <<  "destruct Base: " << a << endl;
    }


};
class subBase : public Base {                // 类 subBase 公用继承类 Base
    private:
    int  b,c;               // 类 subBase 中新增的普通成员
    const int d;
    Base  x,y;              // 类 subBase 中新增的对象成员
    public:
    subBase(int t) : y(t+2), x(t+1), d(t+3), Base(t) {  //subBase 类的构造函数
        b = t;
        c = t;
        cout << "construct subBase class: " << b <<" "  << c << " " << d << endl;
    }
    ~subBase( ) {              // 类 subBase 的析构函数
        cout << "destruct subBase:  " << b <<" "  << c << " " << d << endl;
    }
```

```
};
int main( ) {
    subBase s1(9);
    return 0 ;              // 建立 subBase 类对象 s1
}
```

运行结果如下：

```
construct Base class: 9
construct Base class: 10
construct Base class: 11
construct subBase class: 9 9 12
destruct subBase:  9 9 12
destruct Base: 11
destruct Base: 10
destruct Base: 9
```

【例 11-5】与【例 11-4】类似，类 subBase 公用继承了类 Base，同时在类 subBase 中定义了两个 Base 类的对象 x、y（对象成员）和 3 个普通数据成员 b、c、d。在主函数中，声明了 subBase 类的对象 s1，s1 调用构造函数的顺序见【例 11-4】。在退出系统时，系统自动调用对象 s1 的析构函数，完成清理工作（先自己）、对象成员 x、y 的清理（再客人）、基类 Base 的清理（后祖先）。

11.4 多重继承

11.4.1 多重继承的概念和定义

在派生类的声明中，如果派生类只有一个直接基类，这种继承方式称为单重继承，简称单继承；如果派生类有多个直接基类，这种继承方式称为多重继承。在多重继承中派生类继承了其全部基类的所有成员（构造函数和析构函数除外），多重继承的定义形式如下：

```
class 派生类名 : 继承方式基类名 1, 继承方式基类名 2 , …, 继承方式基类名 n {
    定义派生类自己的成员
};
```

在多重继承方式下，每个基类有一个继承方式来限制其成员在派生类中的访问权限，其规则和单重继承情况是一样的。多重继承可以看作是单重继承的扩展，单重继承是多重继承的一个特例。

派生类构造函数的执行顺序：

1）首先，按着声明的顺序（从左至右）依次调用各基类的构造函数。

2）其次，按照数据成员（包括对象成员、常量、引用等必须初始化的成员）的声明顺序，依次完成初始化工作。

3）最后，执行派生类构造函数的函数体。

派生类析构函数的执行顺序：

1）首先，执行派生类的析构函数。

2）其次，按着对象成员声明的相反顺序，依次调用各对象成员的析构函数。

3）最后，按基类声明的相反顺序调用各基类的析构函数。

【例 11-6】多重继承举例。

```
#include <iostream>
using namespace std;
class CBase1 {
    protected:
    int b;
    public:
    CBase1(int x=0) {                    // 基类 CBase1 的构造函数
        b=x;
        cout << "Construct CBase1!  " << b <<endl;
    }
    ~CBase1( ) {                         // 基类 CBase1 的析构函数
        cout << "Destruct CBase1!  " << b <<endl;
    }
};
class CBase2 {
    protected:
    int b;
    public:
    CBase2(int x=0) {                    // 基类 CBase2 的构造函数
        b=x;
        cout << "Construct CBase2!  " << b <<endl;
    }
    ~CBase2( ) {
        cout << "Destruct CBase2!  " << b <<endl; // 基类 CBase2 的析构函数
    }
};
class CDerived : public CBase1,private CBase2 { // 继承了类 CBase1 和 CBase2
    protected:
    CBase1 b1;                           // 类 CDerived 中新增的成员对象
    CBase2 b2;
    int d;                               // 类 CDerived 中新增的普通数据成员
    public:
    CDerived(int x,int y, int z):b1(y),CBase2(y),b2(z),CBase1(x) { // 类 CDerived 的构造函数
        d=z;
        cout << "Construct CDerived!  " << d <<endl;
    }
    ~CDerived( ) { // 类 CDerived 的析构函数
        cout << "Destruct CDerived!  " << d <<endl;
    }
```

```
};
int main( ) {
    CDerived d1(1,2,3);                    // 声明类 CDerived 的对象 d1
    return 0;
}
```

运行结果如下：

```
Construct CBase1! 1
Construct CBase2! 2
Construct CBase1! 2
Construct CBase2! 3
Construct CDerived! 3
Destruct CDerived! 3
Destruct CBase2! 3
Destruct CBase1! 2
Destruct CBase2! 2
Destruct CBase1! 1
```

从【例 11-6】可以看出，多重继承情况下，派生类对象构造函数调用的顺序以及派生类对象析构函数的执行顺序与单重继承情况下的顺序基本类似，这里就不再详述。

11.4.2 多重继承的二义性

在某些情况下，由于派生类继承了多个基类的全部成员，会出现派生类中数据成员或成员函数重名的现象，从而导致派生类中出现引用同名成员的二义性困惑，这就是多重继承的二义性问题。多重继承情况下的二义性问题可分为两种情况。

（1）从不同基类继承的同名成员，在引用时产生二义性。

【例 11-7】多继承中二义性问题表现一。

```
#include <iostream>
using namespace std;
class Father {                  //Father 类的声明
    protected:
    int age;                    //Father 类中的保护成员 age
    public:
    Father(int x=0) {           //Father 类的构造函数
        age=x;
    }
    int GetAge( ) {             //Father 类的成员函数 GetAge( )
        return age;
    }
};
class Mother {                  //Mother 类的声明
    protected:
    int age;                    //Mother 类中的保护成员 age
```

```
    public:
    Mother(int x=0) {        //Mother 类的构造函数
        age=x;
    }
    int GetAge( ) {              //Mother 类的成员函数 GetAge( )
        return age;
    }
};

//Son 类承了 Father 类和 Mother 类
class Son : public Father, public Mother {
    protected:
    int d;
    public:
    Son(int x,int y, int z):Father(x),Mother(y) { //Son 类的构造函数
        d=z;
    }
    void Output( ) {             // Error: Son::age is ambiguous
        cout <<"Son: "<< d <<"\nParent: "<<age<< endl;
    }
};
int main( ) {
    Son s1(31,28,3);
    int x = s1.GetAge( );        // Error: Son::GetAge( ) is ambiguous
    s1.Output( );
    return 0;
}
```

在【例 11-7】中，类 Father 和类 Mother 都包含数据成员 age 和成员函数 GetAge( )。类 Son 是类 Father 和类 Mother 的派生类，即继承了类 Father 和类 Mother 的全部成员，这样类 Son 中就包括了两个同名的数据成员 age 和成员函数 GetAge( )。当 Son 类的成员函数 Output( ) 访问数据成员 age 时，程序不知道要使用哪一个基类中的 age（从 Father 继承来的还是从 Mother 继承来的？），产生了二义性，发生编译错误。同样在主函数中，当 Son 类对象调用其成员函数 GetAge( ) 时，也不知道该使用哪个基类中的成员函数 GetAge( )，也产生了二义性。

要避免此种情况，可以使用成员名限定来消除二义性，也就是在成员名前用对象名及基类名来限定。

```
#include <iostream>
using namespace std;
class Father {              //Father 类的声明
    protected:
    int age;                //Father 类中的保护成员 b
    public:
```

```
        Father(int x=0) {         //Father 类的构造函数
            age=x;
        }
        int GetAge( ) {            //Father 类的成员函数 GetAge( )
            return age;
        }
};
class Mother {                  //Mother 类的声明
        protected:
        int age;                //Mother 类中的保护成员 age
        public:
        Mother(int x=0) {         //Mother 类的构造函数
            age=x;
        }
        int GetAge( ) {            //Mother 类的成员函数 GetAge( )
            return age;
        }
};

//Son 类承了 Father 类和 Mother 类
class Son : public Father, public Mother {
        protected:
        int d;
        public:
        Son(int x,int y, int z):Father(x),Mother(y) { //Son 类的构造函数
            d=z;
        }
        void Output( ) {
            cout <<"Son: "<< d <<"\nParent: "<<Father::age<< endl;
        }
};
int main( ) {
        Son s1(31,28,3);
        int x = s1.Father::GetAge( );        // 或 s1.Mother::GetAge( )
        s1.Output( );
        return 0;
}
```

（2）当低层派生类从不同的路径上多次继承同一个基类时，也会产生二义性。

【例 11-8】多继承中二义性问题表现二。

```
#include <iostream>
using namespace std;
```

```
class Person {
    protected:
    int age;                    //Person 类的保护数据成员 age
    public:
    Person(int x=18) {                  //Person 类的构造函数
        age=x;
    }
    int GetAge( ) {                 //Person 类的成员函数 GetAge
        return age;
    }
};
class Father : public Person {             //Father 类公用继承了 Person 类
    public:
    Father(int x=18) : Person(x) {     //Father 类的构造函数
    }
};

class Mother : public Person {             //Mother 类公用继承了 Person 类
    public:
    Mother(int x=18) : Person(x) {     //Mother 类的构造函数
    }
};
//Son 类的继承了 Father 类和 Mother 类
class Son : public Father,public Mother {
    public:
    Son(int x,int y):Father(x),Mother(y) { //Son 类的构造函数
    }
};
int main( ) {
    Son s1(30,28);                      //Son 类的对象 s1
    cout << s1.GetAge( ) <<endl;         // Error: Son::GetAge is ambiguous
    return 0;
}
```

在【例 11-8】中，类 Son 继承了类 Father 和类 Mother，而类 Father 和类 Mother 都有一个共同的基类 Person，这样派生类 Son 间接继承 Person 两次，派生类 Son 中就存在两份 Person 类的成员。当在主函数中调用 Son 类对象 s1 的 GetAge ( ) 方法时，编译系统不知道该调用从哪个基类继承而来的成员函数，产生了二义性。为了避免二义性，可用基类名和域运算符限定来避免二义性，主函数可修改为：

```
#include <iostream>
using namespace std;
class Person {
```

```
        protected:
        int age;                    //Person 类的保护数据成员 age
        public:
        Person(int x=18) {                  //Person 类的构造函数
            age=x;
        }
        int GetAge( ) {                 //Person 类的成员函数 GetAge
            return age;
        }
};
class Father : public Person {          //Father 类公用继承了 Person 类
        public:
        Father(int x=18) : Person(x) {    //Father 类的构造函数
        }
};

class Mother : public Person {          //Mother 类公用继承了 Person 类
        public:
        Mother(int x=18) : Person(x) {    //Mother 类的构造函数
        }
};
//Son 类的继承了 Father 类和 Mother 类
class Son : public Father,public Mother {
        public:
        Son(int x,int y):Father(x),Mother(y) { //Son 类的构造函数
        }
};
int main( ) {
        Son s1(30,28);                      //Son 类的对象 s1
        cout << s1.Father::GetAge( ) <<endl;        // 或 s1.Mother::GetAge( )
        return 0;
}
```

11.4.3 虚基类

在多重继承条件下，可能出现派生类间接继承一个或几个共同基类的情况。由于派生类继承了其全部基类，就会出现建立派生类对象时继承多个同名数据成员或成员函数的情况，进而导致二义性问题。人们考虑能不能当遇到上述情况时，派生类对象的共同基类仅产生一个实例，从而避免多重继承时遇到的二义性问题。C++ 通过虚函数的机制来实现上述的设想，具体实现方法是从基类派生新类时，使用关键字 virtual 将基类说明成虚基类。

【**例 11-9**】利用虚基类避免产生二义性。

```
#include<iostream>
```

```
using namespace std;
class Furniture {              // 类 Furniture 的声明
    public:
        Furniture( ) {
            cout << "construct Furniture"<<endl;
        }
        void SetPrice(double d) {
            price =d;
        }
        double GetPrice( ) {
            return price;
        }
    protected:
        double price;
};
class Bed :virtual public Furniture { // Furniture 类作为 Bed 类的虚基类
    public:
        Bed( ) {
            cout << "construct Bed"<<endl;
        }
        void Sleep( ) {
            cout <<"Sleeping...  ";
        }
};
class Sofa :virtual public Furniture { // Furniture 类作为 Sofa 类的虚基类
    public:
        Sofa( ) {
            cout << "construct Sofa"<<endl;
        }
        void WatchTV( ) {
            cout <<"Watching TV.\n";
        }
};
class SleeperSofa :public Bed, public Sofa { // 类 SleeperSofa 继承了类 Bed 和类 Sofa
    public:
        SleeperSofa( ) :Sofa( ),Bed( ) {
            cout << "construct SleeperSofa"<<endl;
        }
        void FoldOut( ) {
            cout <<"Fold out the sofa.\n";
        }
```

```
        void Function( ) {
            Sleep( );
            WatchTV( );
        }
};
int main( ) {
    SleeperSofa ss;
    ss.SetPrice(2000);
    cout <<"Price of SleeperSofa: "<<ss.GetPrice( ) <<endl;
    cout<<"Function of SleeperSofa: ";
    ss.Function( );
    return 0;
}
```

运行结果如下：

```
construct Furniture
construct Bed
construct Sofa
construct SleeperSofa
Price of SleeperSofa: 2000
Function of SleeperSofa: Sleeping...  Watching TV.
```

此例中，Furniture 作为 Sofa 和 Bed 的虚基类，解决了多重继承中直接或间接继承共同基类所产生的二义性问题。

需要说明的是尽管多重继承功能很强大，能够解决很多复杂的问题，但也容易产生错误，对于初学者尤其如此。因此，很多新的语言如 Java、C# 等取消了多重继承的机制，改用其他变通的方法实现类似的功能。

11.5 应用实例

【例 11-10】编写一个程序计算某销售公司销售经理和销售员工的月工资，月工资的计算办法是：销售经理的固定月薪为 8000 元并提取销售额的 5/1000 作为工资；销售员工只提取销售额的 5/1000 作为工资。

分析：根据题意，首先定义一个基类 Employee，它包含三个数据成员工号（number）、姓名（name）和工资（salary），以及用于输入编号和姓名的构造函数；其次，由 Employee 类派生 Salesman 类，再由 Salesman 类派生 Salesmanager 类，Salesman 类包含两个新数据成员：提成比例（commrate）和销售额（sales），还包含用于输入销售额并计算销售员工工资的成员函数 pay 和用于输出的成员函数 print。Salesmanager 类包含新数据成员 monthlypay，以及用于输入销售额并计算销售经理工资的成员函数 pay、用于输出的成员函数 print( )。此题的完整程序如下：

```
#include<iostream>
#include<string>
using namespace std;
class Employee {
```

```
    protected:
    int number;
    string name;
    double salary;
    public:
    Employee( ) {
        cout<<"Input the number:\n";
        cin>>number;
        cout<<"Input the name:\n";
        cin>>name;
        salary=0;
    }
};
class Salesman:public Employee {
    protected:
    double commrate;
    double sales;
    public:
    Salesman( ) {
        commrate=0.005;
    }
    void pay( ) {
        cout<<name<<" 本月销售额为：\n";
        cin>>sales;
        salary=sales*commrate;
    }
    void print( ) {
        cout<<" 销售员 :"<<name<<" 编号        "<<number<<" 工资        "<<salary<<endl;

    }
};
class Salesmanager:public Salesman {
    protected:
    double monthplpay;
    public:
    Salesmanager( ) {
        commrate=0.005;
        monthplpay=8000;
    }
    void pay( ) {
        cout<<name<<" 本月销售额为：";
```

```
            cin>>sales;
            salary=monthplpay+sales*commrate;
        }
        void print( ) {
            cout<<" 销售经理："<<name<<" 编号：      "<<number<<" 工资：      "<<salary<<endl;

        }
    };
    int main( ) {
        Salesman s1;
        s1.pay( );
        s1.print( );
        Salesmanager m1;
        m1.pay( );
        m1.print( );
        return 0;
    }
```

运行结果如下：

```
Input the number:
10002
Input the name:
张三
张三本月销售额为：
1000000
销售员 : 张三编号 10002 工资      5000
Input the number:
10001
Input the name:
王五
王五本月销售额为：1000000
销售经理：王五编号：  10001 工资：   13000
```

【例 11-11】定义一个钟表类，数据成员有时、分、秒，成员函数包括设置时间和显示时间。再从钟表类派生出闹钟类，新增数据成员有响铃时间，成员函数包括响铃、显示响铃时间和设置响铃时间。

分析：闹钟是钟表的一种，只不过是还能够响铃提示。因此可将钟表定义为一个类，其私有数据成员包括钟表的时、分、秒，为了便于设置时间和显示时间，钟表类也需要定义公用函数 SetTime( ) 和 ShowTime( )，为派生类或对象提供访问时间的接口；闹钟类与钟表类不一样的地方在于能够设置响铃时间和响铃，因此其可作为钟表类的派生类，在继承钟表类的成员的同时，增加自己的数据成员（响铃时、分、秒）和成员函数（设置响铃时间函数和响铃函数）。程序的完整代码如下：

```
#include <iostream>
```

```
using namespace std;
class Clock { // 钟表类
    public:
    Clock(int h=0, int m=0, int s=0);
    Clock(Clock &c);
    void SetTime(int h, int m, int s);
    void ShowTime( );
    private:
    int Hour;
    int Minute;
    int Second;
};
Clock::Clock(int h, int m, int s) {
    Hour = h;
    Minute = m;
    Second = s;
}
Clock::Clock(Clock &c) {
    Hour = c.Hour;
    Minute = c.Minute;
    Second = c.Second;
}
void Clock::SetTime(int h, int m, int s) {
    Hour = h;
    Minute = m;
    Second = s;
}
void Clock::ShowTime( ) {
    cout << Hour << ":" << Minute << ":" << Second << endl;
}
class AlermClock : public Clock { // 闹钟类
    private:
    int AlermHour;
    int AlermMinute;
    int AlermSecond;
    public:
    AlermClock(int h=12, int m=0, int s=0);
    void Alerm( );
    void SetAlermTime(int h, int m, int s);
    void ShowAlermTime( );
};
```

```
AlermClock::AlermClock(int h, int m, int s) {
    AlermHour = h;
    AlermMinute = m;
    AlermSecond = s;
}
void AlermClock::Alerm( ) {
    cout << "\a\a\a\a\a\a\a";
}
void AlermClock::SetAlermTime(int h, int m, int s) {
    AlermHour = h;
    AlermMinute = m;
    AlermSecond = s;
}
void AlermClock::ShowAlermTime( ) {
    cout << AlermHour << ":" << AlermMinute << ":" << AlermSecond << endl;
}
int main( ) {
    AlermClock c;
    c.ShowTime( );
    c.ShowAlermTime( );
    c.SetTime(10,30,40);
    c.SetAlermTime(6,30,0);
    c.ShowTime( );
    c.ShowAlermTime( );
    c.Alerm( );
    return 0;
}
```

运行结果如下：

```
0:0:0
12:0:0
10:30:40
6:30:0
```

11.6 小结

本章介绍了类的继承与派生的概念。类的派生实际是一种演化、发展过程，即通过扩展、改进和具体化，从一个已知类出发建立一个新类，通过类的派生可以建立具有共同关键特征的对象家族，从而实现代码重用，这是面向对象程序设计的一个重要特征。

C++ 中继承有三种实现形式，即公用继承、私有继承和保护继承。

公用继承时，基类的公用和保护成员的访问属性在派生类中不变，派生类的成员函数可以直接访问基类的公用和保护成员，在派生类外只能直接访问派生类从基类继承来的公用成员。

私有继承时，基类的公用成员和保护成员被继承为派生类的私有成员，派生类的成员函数可以直接访问从基类继承而来的公用成员和保护成员（变成了私有成员），派生类外无法直接访问从基类继承来的成员。

保护继承时，基类的公用成员和保护成员被继承为派生类的保护成员，派生类的成员函数可以直接访问从基类继承而来的公用成员和保护成员（变成了保护成员），派生类外无法直接访问从基类继承来的成员。

派生类构造函数的执行顺序是首先调用基类的构造函数；其次执行参数化列表中所列出的对象成员的构造函数；最后执行派生类构造函数的函数体。

派生类析构函数的执行顺序是首先执行派生类的析构函数；其次按着对象成员声明的相反顺序，依次调用对象成员的析构函数；最后调用基类的析构函数。

C++ 中有两种继承方式：单一继承和多重继承。对于单一继承，派生类只能有一个直接基类；对于多重继承，派生类可以有多个直接基类。

习　题

1. 简答题

（1）什么是类的继承与派生?

（2）类的三种继承方式之间的区别是什么?

（3）派生类的构造函数和析构函数的作用是什么?

（4）多重继承一般应用在哪些场合?

（5）在含有虚基类的派生类中，当创建它的对象时，构造函数的执行顺序如何?

2. 选择题

（1）下列对派生类的描述中，(　　)是错误的。

A. 一个派生类可以作为另一个派生类的基类

B. 派生类至少有一个基类

C. 派生类的成员除了它自己的成员外，还包含了它的基类成员

D. 派生类中继承的基类成员的访问权限到派生类保持不变

（2）派生类的对象对它的哪一类基类成员是可以访问的?（　　）

A. 公用继承的基类的公用成员　　B. 公用继承的基类的保护成员

C. 公用继承的基类的私有成员　　D. 保护继承的基类的公用成员

（3）关于多继承二义性的描述，(　　)是错误的。

A. 派生类的多个基类中存在同名成员时，派生类对这个成员的访问可能出现二义性

B. 一个派生类是从具有共同的间接基类的两个基类派生来的，派生类对该公共基类的访问可能出现二义性

C. 解决二义性最常用的方法是作用域运算符对成员进行限定

D. 派生类和它的基类中出现同名函数时，将可能出现二义性

（4）C++ 类体系中，能被派生类继承的是(　　)。

A. 构造函数　　B. 虚函数　　C. 析构函数　　D. 友元函数

（5）设有基类定义：

```
class Cbase{
      private: int a;
      protected: int b;
      public: int c;
};
```

派生类采用何种继承方式可以使成员变量 b 成为自己的私有成员（　　）。

A. 私有继承　　B. 保护继承

C. 公用继承　　D. 私有、保护、公用均可

3. 请分析下面程序，并写出执行结果。

```
#include <iostream>
using namespace std;
class Base{
   int i;
public:
   Base(int n) {
         cout <<"Constucting base class" << endl;i=n;
   }
   ~Base( ){
         cout <<"Destructing base class" << endl;
   }
   void showi( ) {
         cout << i<< ",";
   }
   int Geti( ) {
         return i;
   }
};
class Derived:public Base{ int j;
Base aa;
public:
   Derived(int n,int m,int p):Base(m),aa(p){
         cout << "Constructing derived class" <<endl;
         j=n;
   }
   ~Derived( ){
         cout <<"Destructing derived class"<<endl;
   }
   void show( ){
         Base::showi( );
         cout << j<<"," << aa.Geti( ) << endl;
```

```
    }
};
void main( ){
    Derived obj(8,13,24);
    obj.show( );
}
```

4. 编程题

（1）请声明一个 Shape 基类，在此基础上派生出 Rectangle 和 Circle 类，二者都有 GetArea( ) 函数计算对象的面积。使用 Rectangle 类创建一个派生类 Square。

（2）请声明一个哺乳动物 Mammal 类，再由此派生出狗 Dog 类，声明一个 Dog 类的对象，观察基类与派生类的构造函数与析构函数的调用顺序。

（3）请设计一个大学的类系统，学校中有学生、教师、职员，每种人员都有自己的特性，它们之间又有相同的地方。利用继承机制定义这个系统中的各个类及类上必须的操作。

（4）假定车可分为货车和客车，客车又可分为轿车、面包车和公共汽车。请设计相应的类层次结构。

第 12 章　虚函数与多态性

面向对象程序设计的强大优势不仅仅在于封装、继承，还在于提供将派生类对象当基类对象一样处理的能力，支持这种能力的机制就是虚函数与多态性。

12.1　多态性的概念

多态（Polymorphism）一词最初来源于希腊语 Polumorphos，含义是具有多种形式或形态的情形。在程序设计领域，一个广泛认可的定义是“一种将不同的特殊行为和单个泛化记号相关联的能力”。

多态性是 C++ 的重要特性之一，是面向对象语言中继封装性、继承性之后的第三大特性。一般是指不同对象接收到相同消息时，根据对象类的不同而产生各自的动作，即对应同一个函数名的调用，执行不同的函数体。多态性提供了同一个接口可以用多种方法调用的机制，从而实现通过相同的接口，访问不同的函数。可以简单概括为“一个接口，多种方法”。这种把程序接口与代码实现分开的方法，提高了代码的重用性和运行效率，更重要的是提高了软件的可扩充性。

其实，在前面的章节中已经接触过多态性的现象，例如，函数重载、运算符重载都是多态现象。那时没有用到多态性这一专业术语。例如，使用运算符“+”将两个数值相加，就是发送一个消息，它要调用 operator+( ) 函数。实际上，整型、单精度型、双精度型、复数、字符串的加法操作过程是互不相同的，是由不同内容的函数实现的。显然，它们以不同的行为或方法来响应同一消息。

从系统实现的角度看，多态性分为两类：静态多态性和动态多态性。以前学过的函数重载和运算符重载实现的多态性属于静态多态性，又称静态联编，在程序编译时系统就能决定调用的是哪个函数，因此静态多态性又称编译时的多态性。静态多态性是通过函数重载来实现的（运算符重载实质上也是函数重载），因此要求在程序编译时就知道调用函数的全部信息。这种联编类型的函数调用速度很快，效率也很高。动态多态性是在程序运行过程中才动态地确定操作所针对的对象，它又称运行时的多态性或者动态联编。这种联编要到程序运行时才能确定调用哪个函数，提供了更好的灵活性和程序的易维护性。动态多态性是通过一种特殊的函数虚函数（virtual function）来实现的。

12.2　虚函数的定义

虚函数是在类中被声明为 virtual 的成员函数，当编译器检测到此类函数通过指针或引用被调用时，实现动态的绑定，即通过指针（或引用）指向的类的信息来决定执行哪段函数。通常此类指针或引用都声明为基类，它可以指向基类或派生类的对象，从而实现动态联编。

12.2.1　引入虚函数的原因

一般对象的指针之间没有联系，彼此独立，不能混用。但派生类是由基类派生出来，它们之间有继承关系，因此，指向基类和派生类的指针之间也有一定的联系，但如果使用不当，将会出现一些问题，请看下面的例子。为方便阅读，本书中将“指向基类对象的指针”缩写为“指向基类的指针”，将“指向派生类对象的指针”缩写为“指向派生类的指针”。

【例 12-1】没有使用虚函数的例子。

```
#include<iostream>
using namespace std;
class Base  // 基类
{
private:
    int x,y; // 定义两个整形变量
public:
    Base(int xx=0,int yy=0) // 带有默认值的构造函数
    {  x=xx; y=yy;  }
    void view( )    //类内函数成员，实现输出
    {  cout<< "Base: "<<x<<" "<<y<<endl; }
};
class Subbase: public Base // subbase 类 base 类的派生类
{
private:
    int z;
public:
    Subbase (int xx,int yy,int zz):Base(xx,yy)
    { z=zz; }
    void view( )
  {  cout<<"Subbase: "<<z<<endl;  }
};
int main( )
{
    Base obj(1,2),*objp;  // 定义基类对象 obj 和指针 objp
    Subbase subobj(3,4,5);
    objp=&obj; // 基类指针指向基类对象
    objp->view( );
    objp=&subobj; // 基类指针指向派生类对象
    objp->view( );
    return 0;
}
```

运行结果如下：

```
Base: 1 2
Base: 3 4
```

通过该程序可以看出：①允许将派生类对象的地址赋给指向基类的指针，原因是派生类继承了基类的数据成员，所以派生类对象体内包含了基类对象的数据与方法。指向基类的指针虽

然接收了派生类对象的地址，但无论是通过“*”运算符还是“->”运算符，能访问到的目标空间仍然只是一个基类对象的空间。②根据上述说明，执行语句 objp=&subobj 之后，语句 objp->view( ) 调用的 view( ) 函数是基类的成员函数 view( )，程序并没有实现动态调用，即当指针指向不同的对象时，执行不同的操作。出现这种现象的原因是调用的成员函数在编译时已经静态绑定。为解决此类问题，就要引入虚函数的概念。

在介绍虚函数之前，先说明指向基类的指针使用时应注意的问题：

1）声明为指向基类的指针可以指向它的公有派生类的对象，但不允许指向它的私有派生类的对象，也不允许指向保护派生类的对象。

2）允许指向基类的指针指向它的公有派生类的对象，但反之不行，即不允许指向派生类的指针去指向基类的对象。

3）声明为指向基类的指针，当其指向它的公有派生类的对象时，只能直接访问派生类中从基类继承下来的成员，不能直接访问派生类中新增的成员。

12.2.2 虚函数的定义和使用

（1）虚函数的定义

虚函数的定义是在基类中进行的，即把基类中需要定义为虚函数的成员函数声明为 virtual。当基类中的某个成员函数被声明为虚函数后，它就可以在派生类中被重新定义。在派生类中重新定义时，其函数原型（包括返回类型、函数名、参数个数和类型、参数的顺序）都必须与基类中的原型完全一致。

虚函数定义的一般形式为：

```
virtual < 函数类型 >< 函数名 > ( 形参表 )
{
函数体
}
```

（2）虚函数的使用

基类的某个成员函数被声明为虚函数后，派生类中同原型的函数就自动成为虚函数。而虚函数的调用需要通过指向基类的指针或者引用，才能发挥多态的效果。【例 12-1】的代码中只加上一个 virtual 关键字后，就会产生截然不同的结果，从而实现了多态。

【例 12-2】使用虚函数的例子。

```
#include<iostream>
using namespace std;
class Base
{
private:
    int x,y;
public:
    Base(int xx=0,int yy=0)
    { x=xx; y=yy; }
    virtual void view( )
    { cout<< "Base: "<<x<<" "<<y<<endl; }
};
```

```
class Subbase: public Base
{
private:
    int z;
public:
    Subbase (int xx,int yy,int zz):Base(xx,yy)
    { z=zz; }
    void view( )
    {  cout<<"Subbase: "<<z<<endl;  }
};
int main( )
{
    Base obj(1,2),*objp;
    Subbase subobj(3,4,5);
    objp=&obj;
    objp->view( );
    objp=&subobj;
    objp->view( );
    return 0;
}
```

运行结果如下：

```
Base: 1 2
Subbase: 5
```

通过【例 12-2】可以看出，objp=&subobj 语句前后的两次函数调用 objp->view( ) 是相同的，但执行出来的结果却是不同的，这就是多态性。

多态的体现需要两个条件同时存在：①使用虚函数；②通过指向基类的指针或引用调用虚函数。

（3）虚函数的特性

在派生类中可以对基类的虚函数进行重新定义，如在【例 12-2】中，Subbase 类重新定义了基类的 void view( ) 函数。派生类中重新定义的虚函数需要与基类中定义的虚函数具有相同的函数原型，否则将无法实现多态性。

虚函数具有传递性，一个虚函数无论被继承多少次，仍保持其虚函数的特性，与继承的次数无关，或者说虚特性是可以传递的（如【例 12-3】)。

【例 12-3】虚函数传递性的例子。

```
#include <iostream>
using namespace std;
class B0
{
public:
    virtual void display( )    // 虚函数
    {cout<<"B0::display( )"<<endl;}
```

```
};
class B1: public B0
{ public:
    void display( )   // 自动成为虚函数
    { cout<<"B1::display( )"<<endl; }
};
class D1: public B1
{ public:
    void display( )   // 自动成为虚函数
    { cout<<"D1::display( )"<<endl; }
};
int main( )
{     B0 b0, *p;
      B1 b1;
      D1 d1;
      p=&b0;
      p->display( );
      p=&b1;
      p->display( );
      p=&d1;
      p->display( );
      return 0;
}
```

运行结果如下：

```
B0::display( )
B1::display( )
D1::display( )
```

说明：

1）虚函数与函数重载的区别：函数重载要求函数参数的个数或类型必须有所不同，函数的返回值类型没有限制；但虚函数要求函数名、返回值类型、参数个数、参数的类型和参数的顺序必须与基类中的虚函数原型完全相同。

2）由于多重继承可以看成是多个单继承的组合，所以多重继承的虚函数的调用，包括它的定义和及其限制，与单继承的虚函数的调用相同。

12.2.3 虚函数的限制

使用虚函数时应注意如下问题：

1）virtual 关键字应该出现在函数首次声明时，同时基类中只有保护成员或公有成员才能被声明为虚函数。

2）在派生类中重新定义虚函数时，关键字 virtual 可以写也可不写，但为了提高程序的可读性，建议写上关键字 virtual。

3）动态联编只能通过指向基类的指针或引用来访问虚函数，如果用对象名的形式来访问虚函数，将采用静态联编。

4）虚函数必须是所在类的成员函数，不能是友元函数或静态成员函数。但可以在另一个类中被声明为友元函数。

5）构造函数不能声明为虚函数，析构函数可以声明为虚函数。

6）由于内联函数不能在运行中动态确定其位置，所以它不能声明为虚函数。

12.3　纯虚函数与抽象类

多态机制允许在派生类中改写基类里的虚函数，那么基类里的虚函数还必须有具体的函数体内容吗？例如，设计一个图形类（Shape 类），在它还没有派生为某个具体的图形时，并没有涉及具体的面积和体积，可以看出，有些基类仅仅是抽象的概念，不具备具体的动作，但为了给派生类预留扩展的接口，需要引入纯虚函数。

12.3.1　纯虚函数

纯虚函数是在一个基类中说明的虚函数，它在该基类中没有具体的操作内容，但各派生类在重新定义时可以根据自己的需要，赋予它实际的操作内容。纯虚函数的一般定义形式为：

```
virtual <函数类型><函数名>(参数表)=0;
```

纯虚函数与普通虚函数的不同在于书写形式上加了“=0”，说明在基类中不用定义该函数的函数体，它的函数体由派生类定义。

【**例 12-4**】设计一个图形基类（Shape 类），由其直接派生出 circle 类和间接派生出 cylinder 类，派生类中都包含求面积函数 area( ) 和求体积函数 volume( )。要求采用多态技术，在主函数中通过指向基类的指针，调用 area( ) 和 volume( ) 函数，实现求得不同形状图形的面积和体积。

```
#include <iostream>
using namespace std;
class Shape
{  public:
      virtual void set( )=0;
      virtual double area( )=0;
      virtual double volume( )=0;
};
class Circle: public Shape
{protected:
      double radius;
public:
      Circle( )
      { radius=0; }
      virtual void set( )
      {cout<<"input new radius:";
       cin>>radius; }
      virtual double area( )
      { return 3.14*radius*radius; }
```

```
        virtual double volume( )
        { return 0.0; }
};
class Cylinder: public Circle
{protected:
        double height;
public:
        Cylinder( ){ height=0; }
        virtual void set( )
    {  Circle::set( );
         cout<<"input new height: ";
         cin>>height;  }
        virtual double area( )
        { return 2*3.14*radius*(radius+height); }
        virtual double volume( )
        { return  3.14*radius*radius*height;  }
};
int main( )
{
        Shape *p;
         Circle cl;
         p=&cl;
         p->set( );
         cout<<"Circle's area:"<<p->area( )<<endl;
         cout<<"Circle's volume:"<<p->volume( )<<endl;
        Cylinder cy;
        p=&cy;
        p->set( );
         cout<<"Cylinder's area:"<<p->area( )<<endl;
         cout<<"Cylinder's volume:"<<p->volume( )<<endl;
         return 0;
}
```

运行结果如下：

```
input new radius:3↙
Circle's area:28.26
Circle's volume:0
input new radius:2↙
input new height: 5↙
Cylinder's area:87.92
Cylinder's volume:62.8
```

为了使用多态技术，使得在主函数中调用的接口统一为 p->area( ) 和 p->volume( )，需要在基类 Shape 类中设计 area( ) 和 volume( ) 函数，而考虑到 Shape 类是一个抽象概念，不存在面积和体积的值，所以可以将基类中的 area( ) 和 volume( ) 函数设计为纯虚函数。

使用纯虚函数时要注意以下问题：

1）纯虚函数没有函数体。

2）最后面的“=0”并不表示函数返回值为 0，它只起形式上的作用，告诉编译系统该函数是纯虚函数。

3）这是一个声明语句，最后以分号结束。

纯虚函数其实就是声明一个虚函数，在派生类中再重新实现它。也就是说基类中的纯虚函数只有函数名而不具备函数的功能，不能被调用。而在派生类中只有对此函数提供具体定义后，才具备函数的功能，才能被调用。它仅仅是在基类中为其派生类保留一个函数的名字，以方便派生类根据需要对它进行重新定义。也可以理解为，基类中的纯虚函数是为以后的派生类预留的接口，而该接口的具体动作留给派生类去定义。

12.3.2　抽象类

包含有纯虚函数的类被称为抽象类。抽象类是一种特殊的类，它为一类族提供统一的操作界面和基础，建立抽象类就是为了通过它多态地使用其中的成员函数。一般情况下，抽象类作为同一类族中的顶层基类，作用是为一个类族提供一组公共接口。

由于纯虚函数没有函数体，不能被调用，因此包含纯虚函数的抽象类无法建立对象。例如，动物作为一个基类可以派生出老虎、孔雀等子类，但动物本身生成对象明显不合常理，因为动物只是一个抽象概念。虽然动物都有动作、声音等属性，但只有具体到某一类动物时，这些属性才能具体化，所以动物只能实现为抽象类，把动作、声音等属性定义为纯虚函数，由派生类来具体实现其中的内容。这样，纯虚函数会在子类中被重新定义，实现了用相同的接口去做不同的事情。

【**例 12-5**】对【例 12-4】进行改造，重载运算符“<<”和“>>”，使之成为通用接口。

```
#include <iostream>
using namespace std;
class Shape
{  public:
      virtual void set( )=0;
      virtual double area( ) =0;
      virtual double volume( ) =0;
};
class Circle: public Shape
{protected:
      double radius;
public:
      Circle( )
      { radius=0; }
      virtual void set( )
      {cout<<"input new radius:";
       cin>>radius; }
```

```
        virtual double area( )
        { return 3.14*radius*radius; }
        virtual double volume( )
        { return 0.0; }
};
class Cylinder: public Circle
{protected:
        double height;
 public:
        Cylinder( ){ height=0; }
        virtual void set( )
    { Circle::set( );
        cout<<"input new height: ";
        cin>>height;
    }
        virtual double area( )
        { return 2*3.14*radius*(radius+height); }
        virtual double volume( )
        { return  3.14*radius*radius*height;  }
};
istream& operator >>(istream &mycin, Shape &p)
{ p.set( );
    return mycin;
}
ostream& operator <<(ostream &mycout, Shape &p)
{ mycout<<"area: "<<p.area( )<<endl;
    mycout<<"volume: "<<p.volume( )<<endl;
    return mycout;
}
int main( )
{
        Circle cl;
        cin>>cl;
        cout<<cl;
        Cylinder cy;
        cin>>cy;
        cout<<cy;
        return 0;
}
```

运行结果如下：

```
input new radius:3↙
```

```
area: 28.26
volume: 0
input new radius:3↙
input new height:6↙
area: 169.56
volume: 169.56
```

【例 12-5】比【例 12-4】仅仅只是多了 istream& operator >>(istream &mycin, Shape &p) 和 ostream& operator <<(ostream &mycout, Shape &p) 两个函数，目的是重载输入输出运算符使其能够处理用户自定义的类型。但是如果没有多态技术，用户每设计一个子类，就需要针对这个类重载输入输出运算符，代码烦琐，本例中结合了多态技术和抽象类，很好地实现了代码的重用。

使用抽象类时应注意以下问题：

1）抽象类只能用作其他类的基类，不能建立抽象类的对象。因为它的纯虚函数没有定义具体功能。

2）抽象类不能用作参数类型、函数的返回类型或显式转换的类型。

3）可以声明抽象类的指针和引用，通过它们，可以指向并访问派生类对象，从而访问派生类的成员。

4）若抽象类的派生类中没有给出所有纯虚函数的函数体，这个派生类仍是一个抽象类。若抽象类的派生类中给出了所有纯虚函数的函数体，这个派生类不再是一个抽象类，可以声明自己的对象。

12.4　应用实例

【例 12-6】小明经营着一家宠物店，目前能够接收的宠物种类有猫和狗，他希望设计一个宠物信息管理系统，能够记录顾客送来的宠物姓名，能够展示当前店里的所有宠物的姓名。

分析：根据题目的描述，需要设计 Cat 类和 Dog 类用于管理宠物的信息，由于系统初期功能比较简单，只是存储宠物的姓名，所以两个类中数据成员可以只包含姓名，成员函数可以由一个构造函数实现存储姓名，一个打印函数实现输出姓名。另外需要设计一个宠物店类 Home 类，用于添加宠物和展示宠物。由于提前不知道顾客送哪种宠物来，所以代码中需要通过多态技术来实现动态处理不同类的对象。多态技术需要基于虚函数和指向基类的指针或引用，所以要为 Cat 类和 Dog 类设计一个公共的基类 Animal 类。

对于一个比较大的程序，可以分步进行。先声明基类，再声明派生类，逐级进行，分步调试。

1）声明基类 Animal 类，其没有具体的动作，故可以声明为抽象类。

```
#include<iostream>
#include<cstring>
using namespace std;
class Animal
{public:
    virtual void PrintName( )=0;
};
```

2）由基类 Animal 类派生出 Cat 类和 Dog 类。

```
class Cat:public Animal
{
      char CName[20];
public:
      Cat(char * Name )
      {  strcpy(CName,Name); }
      void PrintName( )
      { cout<<CName<<endl; }
};
class Dog:public Animal
{
      char DName[20];
public:
      Dog(char *Name)
      {  strcpy(DName,Name) ; }
      void PrintName( )
      { cout<<DName<<endl; }
};
```

3）声明宠物店类，实现添加和展示宠物信息。

```
class Home
{
      int nAnimals;
      Animal * pAnimal[20];
public:
   Home( )
   {  int i;
      for(i=0;i<20;i++)
            pAnimal[i]=NULL;
      nAnimals =0; }
    void Add(Animal *);
   void PrintAll( );
};
void Home::Add(Animal *p)
{ pAnimal[nAnimals++]=p;  }
void Home::PrintAll( )
{ int i;
   for(i=0; i<nAnimals; i++)
         pAnimal[i]->PrintName( );
}
```

4）主函数实现和用户的交互。

```
int main( )
```

```
    {
        char name[20];
        Home h;
      int choose;
      do{
          cout<<"please choose(1.Add Cat; 2.Add Dog; 0.exit):"<<endl;
          cin>>choose;
          switch(choose)
          {  case 1: cout<<"input name:";
                    cin>>name;
                    h.Add(new Cat(name)); break;
             case 2: cout<<"input name:";
                    cin>>name;
                    h.Add(new Dog(name));  break;
             }
        }while(choose!=0);
        h.PrintAll( );
        return 0;
    }
```

本例题的运行结果，读者可以根据主函数中的菜单，和系统交互执行。本例题功能较简单，读者可以从如下几个方面改进：

1）宠物的数量实现动态指定，从键盘输入。

2）宠物的信息可以不仅仅是姓名，还包含编号以及服务费用。

3）管理功能中能够实现删除离店的宠物信息，能够计算当前的总收入。

4）进一步考虑增加一些新的宠物类型，如乌龟、仓鼠等。

12.5　小结

本章首先介绍了面向对象中多态性的概念。多态的本质是接口的复用。多态从实现的角度可以划分为编译时的多态和运行时的多态。本章重点研究了运行时的多态，即通过虚函数技术来实现多态性。虚函数是用 virtual 关键字声明的非静态成员函数，代码中可以统一调用的接口，即通过指向基类的指针或引用来调用虚函数；而运行时，系统会根据当前指针或引用所指向的对象类型，动态执行相应的函数段，从而实现调用的语句相同，而执行的动作不同的效果。根据虚函数的特性，本章后续介绍了纯虚函数和抽象类，进一步阐述了在一个类族中如何实现接口的复用，从而更好地实现代码的可重用性和可扩展性。

习　题

1. 选择题

（1）下列哪种 C++ 语法形式不属于多态？（　　）

A. 对象的多态　　B. 不同函数中定义的同名局部变量

C. 重载函数　　D. 重载运算符

（2）Liskov 替换准则是指将派生类对象当做基类对象来使用。下列关于 Liskov 准则的描述中，错误的是（　　）。

A. 派生类的对象可以初始化基类引用

B. 派生类的对象不能赋值给基类对象

C. 应用 Liskov 准则，实际上是将派生类对象当作基类对象来使用

D. 派生类对象的地址可以赋值给基类的对象指针

（3）定义如下的基类 A 和派生类 B。

```
class A
{
public:
      virtual  void fun( ) // 函数成员 fun 被声明为虚函数
      { cout << "A :: fun( ) called" ; }
};
class B : public A
{
public:
      void fun( ) // 重写虚函数成员 fun
      { cout << "B :: fun( ) called" ; }
};
```

执行下列代码：

```
A   *p; // 定义基类 A 的对象指针 p
B   bObj; // 定义派生类 B 的对象 bObj
p = &bObj; // 将基类指针 p 指向派生类对象 bObj
p->fun( ); // 通过基类指针 p 调用虚函数成员 fun
```

通过基类指针 p 调用虚函数成员 fun，将自动调用哪个函数？（　　）

A. B::fun( )　　B. 语法错误

C. A::fun( )　　D. 先调用 A::fun( )，再调用 B::fun( )

（4）下列关于对象多态性的描述中，错误的是（　　）。

A. 应用对象多态性，实际上是用基类来代表派生类

B. 通过基类引用访问派生类对象的虚函数成员，将自动调用基类的函数成员

C. 通过基类对象指针访问派生类对象的虚函数成员，将自动调用派生类的函数成员

D. 应用对象多态性的目的是为提高程序代码的可重用性

（5）下列关于虚函数的描述，错误的是（　　）。

A. 类中的静态函数、构造函数、析构函数都可以是虚函数

B. 基类中声明的虚函数成员被继承到派生类后仍是虚函数

C. 只有虚函数成员才会在调用时表现出多态性

D. 声明虚函数需使用关键字 virtual

（6）下列关于纯虚函数的描述，错误的是（　　）。

A. 定义纯虚函数的目的是为了重用其算法代码

B. 含有纯虚函数成员的类被称为抽象类

C. 纯虚函数没有函数体

D. 纯虚函数在实现之后就是一个正常的虚函数，会在调用时表现出多态性

（7）下列关于抽象类的描述，错误的是（　　）。

A. 可以用抽象类定义对象指针，指向其派生类对象

B. 抽象类的派生类也是抽象类

C. 可以用抽象类定义对象引用，引用其派生类对象

D. 不能用抽象类定义对象，即抽象类不能实例化

2. 填空题

（1）在派生类中定义虚函数时，必须在函数名字前加上________关键字。

（2）在派生类中重新定义虚函数时，除了________，其他都必须与基类中相应的虚函数保持一致。

（3）包含一个或多个纯虚函数的类称为________。

3. 简答题

（1）在 C++ 中，能否声明虚构造函数？为什么？能否声明虚析构函数？为什么？

（2）什么是抽象类？抽象类有何作用？可以声明抽象类的对象吗？为什么？

（3）多态性和虚函数有何作用？

（4）是否使用了虚函数就能实现运行时的多态性？怎样才能实现运行时的多态性？

（5）为什么析构函数总是要求说明为虚函数？

4. 程序阅读题

```
#include<iostream>
using namespace std;
class A{
public:
  virtual ~A( ){
       cout<<"A::~A( ) called "<<endl; }
};
class B:public A{
  char *buf;
public:
B(int i) { buf=new char[i]; }
virtual ~B( ){
       delete [ ]buf;
       cout<<"B::~B( ) called"<<endl;
  }
};
void fun(A *a) {
  delete a;
}
```

```
int main( )
{
    A *a=new B(10);
    fun(a);
    return 0;
}
```

5. 编程题

（1）设计程序实现一个交通工具类 vehicle，将它作为基类派生小车类 car、卡车类 truck 和轮船类 boat，定义这些类并定义一个虚函数用来显示各类信息。

（2）定义抽象类 Shape，在此基础上派生出圆类 Circle、正方形类 Square、三角形类 Triangle，3 个派生类都有构造函数，输入和显示信息函数 Input( )、Show( )，计算面积的函数 Area( )，计算周长的函数 Perim( )。完成以上类的编写，在主函数中动态创建 3 类对象，通过基类的指针指向派生类对象，并调用派生类对象相应函数。

（3）定义猫科动物 Animal 类，由其派生出猫类（Cat）和豹类（Leopard），二者都包含虚函数 sound( )，要求根据派生类对象的不同调用各自重载后的成员函数。

（4）矩形法（Rectangle）积分近似计算公式为：

$$\int_a^b f(x)\mathrm{d}x \approx \Delta x(y_0 + y_1 + \cdots + y_{n-1})$$

梯形法（ladder）积分近似计算公式为：

$$\int_a^b f(x)\mathrm{d}x \approx \frac{\Delta x}{2}\left[y_0+2(y_1+\cdots+y_{n-1})+y_n\right]$$

辛普生法（simpson）积分近似计算公式（n 为偶数）为：

$$\int_a^b f(x)\mathrm{d}x \approx \frac{\Delta x}{3}\left[y_0+y_n+4(y_1+y_3+\cdots+y_{n-1})+2(y_2+y_4+\cdots+y_{n-2})\right]$$

被积函数用派生类引入，定义为纯虚函数。基类（integer）成员数据包括积分上下限 b 和 a，分区数 n，步长 step=$(b-a)/n$，积分值 result。定义积分函数 integerate( ) 为虚函数，它只显示提示信息。派生的矩形法类（rectangle）重定义 integerate( )，采用矩形法做积分运算。派生的梯形法类（ladder）和辛普生法（simpson）类似。试编程，用 3 种方法对下列被积函数进行定积分计算，并比较积分精度。

1）sin(x)，下限为 0.0，上限为 pir/2。

2）exp(x)，下限为 0.0，上限为 1.0。

3）4.0/(1+x*x)，下限为 0.0，上限为 1.0。

（5）某学校有 3 类员工：教师、行政人员、教师兼行政人员，共有的信息包括编号、姓名、性别和职工类别。工资计算方法如下。

教师：基本工资 + 课时数 × 课时补贴。

行政人员：基本工资 + 行政补贴。

教师兼行政人员：基本工资 + 课时数 × 课时补贴 + 行政补贴。

分析以上信息，定义人员抽象类，派生不同类型的员工，并完成工资的计算。

第 13 章　C++ 输入 / 输出流

之前的章节中，程序的输入与输出是在键盘和显示器上进行。但在实际应用中，经常以磁盘文件作为对象，即从磁盘文件中读取数据，将数据输出到文件。由于磁盘是外部存储器，能够永久保存信息，并且能够被重新多次读写和携带使用，因此应用更加广泛。C++ 提供的输入 / 输出流，可以实现无论什么设备或位置，都能以相同的方式处理读写操作，极大的简化了程序员的工作，提高了开发效率。本章主要介绍流和文件的基本概念以及如何使用流来读写文件。

13.1　C++ 的输入 / 输出流

“流”取自于“流动”，指的是物质从一处向另一处流动的过程。C++ 流是指由若干字节组成的字节序列，这些字节中的数据从外部输入设备（如键盘和磁盘）流向内存以及从内存流向外部输出设备（如显示器和磁盘）。C++ 支持 3 种输入 / 输出流，分别为：

1）对标准设备的输入和输出，即从键盘输入数据，输出到显示器。这种输入 / 输出称为标准的输入 / 输出，简称为标准 I/O。

2）对外存（磁盘或光盘）文件的输入和输出，即从文件输入数据，数据输出到文件，这种输入 / 输出称为文件的输入 / 输出，简称为文件 I/O。

3）对内存中指定的空间进行输入和输出，通常指定一个字符数组作为存储空间，这种输入 / 输出称为字符串输入 / 输出，简称为串 I/O。

为了实现数据的有效流动，C++ 编译系统提供了用于输入 / 输出的流类库，其中包含了许多用于输入 / 输出的流类（stream class），常用的流类层次结构如图 13-1 所示。

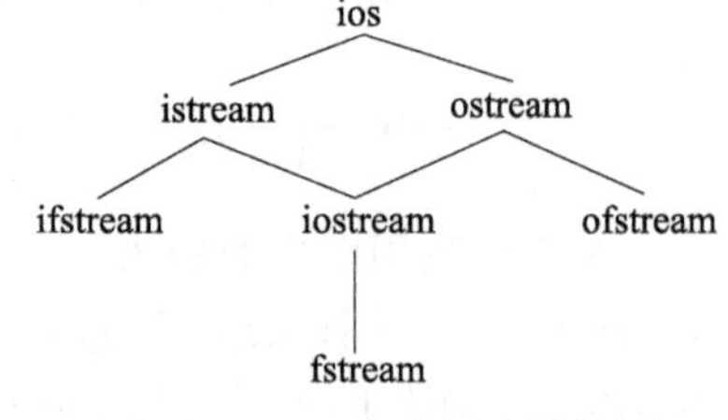

图 13-1　I/O 流类层次结构图

其中 ios 为抽象基类，由它派生出 istream 和 ostream 类。istream 支持输入操作，ostream 支持输出操作，iostream 则是二者的结合，既支持输入操作又支持输出操作。C++ 对文件的输入 / 输出需要用 ifstream 和 ofstream 类。其中，ifstream 支持对文件的输入操作，ofstream 支持对文件的输出操作。ifstream 继承自类 istream，类 ofstream 继承自类 ostream，类 fstream 继承自类 iostream。

实际上，I/O 类库中还有一些其他类，但对于一般用户而言，以上这些已经能满足需要了，如果需要了解类库的内容和使用，可以参阅相应的 C++ 类库手册。

由于 iostream 类库中不同类的声明被放置到不同头文件中，因此读者在使用相应类前，一定要用 #include 指令把相应头文件包含进来。常见的与类库有关的头文件有：

1）iostream：包含了对输入 / 输出流进行操作所需的基本信息。

2）fstream：用于文件的 I/O 操作。

3）strstream：用于字符串流 I/O 操作。

4）iomanip：用于格式化 I/O 操作。

13.2 标准输入 / 输出流

13.2.1 标准输入流

标准输入流是数据从标准输入设备（键盘）流向程序。cin 是预定义流对象，它从标准输入设备（键盘）获取数据，变量通过流提取符“>>”从流中提取数据。流提取符“>>”从流中提取数据时通常跳过输入流中的空格、tab 键、换行符等空白字符。注意：只有在输入完数据并按下回车键，该行数据被送入键盘缓冲区并形成输入流后，提取运算符“>>”才能从中提取数据。这时需要注意保证从流中读取数据的正常进行。

例如：

```
int m,n;
cin>>m>>n;
```

如果从键盘输入：

```
56 cumt
```

变量 m 从输入流中提取整数 56，提取成功，此时 cin 流处于正常状态，但在变量 n 提取一个整数时，遇到了字母 'c'，显然提取操作失败。此时，cin 流被置为出错状态。

实际上，当遇到无效字符或文件结束符（不是换行符）时，cin 流就处于出错状态，此时对 cin 流的所有提取操作将终止。当 cin 流处于正常状态时，cin 为非 0 值，而当 cin 流处于出错状态时，cin 为 0 值。因此，可以通过测试 cin 的值来判断流对象的当前状态。

【例 13-1】测试 cin 的值，遇到无效字符或者文件结束符时，输入流 cin 就处于出错状态，同时判断流对象是否处于正常状态。

```
#include <iostream>
using namespace std;
int main( )
{
    int x,y;
    cout<<"Enter x,y : ";
    cin>>x>>y;
    cout<<"cin:"<<cin<<endl;
    if(!cin)
    { cout<<"error"<<endl;
    cout<<x<<','<<y<<endl;
    }
    else
     { cout<<"right"<<endl;
     cout<<x<<','<<y<<endl;
     }
 return 0;
}
```

运行结果如下：

（1）正常数据输入

```
Enter x,y : 3 7
cin:0047B888
right
3,7
```

（2）异常数据输入

```
Enter x,y : w x
cin:00000000
error
-858993460, -858993460
```

流提取符“>>”不断地从流中提取数据（每次提取一个整数），如果成功，就将提取到的值赋给变量 x、y，同时 cin 为非 0 并继续循环。如果键入的是异常数据，cin 提取失败，其为 0 值，因此循环结束。

除了可以用 cin 输入标准类型的数据外，还可以用 istream 类流对象的一些成员函数，实现字符的输入。下面是几个常用的用于字符输入的流成员函数。

（1）get( ) 函数

流成员函数 get( ) 有 3 种重载形式：①无参数；②有一个参数；③有多个参数。

1）无参数的 get( ) 函数，函数原型为：int get( )。

其作用是从输入流中提取一个字符（含空白字符），函数的返回值就是读入字符的 ASCII 码值。若遇到文件结束符，则函数值为文件结束标志 EOF（End Of File），一般以 -1 代表 EOF。例如：

```
char c;
c=cin.get( ); // 从键盘获得一个字符，赋给 c
```

2）有一个参数的 get( ) 函数，函数原型为：istream& get(char& c)。

其作用是从输入流中读取一个字符，赋给字符变量 c。如果读取成功则函数返回非 0 值，如失败（遇文件结束符）则函数返回 0 值。例如：

```
char c1, c2, c3;
cin.get(c1).get(c2).get(c3); // 从键盘依次获得三个字符，分别赋给 c1, c2, c3
```

由于函数返回值仍然为输入流的对象，因此该函数可以串联使用，这一点类似于流提取符“>>”。

【例 13-2】 用 get( ) 和 get(char) 函数读入字符。

```
#include <iostream>
using namespace std;
int main( )
{
    char c1,c2,c3;
    c1=cin.get( ); // 调用流成员函数 get( )
   cin.get(c2).get(c3); // 调用流成员函数 get(char)
    cout<<c1<<" "<<c2<<" "<<c3<<endl; // 打印字符
    cout<<(int)c1<<" "<<(int)c2<<" "<<(int)c3<<endl; // 打印字符的 ASCII 值
   return 0;
}
```

运行结果如下（测试一）：

```
a b c↙                  // 输入字符
a      b                // 输出字符
97   32   98            // 输出字符的 ASCII 值
```

可以看出，get( ) 函数将输入流中的空格符作为有效字符读入进来，故变量 c1 的内容为字母 'a'，变量 c2 的内容为一个空格（ASCII 值为 32），变量 c3 的内容为字母 'b'。

运行结果如下（测试二）：

```
a ↙                     // 输入字符，a 和回车之间有一个空格
a
                        // 输出字符 a，空格，以及回车
97  32  10              // 输出字符的 ASCII 值
```

可以看出，get( ) 函数遇到"回车"键作为结束，遇空格不结束，同时不丢弃输入流中的结束符，即保留"回车"符。因此，变量 c1 的内容为字母 'a'，变量 c2 的内容为一个空格（ASCII 值为 32），变量 c3 的内容为回车（ASCII 值为 10）。

3）带多个参数的 get( ) 函数，函数原型为：

```
istream& get(char *str,int n,char delim='\n'); // 第三个参数带有默认值 '\n'
```

其作用是从输入流中读取 n−1 个字符，赋给字符指针指向的数组 str，如果在读取 n−1 个字符之前遇到指定的终止字符 delim，则提前结束读取。如果读取成功则函数返回非 0 值，如失败（遇文件结束符）则函数返回 0 值（假）。例如：

```
char ch[20];
cin.get(ch,10,'\n');
```

该语句执行的结果是从输入流中读取读取 9 个（即 n−1 个）字符并赋给数组 ch 中的前 9 个元素。也许有人会问，指定 n 为 10，为什么只读取 9 个字符？这是因为存放的是一个字符串，因此在 9 个字符之后要加入字符串结束标志（'\0'），实际上数组中存放的是 10 个字符。如果没有读完 9 个字符之前就遇到了终止字符 '\n'，读取操作终止，在读入字符的最后存放字符串结束标志（'\0'）。

通过函数原型可知，get( ) 函数中的第 3 个参数可以省略，因为它是带有默认值（'\n'）的参数。下面两行等价：

```
cin.get(ch,10,'\n');
cin.get(ch,10);
```

终止字符也可以是用户自己指定的其他字符。例如：

```
cin.get(ch,10,'x');
```

（2）getline( ) 函数

函数原型为：

```
istream& getline(char *str, int n, char delim='\n');
```

其作用是从输入流中读取一行字符，功能类似于带多个参数的 get( ) 函数。该函数遇到下列情况之一，则终止读入：

1）n−1 个字符已经读入。

2）遇到结束符 delim。

3）遇到一个 EOF，或者在读入字符的过程中遇到错误。

需要注意的是，在遇到结束符 delim 后，delim 会被丢弃，不存入 str 中。在下次读入操作时，

将在 delim 的下一个字符开始读入。

【例 13-3】用 getline( ) 函数读入一行字符。

```
#include <iostream>
using namespace std;
int main( )
{
    char ch[20];
    cout<<"enter a sentence:"<<endl;
    cin>>ch;
    cout<<"The string read with cin is:"<<ch<<endl;
    cin.getline(ch,20,'/');    // 读 19 个字符或遇 '/' 结束
    cout<<"The second part is:"<<ch<<endl;
    cin.getline(ch,20);        // 读 20 个字符或遇 '\n' 结束
    cout<<"The third part is:"<<ch<<endl;
    return 0;
}
```

运行结果如下：

```
enter a sentence: I like C++./I study C++./I am happy. ↙
The string read with cin is:I
The second part is: like C++.
The third part is:I study C++./I am h
```

用“cin>>”从输入流提取数据，遇到空格就终止。因此只读取了一个字符 'I'，存放到数组元素 ch[0] 中，然后在 ch[1] 中存放 '\0'。因此用“cout<<ch”时，只输出一个字符 'I'。然后用 cin.getline(ch,20, '/') 从输入流读取 19 个字符（或遇到 '/' 结束）。请注意，此时并不是从输入流的开头读取数据。在输入流中有一个字符指针，指向当前应访问的字符。在开始时，指针指向第一个字符，在读入第一个字符 'I' 后，指针就移动到下一个字符（'I' 后面的空格），所以 getline( ) 函数从第一个空格读起，遇到 '/' 就停止，把字符串 " like C++." 存放到 ch[0] 开始的 10 个数组元素中，然后用“cout<<ch”输出这 10 个字符。注意：遇到终止字符 '/' 时停止读取，但 '/' 并不放到数组中。再用 getline(ch,20) 读取 19 个字符（或遇 '\n' 终止），由于未指定以 '/' 为结束标志，所以第 2 个 '/' 被当做普通字符读取，共读入 19 个字符，最后输出这 19 个字符。

用 cin.getline( ) 函数从输入流中读字符时，遇到终止字符时结束，指针移到该终止字符之后，下一个 getline( ) 函数将从该终止标志的下一个字符开始接着读取，如本程序运行结果所示。如果用 cin.get( ) 函数从输入流读字符时，遇到终止字符时停止读取，但是指针不向后移动，仍然停留在原位置，下一次读取时仍从该终止字符开始，这是 getline( ) 和 get( ) 函数的区别所在。如果把上例中的两个 cin.getline( ) 函数都换成以下函数调用：

```
cin.get(ch,20, '/');
```

则运行结果为：

```
enter a sentence: I like C++./I study C++./I am happy. ↙
The string read with cin is:I
The second part is: like C++.
The third part is:    // 没有任何字符输出！
```

出现上述情况的原因主要是输入流中存在残留的数据，因此忽略这些残留数据的函数可以有助于选择性的读取数据，或者避免一些意外情况的出现。

（3）ignore( ) 函数

函数原型为：

```
istream &ignore( int n=1, int delim=EOF ); // 均带有默认值参数
```

其作用是跳过输入流中的 n 个字符，或在遇到指定的终止字符时提前结束（此时跳过包括终止字符在内的若干字符）。例如：

```
ignore(5, 'A') // 跳过输入流中 5 个字符，遇 'A' 后就不再跳了
```

也可以不带参数或只带一个参数。例如：

```
ignore( ) //n 默认值为 1，终止字符默认为 EOF
```

相当于

```
ignore(1,EOF)
```

【例 13-4】不用 ignore( ) 函数的情况。

```
#include <iostream>
using namespace std;
int main( )
{
    char ch[20];
    cin.get(ch,20,'/');
    cout<<"The first part is:"<<ch<<endl;
    cin.get(ch,20,'/');
    cout<<"The second part is:"<<ch<<endl;
    return 0;
}
```

运行结果如下：

```
I like C++./I study C++./I am happy. ↙
The first part is:I like C++.
The second part is:  // 字符数组 ch 中没有从输入流中读取有效字符
```

前面已经对此作过说明。如果希望第二个 cin.get( ) 函数能读取 "I study C++."，就应该跳过输入流中第一个 '/'，可以用 ignore( ) 函数来实现此目的，将程序修改如下：

```
#include <iostream>
using namespace std;
int main( )
{
    char ch[20];
    cin.get(ch,20,'/');
    cout<<"The first part is:"<<ch<<endl;
    cin.ignore( );// 跳过输入流中一个字符
    cin.get(ch,20,'/');
    cout<<"The second part is:"<<ch<<endl;
    return 0;
```

```
    }
```

运行结果如下：

```
    I like C++./I study C++./I am happy.↙
    The first part is:I like C++.
    The second part is:I study C++.
```

（4）eof( ) 函数

eof 是 end of file 的缩写，表示“文件结束”。从输入流读取数据，如果到达文件末尾（遇文件结束符），eof( ) 函数值为非 0 值（true），否则为 0（false）。

【例 13-5】逐个读入一行字符，将其中的非空格字符输出。

```
#include <iostream>
using namespace std;
int main( )
{
    char c;
    while(!cin.eof( ))//eof( ) 为假表示未遇到文件结束符
    if((c=cin.get( ))!=' ') // 检查读入的字符是否为空格字符
      cout.put(c);
    return 0;
}
```

运行结果如下：

```
C++ is very interesting.↙
C++isveryinteresting.
^Z      // 文件结束符
```

其中，^Z 是指在键盘上按下 ctrl+Z 时，ctrl+Z 在显示器上的显示形式，代表文件结束符 EOF。

（5）peek( ) 函数

函数原型为：

```
int peek( );
```

peek 是“观察”的意思，其作用是返回输入流中指针指向的当前字符，但它只是观测，指针仍停留在当前位置，并不后移。如果要访问的字符是文件结束符，则函数值是 EOF（即整数 -1）。

其调用形式为：

```
c=cin.peek( );
```

（6）putback( ) 函数

函数原型为：

```
istream& putback(char c);
```

其作用是将前面用 get( ) 或 getline( ) 函数从输入流中读取的字符 c 返回到输入流，插入到当前指针位置，以供后面读取。

其调用形式为：

```
cin.putback(ch);
```

【例 13-6】peek( ) 函数和 putback( ) 函数的用法。

```
#include <iostream>
using namespace std;
int main( )
{
    char c;
    int n;
    char str[256];
    cout<<"Enter a number or a word: ";
    c=cin.get( );
    if ((c>='0')&&(c<='9'))
    {
    cin.putback(c);
    cin>>n;
    cout<<"You have entered number: "<<n<<endl; }
    else
    {
    cin.putback(c);
    cin>>str;
    cout<<"You have entered word: "<<str<<endl; }
    return 0;
}
```

运行结果如下：

```
Enter a number or a word: apple↙
You have entered word: apple
```

以上介绍的各个成员函数，不仅可以用 cin 流对象来调用，而且也可以用 istream 类的其他流对象调用。

13.2.2 标准输出流

标准输出流是流向标准输出设备（显示器）的数据。ostream 类定义了三个输出流对象：cout、cerr 和 clog，分述如下。

（1）cout 流对象

cout 是 console output 的缩写，意为在控制台（终端显示器）的输出。cout 不是 C++ 关键字，它是 ostream 流类的对象，在 iostream 中定义。用"cout<<"输出标准类型的数据时，系统会并根据其类型选择调用与之匹配的运算符重载函数。cout 流在内存中对应开辟了一个缓冲区，用来存放流中的数据，当向 cout 流插入一个 endl 时，不论缓冲区是否已满，都立即输出流中的所有数据，然后插入一个换行符，并刷新流（清空缓冲区）。在 iostream 中只对"<<"和">>"运算符用于标准类型数据的输入 / 输出进行了重载，但没有对用户自定义类型数据的输入 / 输出进行重载。

（2）cerr 流对象

cerr 流已被指定为与显示器关联，其作用是向标准错误设备输出有关出错信息。cerr 与 cout 的作用和用法差不多。但有一点不同：cout 流通常是传送到显示器输出，但是可以被重定向输出到磁盘文件，而 cerr 流中的信息只能在显示器输出。当调试程序时，往往不希望程序运行时的出错信息被送到其他文件，而要求在显示器上及时输出，这时应该使用 cerr 对象。

（3）clog 流对象

clog 流对象也是标准错误流，它是 console log 的缩写。它的作用和 cerr 相同，都是在显示器上显示出错信息。两者的区别是 cerr 是不经过缓冲区，直接向显示器上输出有关信息，而 clog 中的信息存放在缓冲区中，缓冲区满后或遇 endl 时向显示器输出。

【例 13-7】 cout 和 cerr 的区别。

```
// 源程序命名为 test.cpp
#include<iostream>
using namespace std;
int main( )
{
    cout<<"hello world---cout"<<endl;
    cerr<<"hello world---cerr"<<endl;
    return 0;
}
```

该程序在 Dev C++ 编辑环境下运行，输出结果如下：

```
hello world---cout
hello world---cerr
```

但是如果在 windows 命令行界面，运行结果如下：

```
C:\> test >>cout.txt ↙
hello world---cerr
```

同时在 C 盘根目录下生成一个 cout.txt 文件，其内容为“hello world---cout”。这说明 cout 的输出可以重定向到一个文件中，而 cerr 必须输出在显示器上。注意：该程序可以在命令行界面运行的前提是由 test.cpp 源文件编译运行生成的 test.exe 文件存放在 C 盘根目录下。

13.2.3　格式控制

在输出数据时，有时希望数据按指定的格式输出。有两种方法可以达到此目的：一种是第 2 章已介绍过的使用控制符的方法；另一种是使用流对象的有关成员函数。

（1）使用控制符控制输出格式

输入 / 输出流的控制符见表 13-1。

表 13-1　输入 / 输出流的控制符

控制符	作用
dec	设置整数的基数为 10
hex	设置整数的基数为 16
oct	设置整数的基数为 8
setbase(n)	设置整数的基数为 n（n 只能是 8、10、16 三者之一）
setfill(c)	设置填充字符 c，c 可以是字符常量或字符变量
setprecision(n)	设置实数的精度为 n 位。在以一般十进制小数形式输出时，n 代表有效数字。在以 fixed（固定小数位数）形式和 scientific(指数) 形式输出时，n 为小数位数

（续）

控制符	作用
setw(n)	设置字段宽度为 n 位
setiosflags(ios::showbase)	输出时显示进制指示符（0 表示八进制，0x 或 0X 表示十六进制）
setiosflags(ios::fixed)	设置浮点数以固定的小数位数显示
setiosflags(ios::scientific)	设置浮点数以科学计数法（即指数形式）显示
setiosflags(ios::left)	输出数据左对齐
setiosflags(ios::right)	输出数据右对齐
setiosflags(ios::skipws)	忽略前导的空格
setiosflags(ios::uppercase)	在以科学计数法输出 E 和十六进制输出字母 X 时，以大写表示
setiosflags(ios::showpos)	输出正数时，给出 “+” 号
resetiosflags( )	终止已设置的输出格式状态，在括号中应指定内容

注意：这些控制符是在头文件 iomanip 中定义的，因而程序中应当包含 iomanip。

【**例 13-8**】用控制符控制输出格式。

```
#include<iostream>
#include<iomanip>
using namespace std;
int main( )
{
    int a=10;
    double b=314159.26;
    cout<<a<<endl;                              // 以十进制形式输出
    cout<<setbase(8);                           // 以八进制形式输出
    cout<<setiosflags(ios::showbase);           // 显示进制指示符
    cout<<a<<endl;
    cout<<setprecision(7);                      // 设置精度为 7 位
    cout<<b<<endl;
    cout<<setiosflags(ios::fixed);            // 设置以固定小数点方式输出
    cout<<setprecision(4);                    // 设置小数点后保留 4 位
    cout<<b<<endl;
    // 设置以指数形式输出，同时字母大写且左对齐
    cout<<setiosflags(ios::scientific|ios::uppercase|ios::left);
    cout<<setw(20);                             // 设置显示域宽为 20
    cout<<setfill('*');                       // 空白处以 '*' 填充
    cout<<-b<<endl;                             // 以负数方式输出
    // 取消指数形式输出，同时字母大写且左对齐的设置
    cout<<resetiosflags(ios::scientific|ios::uppercase|ios::left);
    cout<<setfill(' ');                       // 空白处以 ' ' 填充
    cout<<setprecision(6);
```

```
    cout<<setw(20);
    cout<<b<<endl;
    return 0;
}
```

运行结果如下：

```
10                    （以十进制形式输出）
012                   （以八进制形式输出，且显示进制指示符）
314159.3              （设置精度为 7 位）
314159.2600           （以固定小数点形式输出，小数点后保留 4 位）
-3.142E+005*********  （以指数形式左对齐输出，域宽为 20，空白处以 '*' 填充）
314159.260000         （域宽为 20，小数点后保留 6 位，空白处以 '' 填充）
```

（2）用流对象的成员函数控制输出格式

除了可以用控制符来控制输出格式外，还可以通过调用流对象 cout 中用于控制输出格式的成员函数来控制输出格式。用于控制输出格式的流成员函数见表 13-2。

表 13-2 用于控制输出格式的流成员函数

流成员函数	与之作用相同的控制符	作用
precision(n)	setprecision(n)	设置实数的精度为 n 位
width(n)	setw(n)	设置字段宽度为 n 位
fill(c)	setfill(c)	设置填充字符 c
setf( )	setiosflags( )	设置输出格式状态，括号中应给出格式状态，内容与控制符 setiosflags 括号中内容相同
ubsetf( )	resetiosflags( )	终止已设置的输出格式状态

流成员函数 setf( ) 和控制符 setiosflags( ) 括号中的参数表示格式状态，它是通过格式标志来指定的。格式标志在类 ios 中被定义为枚举值。因此在引用这些格式标志时要在前面加上类名 ios 和域运算符“::”。具体的格式标志及其作用见表 13-3。

表 13-3 设置格式状态的格式标志及其作用

格式标志	作用
ios::left	输出数据在本域宽范围内左对齐
ios::right	输出数据在本域宽范围内右对齐
ios::internal	数值的符号位在域宽内左对齐，数值右对齐，中间由填充字符填充
ios::dec	设置整数的基数为 10
ios::oct	设置整数的基数为 8
ios::hex	设置整数的基数为 16
ios::showbase	强制输出整数的基数（八进制以 0 打头，十六进制以 0x 打头）
ios::showpoint	强制输出浮点数的小点和尾数 0
ios::uppercase	在以科学计数法输出 E 和十六进制输出字母 X 时，以大写表示
ios::showpos	输出正数时，给出“+”号。
ios::scientific	设置浮点数以科学计数法（即指数形式）显示

（续）

格式标志	作用
ios::fixed	设置浮点数以固定的小数位数显示
ios::unitbuf	每次输出后刷新所有流
ios::stdio	每次输出后清除 stdout、stderr

【例 13-9】将【例 13-8】中的内容用流控制成员函数输出数据。

```
#include<iostream>
#include<iomanip>
using namespace std;
int main( )
{
    int a=10;
    double b=314159.26;
    cout<<a<<endl;
    cout.unsetf(ios::dec); // 取消默认的十进制形式
    cout.setf(ios::oct|ios::showbase);
    cout<<a<<endl;
    cout.precision(7);
    cout<<b<<endl;
    cout.setf(ios::fixed);
    cout.precision(4);
    cout<<b<<endl;
    cout.setf(ios::scientific|ios::uppercase|ios::left);
    cout.width(20);
    cout.fill('*');
    cout<<-b<<endl;
    cout.unsetf(ios::scientific|ios::uppercase|ios::left);
    cout.precision(6);
    cout.width(20);
    cout.fill(' ');
    cout<<b<<endl;
    return 0;
}
```

可以看出，两种方法达到的效果是相同的，只是形式不同。

（3）put( ) 函数

ostream 类除了提供上面介绍过的用于格式控制的成员函数外，还提供了专用于输出单个字符的成员函数 put( )。例如：

```
cout.put('a');
```

调用该函数的结果是在显示器上显示一个字符 a。put( ) 函数的参数可以是字符或字符的 ASCII 代码（也可以是一个整型表达式）。例如：

```
cout.put(65+32);
```

也显示字符 a，因为 97 是字符 'a' 的 ASCII 值。

13.3　文件与文件流

文件（file）是程序设计中一个重要的概念。在磁盘上保存的信息是按文件的形式组织的，每个文件都对应一个文件名，并且属于某个物理盘或逻辑盘的目录层次结构中一个确定的目录之下。一个文件名由文件名和扩展名两部分组成，它们之间用圆点“.”分开，扩展名可以省略，当省略时也要同时省略掉前面的圆点。文件扩展名一般由 1～3 个字符组成，通常用它来区分文件的类型。例如，在 C++ 中，用扩展名 .h 表示头文件，用扩展名 .cpp 表示源程序文件，用 .exe 表示可执行文件。

文件流是以外存文件为输入输出对象的数据流。C++ 的 I/O 类库中定义了几种文件流类，专门用于对外存文件的输入输出操作。

1）ifstream 类，它是从 istream 类派生的，用来支持从磁盘文件的输入。

2）ofstream 类，它是从 ostream 类派生的，用来支持向磁盘文件的输出。

3）fstream 类，它是从 iostream 类派生的，用来支持对磁盘文件的输入输出。

因此，在 C++ 中进行文件操作时，要包含相应的头文件，例如：

```
#include <fstream>
```

13.3.1　文件的类型

按照不同的划分标准，可以把文件划分为不同的类别。本章中主要讨论文本文件和二进制文件。文本文件是基于字符编码的文件，常见的编码有 ASCII 编码、UNICODE 编码等。当打开一个文本文件时，首先读取文件物理上所对应的二进制比特流，然后按照所选择的解码方式来解释这个流，最后将解释结果显示出来。本书以 ASCII 编码为例，ASCII 码的一个字符是 8bit，对于内容为“01000001 01000010 01000011 01000100”的文件流（二进制比特流中的空格是手动添加的，仅仅为了增强可读性），第一个 8bit“01000001”按 ASCII 码来解码的话，所对应的字符是字符 'A'，同理其他 3 个 8bit 可分别解码为 "BCD"，即这个文件流可解释成“ABCD”，最后可以将“ABCD”显示在显示器上。

而二进制文件是基于值编码的文件，可以根据具体应用，指定某个值代表的含义。例如，指定读取的 4B 为一个整型值，那么文件流“00000000 00000000 00000000 01000001”二进制文件中对应的是一个 4B 的整数 65，但在文本文件中则被解释成“A”4 个字符（字符 'A' 前面是 3 个空格），如图 13-2 所示。

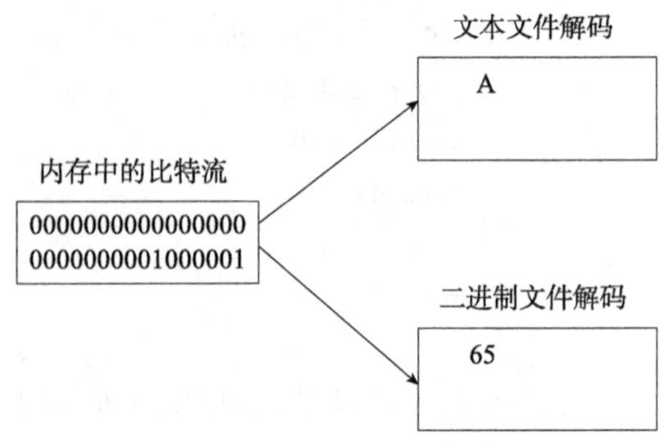

图 13-2　文本文件和二进制文件的解码对比

可以看出，对于字符信息，数据的内部表示就是 ASCII 码表示，所以在文本文件和在二进制文件中保存的字符信息没有差别；但对于数值信息，数据的内部表示和 ASCII 码表示截然不同，所以在文本文件和在二进制文件中保存的数值信息也截然不同。例如，一个短整型数 1069，对应的二进制编码为 000010000010111，占 2B；若用 ASCII 码表示则为 4B，每个字节依次为 00000001 00000000 00000110 00001001。当从内存向文本文件输出数值数据时需要自动转换成它的文本码表示；相反，当从文本文件向内存输入数值数据时也需要自动将它转换为内部表示，而二进制文件的输入输出则不需要转换，仅是内外存信息的直接拷贝，显然比文本文件的输入输出要快得多。所以当文件主要是为了数据处理时，则宜用二进制文件；若主要是为了输出到显示器或打印机供人们阅读，或者是为了供其他软件使用时，则宜用文本文件。

13.3.2 文件流的操作

对比标准的输入流对象（cin）和输出流对象（cout），由于它们在 iostream 头文件中已经定义好，用户无需自己定义，可以直接使用。但在操作磁盘文件时，由于事先没有统一的定义，必须由用户来定义。因此可以用下面的方法建立相应的文件流对象：

```
ifstream infile;  // 定义了一个输入文件流对象 infile，用于从文件中读取数据
ofstream outfile; // 定义了一个输出文件流对象 outfile，用于往文件中写入数据
// 下行定义了一个输入 / 输出文件流对象 file，既可以从文件中读取，也可以往文件里写入
fstream file;
```

另外，标准的输入流对象 cin 与输入设备（键盘）建立了关联，而标准的输出流对象 cout 与输出设备（显示器）建立了关联，因此在程序执行时，遇到 cin 就直接从键盘获得数据，遇到 cout 就直接输出到显示器上。所以，在操作文件时，除了定义好需要的文件流对象，还需要将该对象与某一磁盘文件建立关联。这样在后续操作中，使用文件流对象进行输入和输出时，就是从指定的文件中读取和写入。

（1）打开磁盘文件

所谓打开文件是指为文件流对象和指定的文件建立关联，同时指定文件的工作方式，例如，该文件作为输入文件还是输出文件，是 ASCII 文件还是二进制文件等。

上述工作可以通过两种不同的方法来实现。

1）利用构造函数。在声明文件流类时定义了带参数的构造函数，其中包含了打开磁盘文件的功能。因此，可以在定义文件流对象时指定参数，调用文件流类的构造函数实现打开文件的功能。例如：

```
ofstream outfile("file.dat",ios::out);
```

在创建文件流对象 outfile 的同时，系统自动调用构造函数，将 outfile 和 file.dat 文件建立了关联，同时指定以输出的方式打开文件，即当 outfile 输出数据时，写入文件 file.dat 中。实际上，磁盘文件名中可以包括路径，比如“d:\\cpp\\file.dat”，如果不含路径，则默认为当前目录下的文件。

由于 ifstream 默认以输入方式打开文件，而 ofstream 默认以输出方式打开文件，用它们定义文件流对象时，第二个参数可以省略。

2）调用文件流的成员函数 open( )。在 fstream 类中，有一个成员函数 open( )，用来打开文件，其原型为：

```
void open(const char* filename,int mode,int access);
```

参数 filename 用于指定要打开的文件名，mode 用于指定打开文件的方式，access 用于指定打开文件的属性。例如：

```
ofstream outfile;  // 定义 ofstream 类（输出文件流类）对象 outfile
outfile.open("file1.dat",ios::out); // 使文件流对象与文件 file1.dat 建立关联
```

其中，打开文件的属性取值见表 13-4，打开文件的方式在类 ios（是所有流式 I/O 类的基类）中定义，常用的值见表 13-5。

表 13-4　打开文件的属性取值表

取值	功能	取值	功能
0	普通文件，打开访问	2	隐含文件
1	只读文件	4	系统文件

表 13-5　文件的部分输入 / 输出方式枚举常量

方式	功能
ios::in	以输入方式打开文件
ios::out	以输出方式找开文件，如果已有此名字的文件，则将其原有的内容全部清除
ios::app	以输出方式打开，写入的数据添加到文件尾部
ios::ate	打开一个已有的文件，把文件指针移到文件末尾
ios::trunc	打开一个文件，如果文件已存在，删除文件中的全部数据，若文件不存在，则建立新文件。如已指定 out 方式，而未制定 in 和 app，则默认此方式
ios::nocreate	打开一个已存在文件，若文件不存在，则打开失败
ios::noreplace	打开一个文件，若文件不存在，则新建新文件，若存在，则打开失败
ios::binary	以二进制方式打开一个文件，如不指定此方式，则默认为文本文件
ios::in|ios::out	以读和写的方式打开文件
ios::out|ios::binary	以二进制写方式打开文件
ios::in|ios::binary	以二进制读方式打开文件

可以通过“|”（按位或）运算符将多个属性连接起来，例如，1|2 就是以只读和隐含属性打开文件。例如，以二进制输入方式打开文件 c:\config.sys　/* 以 DOS 为基础的操作系统文件的保存路径格式 */:

```
fstream file1;
file1.open("c:\\config.sys",ios::binary|ios::in,0); /*c:\\config.sys" 用于表示 open 函数打开此文件的方式 */
```

如果 open 函数只有文件名一个参数，则是以读 / 写普通文件打开，即：

```
file1.open("c:\\config.sys");
```

等价于

```
file1.open("c:\\config.sys",ios::in|ios::out,0);
```

说明：

1）因为 ios::nocreate 和 ios::noreplace 与系统平台相关密切，所以在新版 C++ 标准中去掉了对它们的支持。

2）每一个打开的文件都有一个文件指针，指针的开始位置由打开方式指定，每次读写都从文件指针的当前位置开始。每读一个字节，指针就后移一个字节。当文件指针移到最后，会遇到文件结束符 EOF，此时流对象的成员函数 eof( ) 返回非 0 值，表示文件结束。

3）用 in 方式打开文件只能用于输入数据，而且该文件必须已经存在；用 app 方式打开文件，此时文件必须存在，打开时文件指针处于末尾，且该方式只能用于输出；用 ate 方式打开一个已存在的文件，文件指针自动移到文件末尾，数据可以写入到其中。

如果文件需要用两种或多种方式打开，则用按位或运算符“|”对输入输出方式进行组合。如果文件打开操作失败，open 函数的返回值为 0，用构造函数打开的话，流对象的值为 0。无论使用哪一种方式打开文件，一般都需要在程序中测试文件是否成功打开。例如：

```
if(outfile.open("file1.dat",ios::app)==0)
cout<< "open error!";
```

（2）关闭文件

在每次对文件 I/O 操作结束后，都需要把文件关闭，那么就需要用到文件流类的成员函数 close ( )。其一般调用形式为：

```
流对象 .close( );
```

关闭实际上就是解除文件流对象和磁盘文件的关联。这样，就不能再通过文件流对象对该文件进行输入或输出。

13.3.3　对文本文件的操作

由于标准的输入 / 输出，即从键盘输入和输出至显示器，都是将数据按照 ASCII 码进行转换的，因此对文本文件的读写操作类似于标准的输入 / 输出，可以用如下两种方法：

1）用流插入运算符“<<”和流提取运算符“>>”输入 / 输出标准类型的数据。

2）用前面介绍的文件流的 put( )、get( )、getline( ) 等成员函数进行字符的输入 / 输出。

📖 虽然对数据都是解释成 ASCII 码流进行读写，但对于非字符型数据，运算符“<<”和“>>”能够自动进行转换。

【例 13-10】把整型数组的所有元素写入文本文件中存放。

```
#include<iostream>
#include<fstream>
using namespace std;
int main( )
{
    //创建文件流对象，并以输出方式与 try.txt 文件建立关联
    fstream f("d:\\try.txt",ios::out);
    f<<1234<<' '<<3.14<<'A'<<"How are you";      //往文件中写入数据
    f.close( );                                   //关闭文件
    f.open("d:\\try.txt",ios::in);     //以输入方式与 try.txt 文件建立关联
    int i;
    double d;
    char c;
    char s1[20];
    char s2[20];
    f>>i>>d>>c>>s1;                               //从文件中读取数据
    f.getline(s2,20);
    cout<<i<<endl;                                //在显示器上显示读取到的数据
    cout<<d<<endl;
    cout<<c<<endl;
```

```
        cout<<s1<<endl;
        cout<<s2<<endl;
        f.close( );
        return 0;
    }
```

运行结果如下：

```
    1234
    3.14
    A
    How
    are you
```

程序运行完毕，打开程序所在位置的磁盘文件 try.txt，其内容如下所示：

```
    1234 3.14A How are you
```

说明：

1）fstream 类定义的对象 f 既可以输入又可以输出，因此在定义该对象时，通过构造函数以输出方式与 D 盘上的文件 try.txt 建立了关联，该文件不存在时系统会自动创建一个。文件关闭后，文件流对象 f 断开了与磁盘文件的关联。

2）当需要从文件中读取数据时，利用 open( ) 函数再次建立文件流对象 f 与磁盘文件 try.txt 的关联，但此次建立是以输入方式 ios::in 完成的。使用完毕后，关闭文件。

3）由于文件是在外存中存储，而外存比较容易发生故障，因此一般在执行完打开操作后立即进行异常处理，判断打开操作是否正常完成。如前所述，如果打开失败，outfile 对象的值为 0，这时就会输出出错信息“open error”，然后调用系统函数 exit(n) 直接退出程序，其中参数 n 理论上可为任意整数，常用 0、1 或其他整数。

4）由于流提取运算符“>>”将空格、tab 键或回车作为分隔符，所以在在向文件输出一个数据后，要输出一个（或者几个）分隔符作为数据间的分割，否则以后从磁盘文件中读取数据时，会由于这些数据连成了一片而无法区分。本例中的分隔符采用的是空格。

【例 13-11】从键盘读入一行字符，把其中的数字依次存放在文件 number.txt 中。再从文件 number.txt 中读入 5 个整数放在数组中，找出并输出 5 个数中的最大者和它在数组中的序号。

```
    #include <fstream>
    #include <iostream>
    using namespace std;
    // 从键盘读入一行字符，并将其中的字母存入磁盘文件
    void save_to_file( )
    {
        ofstream outfile("number.txt");// 定义输出文件流对象 outfile，以输出方式打开磁盘文件 number.txt
        if(!outfile)
        {
        cerr<<"open number.txt error!"<<endl;
        exit(1);
        }
        char c[80];
```

```
    cin.getline(c,80); // 从键盘读入一行字符
    for(int i=0;c[i]!=0;i++) // 对字符逐个处理，直到遇 '\0' 为止
    if(c[i]>='0' && c[i]<='9')// 判断是否数字
    {
        outfile.put(c[i]).put(' '); // 将数字存入磁盘文件 number.txt
        cout<<c[i]; // 同时送显示器显示
    }
    cout<<endl;
    outfile.close( );  // 关闭 number.txt
}
/* 从磁盘文件 number.txt 读入 5 个整数放在数组中，找出并输出 5 个数中的最大者和它在数组
中的序号。*/
void get_from_file( )
{
    const int LEN=5;
    int a[LEN],max,i,order;
    ifstream infile("number.txt",ios::in);// 定义输入文件流对象 infile，以输入方式打开文件
    if(!infile)
    {
    cerr<<"open number.txt error!"<<endl;
    exit(1);
    }
    for(i=0;i<LEN;i++)
    {
    infile>>a[i];// 从磁盘文件依次读入 5 个整数，顺序存放在 a 数组中
    cout<<a[i]<<" "; // 在显示器上顺序显示 5 个数
    }
    cout<<endl;
    max=a[0]; // 先将第 1 个数组元素（下标为 0）赋给 max
    order=0; // 记录下标
    for(i=1;i<LEN;i++)
    if(a[i]>max)
    {
    max=a[i];       // 将当前最大值放在 max 中
    order=i;        // 将当前最大值的元素序号放在 order 中
    }
    cout<<"max="<<max<<endl<<"order="<<order<<endl;
    infile.close( );
}
int main( )
{
```

```
        save_to_file( );
        get_from_file( );
        return 0;
    }
```

运行结果如下：

```
9I5er286 ry30#1↙
95286301
9 5 2 8 6
max=9
order=0
```

磁盘文件 number.txt 的内容如下所示：

```
9 5 2 8 6 3 0 1
```

本程序用到了前面介绍的文件流的 put( )、getline( ) 等成员函数实现输入和输出。详细使用方式及说明请参见 13.2.1 节和 13.2.2 节。

13.3.4　对二进制文件的操作

如前所述，二进制文件是将内存中数据存储形式不加转换地直接传送到文件里，因此又称其为“内存数据的映像文件”。相比较文本文件的来回转换，用二进制文件进行输入输出的效率更高。

对二进制文件的操作和对文本文件的操作相似，而且打开时要指定工作方式为 ios::binary。二进制文件除了可以作为输入文件或输出文件进行单向操作外，还可以是既能输入同时又能输出的文件，这是和文本文件不同的地方。

对二进制文件的读写主要通过调用成员函数 read( ) 和 write( ) 来实现。它们的原型为：

```
istream &read(char *buffer,int len);
ostream &write(const char *buffer,int len);
```

两者参数相似，第 1 个参数 buffer 是一个字符指针，用于指向读写数据所在的内存空间的起始地址。第 2 个参数 len 是一个整数，表示要读写的字节数。例如：

```
outfile.write(p1,50);
infile.read(p2,30);
```

其中，第 1 行中的 outfile 为输出文件流对象，write( ) 函数将字符指针 p1 指向的内存单元及其随后的 50 个字节的数据不加转换地写入到与 outfile 关联的文件中。同理，第 2 行中的 infile 是输入文件流对象，read( ) 函数从所关联的文件中顺序读入 30B（或遇到 EOF 结束），写入到字符指针 p2 起始的一段内存空间中。

> 📖 read( ) 和 write( ) 函数的第 1 个参数是指针，因此调用时必须赋给它一个合法的内存地址，即必须是已经定义好的一个空间的地址。

【例 13-12】 编写一个程序对二进制文件进行读写。要求从键盘输入若干学生的信息写入二进制文件，再从该二进制文件中读出学生的信息到内存中并输出到显示器。

```
#include <iostream>
#include <fstream>
using namespace std;
```

```
struct Student    // 定义 Student 结构体类型
{
    char name[10]; // 姓名
    char id[10];   // 学号
    int score;     // 分数
};
#define LEN  sizeof(struct Student)
int  main( )
{
    Student st;
    fstream file("stud.dat", ios::out|ios::binary); // 以二进制方式打开输出文件
    if(!file)
    {
    cout<<"Can not open output file: stud.dat"<<endl;
    exit(1);
    }
    do
    {
    cin>>st.name;
    if((strcmp(st.name, "#")==0)) break; // 以输入姓名为 "#" 结束，则结束循环
    cin>>st.id>>st.score; // 从键盘输入学生信息
    file.write((char *)&st, LEN); // 一次写出 LEN 字节的内存数据
    } while(1);  // 循环条件永远为真，循环的退出判断放在循环体进行
    file.close( );      // 关闭与 file 关联的文件，以便后面重复使用 file 对象
    Student sts[100];
    int i=0, j;
    file.open("stud.dat", ios::in|ios::binary); // 重复使用 file 对象
    if(!file)
    {
    cout<<"Can not open input file: stud.dat"<<endl;
    exit(2);
    }
    while(file.read((char *)(sts+i), LEN)) // 一次读入 LEN 字节数据，存入指定地址
        i++;
    for(j=0; j<i; j++)     // 循环向显示器输出学生信息
        cout<<sts[j].name<<'\t'<<sts[j].id<<'\t'<<sts[j].score<<endl;
    file.close( );
    return 0;
}
```

运行结果如下：

```
zhang 08140001 99↙
```

```
li      08140002 80↙
wang    08140003 55↙
#
zhang 08140001 99
li      08140002 80
wang    08140003 55
```

在磁盘中有一个文件读写位置标记（简称位置标记）来指明当前应进行读写的位置。在从文件中输入时每读入 1B，该位置就向后移动 1B。在输出时每向文件中输出 1B，位置标记也向后移动 1B。对于二进制文件，允许对位置标记进行控制，使它按用户的意图移动到所需的位置，以便在该位置上进行读写。文件流提供了一些有关文件位置标记的成员函数，参见表 13-6。

表 13-6　文件流与文件位置标记有关的成员函数

成员函数	作用
gcount( )	得到最后一次输入所读入的字节数
tellg( )	得到输入文件位置标记的当前位置
tellp( )	得到输出文件位置标记的当前位置
seekg(文件中的位置)	将输入文件位置标记移动到指定的位置
seekg(位移量 , 参照位置)	位置标记以参照位置为基础移动若干字节
seekp(文件中的位置)	将输出文件位置标记移动到指定的位置
seekp(位移量 , 参照位置)	位置标记以参照位置为基础移动若干字节

说明：

1）函数名以 g（get 的缩写）结尾的是用于输入的函数，函数名以 p（put 的缩写）结尾的是用于输出的函数。

2）函数参数中的“文件中的位置”和“位移量”被指定为 long 型整数，以字节为单位。“参照位置”可以是下面三个枚举常量之一。

1）ios::beg：表示文件开头（begin），其为默认值。

2）ios::cur：表示位置标记当前的位置（current）。

3）ios::end：表示文件末尾。

例如：

```
infile.seekg(0);  // 输入文件位置标记移动到文件开头
inflie.seeg(-100,ios::cur);  // 输入文件位置标记从当前位置向后移动 100B
inflie.seeg(50,ios::cur);  // 输入文件位置标记从当前位置向前移动 50B
outfile.seekp(-30,ios::end);  // 输出文件位置标记从文件尾向后移动 30B
```

13.4　应用实例

【例 13-13】编写一个简单的通信录，在文件中记录朋友的姓名、性别、电话号码，允许用户向其中添加信息，根据姓名查询或显示所有信息。

分析：在程序中定义一个类 MyFriend，用于存储姓名、性别、电话号码等信息。

在文件中添加信息时，首先应以追加的方式打开文件 AddressList.dat，然后通过 read( ) 函数将朋友的信息（姓名、性别、电话号码）写入文件。

根据姓名查找朋友信息时，以只读方式打开文件，然后从首部开始读取文件中的朋友信息，并将它与输入的姓名相比较，如果二者相符，则输出相应的信息（退出循环），否则继续查询，直到读完文件的全部内容为止。

```
#include<iostream>
#include<fstream>
#include <iomanip>
using namespace std;
class MyFriend  // 定义 MyFriend 类
{
private:
    char name[20];      // 姓名
    unsigned int age;     // 年龄
    char telphoneNo[20]; // 电话号码
public:
    void getdata( ) // 从键盘获取数据，赋给数据成员
    {
    cin>>name>>age>>telphoneNo;// 输入相关数据
    }
    void display( ) // 朋友信息的显示器输出
    {
      cout<<left<<setw(12)<<name<<setw(8)<<age<<setw(12)<<telphoneNo<<endl;
    }
    char *getName( ) // 获取姓名信息
    {
    return name;
    }
};
void outAddressList( ) // 输出通信录里所有朋友的信息
{
    ifstream input("AddressList.dat",ios::in|ios::binary);// 定义输入文件流对象，建立文件关联
    MyFriend myfriend; // 定义对象
    cout<<" 输入数据 :"<<endl;
    cout<<left<<setw(12)<<" 姓名 "<<setw(8)<<" 年龄 "<<setw(12)<<" 电话 "<<endl;
    input.read((char *)&myfriend,sizeof(myfriend)); // 从文件读取记录送给 myfriend 对象
    while(input)
    {
      myfriend.display( ); // 在显示器上显示对象信息
      input.read((char*)&myfriend, sizeof(myfriend));
    }
    input.close( );
```

```
}
void searchByName( ) // 按姓名查找
{
    char sName[20]; // 待查找的姓名
    bool isFind=false; // 表明是否找到，标志变量，初值为 false
    MyFriend myfriend;
    ifstream file("AddressList.dat",ios::in|ios::binary);
    file.seekg(0);// 定位到文件开头
    cout<<" 输入要查询的姓名：";
    cin>>sName;
    cout<<left<<setw(12)<<" 姓名 "<<setw(8)<<" 年龄 "<<setw(12)<<" 电话 "<<endl;
    while (file.read((char *)&myfriend,sizeof(myfriend)))
    {
      if (strcmp(myfriend.getName( ),sName)= =0) // 判断名字是否匹配
    {
        myfriend.display( );
        isFind=true; // 设置为 true，表明已经找到
        break;
    }
    }
    if(!isFind)
    cout<<" 对不起，没有找到！ "<<endl;
    file.close( );
}
void addFriend( ) // 往通信录里添加一个朋友信息
{
    fstream file("AddressList.dat",ios::out|ios::app|ios::binary);
    MyFriend myfriend;
    cout<<" 添加朋友（姓名年龄电话）:";
    myfriend.getdata( );
    file.write((char*)&myfriend,sizeof(myfriend));
    file.close( );
}
int main( )
{
    int nChoice; // 用作下面的菜单选择
    do
    {
      cout<<" 选择（1: 输出通信录；2: 按姓名查找；3: 添加朋友其他：退出）:";
    cin>> nChoice;
    switch(nChoice)
```

```
{
case 1:outAddressList( ); break;
case 2:searchByName( ); break;
case 3:addFriend( ); break;
default:break;
}
}while(nChoice==1 || nChoice==2 || nChoice==3);
return 0;
}
```

【例 13-14】编写一段程序，从键盘输入学生姓名、学号和语文、数学、英语考试成绩，计算出总成绩，将原有数据和计算出的总成绩存放在磁盘文件 result.dat 中。将 result.dat 中的数据读出，按总成绩由高到低排序处理，并将排序后的数据存入新文件 sort.dat 中。

分析：在程序中定义一个类 Student，并在类 Student 中定义一结构体类型和变量用于存储学生姓名、学号和语文、数学、英语考试成绩等信息。在该类中定义四个函数 createfile( )、sortfile( )、getData( ) 和 getzongfen( ) 分别用来创建文件、对文件内容进行排序、从键盘获取学生的基本数据以及对数据进行计算获得总分。在该程序中要学会文件相对路径的写法，学会综合应用的分析与实现。

```
#include<iostream>
#include<fstream>
using namespace std;
class Student// 定义 Student 类
{
private:
    struct stud
{
    char name[20];
    int num;
    float yuwen;
    float shuxue;
    float yingyu;
    float zongfen;
    }srec;
    public:
    void createfile( );
    void sortfile( );
    void getData( );
    float getzongfen( );
};
void Student::createfile( )
{
    ofstream outfile("D:\\2020-2021(2)\\sq\\result.dat",ios::binary|ios::trunc);
```

```
        if(!outfile)
        {
        cerr<<"-open error!"<<endl;
        abort( );
        }

        for(int i=0;i<3;i++)                    //写入文件
        {
        getData( );
        outfile.write((char*)&srec,sizeof(stud));
        }
        outfile.close( );
    }
    void Student::sortfile( )
    {
        stud st[3];
        ifstream infile("D:\\result.dat",ios::binary);
        if(!infile)
        {
        cerr<<"**open error!"<<endl;
        abort( );
        }
        for(int j=0;j<3;j++)
        infile.read((char*)&st[j],sizeof(stud));     //读出文件
        infile.close( );
        int k;
        stud t;
        for(int i=0;i<3;i++)                //外循环，控制循环次数
        {
          k=i;                        //预置本轮次最大元素的下标值
        for(j=i+1;j<3;j++)              //内循环，筛选出本轮次最大的元素
            if(st[j].zongfen>st[k].zongfen) k=j; //存在更大元素，保存其下标
        if(k!=i)
            {
                t=st[i];                //交换位置
                st[i]=st[k];
                st[k]=t;
            }
        }
        ofstream outfile1("D:\\2020-2021(2)\\sq\\sort.dat",ios::binary); //将排好序的数据写入文件 sort.dat
        if(!outfile1)
```

```
        {
            cerr<<"open error!***"<<endl;
            abort( );
        }
        for( i=0;i<3;i++)
        outfile1.write((char*)&st[i],sizeof(stud));
        outfile1.close( );
    }

    void Student::getData( )
    {
        cout<<"Enter student information:"<<endl;
        cout<<" 输入姓名、学号、语文成绩、数学成绩、英语成绩："<<endl;
        cin>>srec.name>>srec.num>>srec.yuwen>>srec.shuxue>>srec.yingyu;
        srec.zongfen=srec.yuwen+srec.shuxue+srec.yingyu;
    }
    float Student::getzongfen( )
    {
        return srec.zongfen;
    }
    int main( )
    {
        Student stud;
        stud.createfile( );
        stud.sortfile( );
        return 0;
    }
```

13.5 小结

C++ 流是指由若干字节组成的字节序列，这些字节中的数据从外部输入设备（如键盘和磁盘）流向内存以及从内存流向外部输出设备（如显示器和磁盘）。C++ 提供了专门用于输入 / 输出（I/O）操作的流类库（简称流库）。

C++ 中标准的输入 / 输出操作分别由基类 ios 的派生类输入流类 istream 和输出流类 ostream 提供。进行输入 / 输出操作需要在程序中包含头文件 iostream。标准数据类型的输入 / 输出分为无格式和格式化输入 / 输出。格式化的输入 / 输出有两种方式：一种是使用 ios 类中的有关格式控制的成员函数进行控制；另一种是使用控制符控制输入 / 输出格式。

C++ 中有 3 种类型的文件流类：输入文件流类 ifstream、输出文件流类 ofstream 和输入 / 输出文件流类 fstream。要对文件进行输入 / 输出操作，一般步骤如下：

1）在程序中包含必要的头文件 fstream。

2）建立文件流对象。

3）使用 open( ) 函数打开文件，使文件流对象与某一文件建立关联。

4）进行读写操作，在打开的文件上执行所要求的输入或输出操作。

5）使用 close( ) 函数关闭文件，解除流对象与文件的关联。

其中，步骤 2）和步骤 3）可以合并。

习　题

1. 选择题

（1）在文件操作中，代表以追加方式打开文件的模式是（　　）。

A. iso::ate　　B. iso::app　　C. iso::out　　D. iso::trunc

（2）下列打开文件的语句中，（　　）是错误的。

A. ofstream ofile; ofile.open("abc.txt",ios::binary);

B. fstream iofile; iofile.open("abc.txt",ios::ate);

C. ifstream ifile("abc.txt");

D. cout.open("abc.txt",ios::binary);

（3）以下关于文件操作的叙述中，不正确的是（　　）。

A. 打开文件的目的是使文件对象与磁盘文件建立联系

B. 在文件的读写过程中，程序将直接与磁盘文件进行数据交换

C. 关闭文件的目的之一是保证输出的数据写入硬盘文件

D. 关闭文件的目的之一是释放内存中的文件对象

（4）以下不能正确创建输出文件对象并使其与磁盘文件相关联的语句是（　　）。

A. ofstream myfile; myfile.open("d:\\ofile.txt");

B. ofstream *myfile=new ofstream; myfile->open("d:\\ofile.txt");

C. ofstream myfile("d:\\ofile.txt");

D. ofstream *myfile=new ("d:\\ofile.txt");

（5）下列关于 getline( ) 函数的表述中，（　　）是错误的。

A. 该函数是用来从键盘上读取字符串的

B. 该函数读取的字符串长度是受限制的

C. 该函数读取字符串时遇终止符停止

D. 该函数中所使用的终止符只能是换行符

（6）下列关于 read( ) 函数的描述中，（　　）是正确的。

A. 是用来从键盘输入中读取字符串的

B. 所读取的字符串长度是不受限制的

C. 只能用于文件操作中

D. 只能按规定读取指定数目的字符

（7）下列关于 write( ) 函数的描述中，（　　）是正确的。

A. 可以写入任意数据类型的数据　　B. 只能写二进制文件

C. 只能写字符串　　D. 可以使用“(char *)”的方式写数组

（8）已定义结构体类型 Score，并用 Score 定义结构体变量 grade，已知用二进制方式打开输出文件流 ofile，下列写入 grade 的方式中，（　　）是正确的。

A. ofile.write ((char *) & Score , sizeof (grade));
B. ofile.write ((char) & Score , sizeof (grade));
C. ofile.write ((char *) grade , sizeof (grade));
D. ofile.write ((char *) & grade , sizeof (grade));

2. 填空题

（1）C++ 中的文件按存储格式可以分为两类，分别是（　　　　）和（　　　　），根据存取方式可以把文件分为（　　　　）和（　　　　）。

（2）文件名由（　　　　）和（　　　　）两部分组成，它们之间用圆点分开。

（3）在 C++ 中打开一个文件，就是将这个文件与一个（　　　　）建立关联，关闭一个文件，就是取消这个关联。

（4）随机文件有时需要确定文件指针的当前位置，可以使用（　　　　）和（　　　　）成员函数获取文件指针的当前位置。

（5）为执行二进制文件操作，必须首先使用（　　　　）模式指示符打开文件。

3. 思考题

（1）C++ 中流是指什么？

（2）标准输入 / 输出流类中常用的流类有哪些？简述它们的继承关系？

（3）什么是文件？什么是文件流？

（4）文件的分类有哪些？简述常用的文件操作方法。

4. 程序阅读题

（1）程序清单如下：

```
#include <iostream>
using namespace std;
void main ( )
{
    char m[20];
    cin.getline(m,5);
    cout<<m<<endl;
}
```

若输入为：jkljkljkl

（2）程序清单如下：

```
#include<iostream>
#include "string.h"
using namespace std;
void main( )
{
    char s[80];
    cin.read(s, 5);      // 读取输入流中前 5 个字符到数组 s 中 ;
    cout<<" 读取的字符串是：";
    cout.write(s, cin.gcount( ))<<endl;
```

```
}
```

若输入为：abcdefg

（3）程序清单如下：

```
#include<iostream>
#include<fstream>
using namespace std;
#include<stdlib.h>
void main( )
{
    fstream file;
    file.open("text.dat",ios::out|ios::in);
    if(!file)
    {
      cout<<"text.dat can't open."<<endl;
      abort( );
    }
    char textline[ ]="123456789\nabcdefghi\0";
    for(int i=0;i<sizeof(textline);i++)
    file.put(textline[i]);
    file.seekg(0);
    char ch;
    while(file.get(ch))
    cout<<ch;
    cout<<endl;
    file.close( );
}
```

（4）程序清单如下：

```
#include<iostream>
#include<fstream>
using namespace std;
class Sample
{
    int x,y;
public:
    Sample( ) { }
    Sample(int i,int j) { x=i;y=j; }
    void disp( ) { cout<<"x="<<x<<",y="<<y<<endl; }
};
void main( )
{
    Sample obj1(10,20),obj2(5,18),obj;
```

```
    fstream iofile;
    iofile.open("data.dat",ios::in|ios::out);
    iofile.write((char*)&obj1,sizeof(obj1));
    iofile.write((char*)&obj2,sizeof(obj2));
    iofile.seekg(0,ios::beg);
    iofile.read((char*)&obj,sizeof(obj));
    obj.disp( );
    iofile.read((char*)&obj,sizeof(obj));
    obj.disp( );
}
```

5. 编程题

（1）编程实现一个简单的文件加密：从键盘读入一行字符，把每个字符的 ASCII 码值加 5 后存放在文件 data.txt 中。

（2）编程实现将一个文本文件 in.txt 的内容追加到另一个文本文件 out.txt 的末尾。

（3）从键盘接收 10 个整数，存入 d:\source.txt 中，然后再从该文件中读取这 10 个整数，并对这些整数进行升序排序，最后排序结果写入另一文本文件 d:\target.txt 中。

（4）假定一个文件中存有职工的有关数据，每个职工的数据包括序号、姓名、性别、年龄、工种、住址、工资、健康状况、文化程度、奖惩记录、备注等信息。要求用读取顺序文件的方式和读取随机文件的方式向显示器输出序号、姓名和工资数据。

附录 标准字符 ASCII 码表

Dec	Hex	Char	Dec	Hex	Char	Dec	Hex	Char	Dec	Hex	Char
0	0	NUL	32	20	SPACE	64	40	@	96	60	`
1	1	SOH	33	21	!	65	41	A	97	61	a
2	2	STX	34	22	"	66	42	B	98	62	b
3	3	ETX	35	23	#	67	43	C	99	63	c
4	4	EOT	36	24	$	68	44	D	100	64	d
5	5	ENQ	37	25	%	69	45	E	101	65	e
6	6	ACK	38	26	&	70	46	F	102	66	f
7	7	BEL	39	27	'	71	47	G	103	67	g
8	8	BS	40	28	(	72	48	H	104	68	h
9	9	HT	41	29	)	73	49	I	105	69	i
10	0A	LF	42	2A	*	74	4A	J	106	6A	j
11	0B	VT	43	2B	+	75	4B	K	107	6B	k
12	0C	FF	44	2C	,	76	4C	L	108	6C	l
13	0D	CR	45	2D	–	77	4D	M	109	6D	m
14	0E	SO	46	2E	.	78	4E	N	110	6E	n
15	0F	SI	47	2F	/	79	4F	O	111	6F	o
16	10	DLE	48	30	0	80	50	P	112	70	p
17	11	DC1	49	31	1	81	51	Q	113	71	q
18	12	DC2	50	32	2	82	52	R	114	72	r
19	13	DC3	51	33	3	83	53	S	115	73	s
20	14	DC4	52	34	4	84	54	T	116	74	t
21	15	NAK	53	35	5	85	55	U	117	75	u
22	16	SYN	54	36	6	86	56	V	118	76	v
23	17	ETB	55	37	7	87	57	W	119	77	w
24	18	CAN	56	38	8	88	58	X	120	78	x
25	19	EM	57	39	9	89	59	Y	121	79	y
26	1A	SUB	58	3A	:	90	5A	Z	122	7A	z
27	1B	ESC	59	3B	;	91	5B	[	123	7B	{
28	1C	FS	60	3C	<	92	5C	\	124	7C	|
29	1D	GS	61	3D	=	93	5D	]	125	7D	}
30	1E	RS	62	3E	>	94	5E	^	126	7E	～
31	1F	US	63	3F	?	95	5F	_	127	7F	del

注：上表列出了 0～127 之间标准 ASCII 值及对应的字符，表中 Dec 表示十进制数，Hex 表示十六进制数。

参考文献

[1] 谭浩强 . C++ 程序设计 [M] .2 版 . 北京：清华大学出版社，2011.

[2] LIPPMAN S B，LAJOIE J，MOO B E. C++ Primer [M] . 李师贤，蒋爱军，梅晓勇，等译 .5 版 . 北京：人民邮电出版社，2013.

[3] 张俊，吕涛，李晓林 . C++ 面向对象程序设计习题与实验教程 [M] . 北京：中国铁道出版社，2012.

[4] 刘建舟，徐承志 . C++ 面向对象程序设计 [M] . 北京 : 机械工业出版社，2012.

[5] 王挺 . C++ 程序设计 [M] .2 版 . 北京：清华大学出版社，2010.

[6] 郑阿奇 . Visual C++.NET 程序设计教程 [M] . 北京：机械工业出版社，2012.

[7] 刘玉英 , 张怡芳 , 王涛伟 , 等 . 程序设计基础——C++ [M] . 北京：人民邮电出版社，2006.

[8] STROUSTRUP B. C++ 程序设计原理与实践 [M] . 北京 : 机械工业出版社，2009.

[9] 张俊 . C++ 面向对象程序设计 [M] . 北京：中国铁道出版社，2012.

[10] 瞿绍军 , 刘宏 . C++ 程序设计教程 [M] . 武汉：华中科技大学出版社，2010.

[11] 王春玲 . C++ 程序设计大学教程 [M] . 北京：人民邮电出版社，2009.

[12] 董正言 . C++ 面向对象程序设计 [M] . 北京：北京邮电大学出版社，2010.

[13] 郑炜 . C++ 程序设计 [M] . 西安：西安电子科技大学出版社，2009.

[14] PRATA S. C++ Primer Plus [M] . 张海龙 , 袁国忠，译 .6 版 . 北京：人民邮电出版社，2020.

[15] STROUSTRUP B. C++ 语言的设计和演化 [M] . 裘宗燕，译 . 北京：人民邮电出版社，2020.

[16] VANDEVOORDE D，JOSUTTIS N M，GREGOR D. C++ Templates[M]. 2 版 . 北京：人民邮电出版社，2018.

[17] KOENIG A，MOO B. C++ 沉思录 [M] . 黄晓春，译 . 北京：人民邮电出版社，2020.

参考文献